Tobias Starzak

Kognition bei Menschen und Tieren

Epistemische Studien

Schriften zur Erkenntnis- und Wissenschaftstheorie

Herausgegeben von
Michael Esfeld, Stephan Hartmann, Albert Newen

Band 30

Tobias Starzak

Kognition bei Menschen und Tieren

Eine vergleichende philosophische Perspektive

DE GRUYTER

ISBN 978-3-11-037477-3
e-ISBN (PDF) 978-3-11-036890-1
e-ISBN (EPUB) 978-3-11-039271-5
ISSN 2198-1884

Library of Congress Cataloging-in-Publication Data
A CIP catalog record for this book has been applied for at the Library of Congress.

Bibliografische Information der Deutschen Nationalbibliothek
Die Deutsche Nationalbibliothek verzeichnet diese Publikation in der Deutschen Nationalbibliografie; detaillierte bibliografische Daten sind im Internet über http://dnb.dnb.de abrufbar.

Printing: CPI books GmbH, Leck
♾ Printed on acid-free paper
Printed in Germany

www.degruyter.com

Für meine Eltern

Danksagung

Das vorliegende Buch ist eine leicht überarbeitete Version meiner Dissertation, die ich im Januar 2014 in Bochum verteidigt habe. Ich möchte an dieser Stelle einer Reihe von Menschen danken, die an der Fertigstellung des Projektes auf die eine oder andere Weise beteiligt waren und zum Gelingen beigetragen haben.

Meinem Doktorvater Albert Newen danke ich für eine hervorragende Betreuung. Er hat mich durch Diskussionen, Ratschläge und Motivation immer unterstützt und mir in Bochum ein fruchtbares Umfeld zur Verfügung gestellt, das am Gelingen des Projektes in jeder Hinsicht maßgeblich beteiligt war. Danken möchte ich auch Thomas Grundmann, bei dem ich in Köln studiert habe. Er hat mein Interesse an der Philosophie und meine Auffassung davon, wie man Philosophie betreiben sollte, geprägt und er hat mich über den Umweg der Erkenntnistheorie zu diesem Thema gebracht. Danke an Colin Allen für viele Gespräche, originelles Feedback und Inspiration während all seiner Besuche in Bochum. Hanjo Glock möchte ich dafür danken, dass er kurzfristig die Aufgabe des Zweitgutachters übernommen hat, sowie für viele hilfreiche Anmerkungen. Den Winter 2012/13 habe ich in Memphis verbracht, wo ich Zeit und Muße gefunden habe, einige Teile der Arbeit neu zu überdenken und der Arbeit ihre finale Struktur zu verleihen. Shaun Gallagher und der Universität Memphis möchte ich für ihre Gastfreundschaft danken, ebenso Ben Aguda, Massimiliano Cappuccio, Stephan Blatti, Somogy Varga und all denjenigen, mit denen ich dort eine schöne Zeit verbracht habe. Meiner Arbeitsgruppe in Bochum danke ich für viele Diskussionen und Feedback. Ganz besonderer Dank geht dabei an Anika Fiebich, Christoph Michel, Raphael van Riel und Tomoo Ueda für viel konstruktive Kritik. Neil Roughley und den Teilnehmern seines Kolloquiums in Duisburg-Essen danke ich für eine sehr hilfreiche Diskussion zu einem Teil der Arbeit. Mein Dank gilt auch der Research School Bochum für die großzügige finanzielle Unterstützung des Projektes, durch die ich überhaupt erst nach Bochum gekommen bin. Ebenso danke ich De Gruyter und vor allem John Whitley für die gute und unkomplizierte Zusammenarbeit.

Außerdem möchte ich einer Reihe von Menschen danken, die hinter den Kulissen ihren Teil beigetragen haben: Sabina Samardžić für ihre Arbeit am Manuskript, meinem Schwager Thorsten Lehnert sowie André Schulze, die kurzfristig Korrektur gelesen haben und Robert Schütze für seine redaktionelle Unterstützung.

Allen meinen Freunden, die mir durch Diskussionen weitergeholfen haben, Ideen zu entwickeln, aber die vor allem gute Freunde sind, um auch mal was anderes zu machen, möchte ich danken, besonders Woldai Wagner, der sowohl inhaltlich als auch redaktionell eine große Hilfe war und der auch sonst für alles zu haben ist, Leif Schöneboom, für ungewöhnliche Verhaltensexperimente mit Bonobos im Kölner Zoo und Thomas Schaffert, den Borussen.

Ganz besonderer Dank gilt meiner Familie, besonders meinen Eltern, die mich all die Jahre auf vielfältige Weise unterstützt und angespornt haben und ohne die wahrscheinlich alles anders gekommen wäre. Und schließlich möchte ich mich bei meiner Freundin Senada bedanken, die mir bei diesem Buch in so vielfältiger Weise geholfen hat, dass ich hier gar nicht alles aufzählen kann. Vor allem aber dafür, dass Sie immer für mich da ist.

Köln, 3. Oktober 2014

Inhalt

1 Einleitung

Das Interesse der Philosophie an Tieren hat eine lange Tradition. Es lässt sich von der Gegenwart über die frühe Neuzeit (vgl. Wild 2006) bis in die Antike (vgl. Sorabji 1993) zurückverfolgen. Dabei gibt es verschiedene Gründe sich mit Tieren philosophisch auseinanderzusetzen, die jedoch in aller Regel einen Bezug zum Menschen aufweisen. In vielen Fällen ist eine philosophische Auseinandersetzung mit Tieren durch den Wunsch motiviert, über den Umweg der Untersuchung nicht-menschlicher Tiere den Menschen besser zu verstehen. Eine zentrale Frage besteht darin, ob der Mensch „nur" ein Tier wie jedes andere ist, oder ob er sich in einer fundamentalen, bedeutungsvollen Weise von allen nicht-menschlichen Tieren unterscheidet. Diese Frage wird häufig als die Frage nach einer *anthropologischen Differenz* formuliert.

In der Geschichte der Philosophie wurden verschiedene Eigenschaften des Menschen als Kandidaten für eine solche anthropologische Differenz vorgeschlagen, unter ihnen Bewusstsein, Intentionalität, Begriffe, Vernunft, Geist, Selbstbewusstsein, Sprache, Werkzeuggebrauch, Kooperation, Altruismus oder Moral. Aber ist die Idee eines fundamentalen Unterschieds zwischen dem Menschen und allen nicht-menschlichen Tieren überhaupt sinnvoll? Es gibt eine Reihe von Gründen, die dieser Annahme zu widersprechen scheinen. So scheint es auf den ersten Blick eine gewisse Spannung zwischen der Evolutionstheorie und der Idee eines fundamentalen Unterschieds zwischen dem Menschen und allen nicht-menschlichen Tieren zu geben. Der Mensch ist (wie alle anderen Lebewesen auch) ein Produkt der Evolution. Evolution basiert darauf, dass durch zufällige Mutationen[1] vererbbare Unterschiede zwischen den Mitgliedern von Populationen entstehen, mit dem Effekt, dass manche Lebewesen sich erfolgreicher reproduzieren als andere. Die Komplexität biologischer Organismen macht es dabei wesentlich wahrscheinlicher, dass eine Mutation ein vorhandenes Gleichgewicht stört, als dass sie dem Organismus von Vorteil ist. Wie der Evolutionsbiologe Richard Dawkins sagt, gibt es einfach mehr Möglichkeiten, einen funktionierenden Organismus zu verschlechtern, als ihn zu verbessern (vgl. Dawkins 1996). Die meisten Mutationen sind daher schädlich und werden von der natürlichen Selektion ausgesiebt. Die Wahrscheinlichkeit, dass eine Mutation schädlich ist, wächst dabei mit dem Ausmaß der Mutation. Zum Bei-

---

1 *Zufällig* bedeutet hier *ergebnisblind*: Mutationen sind keine Reaktion auf sich ändernde Umweltbedingungen.

spiel könnte ein durch eine Mutation entstandenes, überdurchschnittlich großes Geweih einem Hirsch einen Vorteil bei Balzkämpfen verschaffen. Eine solche Mutation wäre jedoch nur dann von Nutzen, wenn sie gleichzeitig von einer Reihe weiterer Mutationen (wie etwa einer verstärkten Nackenmuskulatur, um das größere Gewicht tragen zu können) begleitet würde.[2] Je substantieller die Veränderung des Phänotyps durch eine Mutation desto mehr Zufälle müssen gleichzeitig eintreten, um für einen Organismus von Vorteil zu sein und desto geringer ist daher die Wahrscheinlichkeit, dass sie tatsächlich von Vorteil sind.[3] Große Veränderungen werden deshalb nicht am besten als das Ergebnis einzelner, großer Mutationen aufgefasst, sondern als das Produkt einer Akkumulation vieler sehr kleiner Mutationen, von denen jede einzelne ihrem Träger einen winzigen, aber messbaren selektiven Vorteil gegenüber seinen Artgenossen verschaffte. Die Tatsache, dass Evolution in der Akkumulation vieler kleiner Veränderungen besteht, legt nahe, dass sie keine Sprünge produziert, sondern es einen fließenden Übergang zwischen verschiedenen Spezies gibt. Das scheint jedoch im Widerspruch zur Annahme eines fundamentalen Unterschieds zwischen dem Menschen und allen nicht-menschlichen Tieren zu stehen. Die Evolutionstheorie scheint daher direkt gegen die Existenz einer anthropologischen Grenze zu sprechen. Die anfängliche Plausibilität dieses Arguments, das sich auf evolutionäre Kontinuität beruft, geht jedoch schnell verloren, wenn man sich vor Augen führt, welche unplausiblen Konsequenzen es impliziert. Wenn Evolution keine fundamentalen Unterschiede produzieren könnte, dann könnte man auch nicht von fundamentalen Unterschieden zwischen Einzellern und dem Menschen sprechen, da auch zwischen ihnen nur eine endliche Anzahl bloß gradueller Veränderungen steht. Es mag richtig sein, dass die Evolution keine Sprünge produziert, aber die Akkumulation vieler kleiner, gradueller Unterschiede kann sich durchaus zu substantiellen Unterschieden summieren. Die Evolutionstheorie *per se* steht demnach der Idee, dass es einen fundamentalen Unterschied zwischen dem Menschen und allen nicht-menschlichen Tieren gibt, nicht im Wege.

Tatsächlich unterscheidet sich der Mensch natürlich nicht von allen Tieren so deutlich wie von Einzellern. Der letzte gemeinsame Vorfahre von Mensch und Schimpanse zum Beispiel lebte vor ca. sechs Millionen Jahren. Dawkins

---

2 Dieses Beispiel ist leicht verändert aus Sterelny (2007) übernommen.

3 Das ist immer dann der Fall, wenn die Wahrscheinlichkeit einer Mutation <1 ist. Da die Wahrscheinlichkeit positiver Mutationen *de facto* viel kleiner ist als eins, sinkt sie bei kombinierten Wahrscheinlichkeiten entsprechend dramatisch.

(1992, S. xi) verdeutlicht die Nähe zu unseren engsten Verwandten anhand des folgenden Bildes:

> We can dramatize our closeness to chimpanzees by imagining a "hands-across Africa" chain of ancestors. You stand on the beach on the east coast of Africa, the mother continent, at the equator, latitude zero. You hold the hand of your mother. She holds the hand of her mother, your grandmother. Your grandmother holds her mother´s hand, and so on back through the generations. [...] How far would the chain go before we meet the common ancestors of ourselves and chimpanzees? The answer is a surprisingly short distance. [...] Allowing 1 meter for each hand-holding ancestor, the chain back to our common ancestor is only 250 kilometres long. We have hardly penetrated Africa at all; we are still on the coastal strip and have barely begun to climb towards the continental plateau.

Sechs Millionen Jahre, die Zeit, die vergangen ist, seit sich die Abstammungslinie des Mensch von der des Schimpansen getrennt hat, sind für die Evolution ein verhältnismäßig kurzer Zeitraum, um tiefgreifende Unterschiede zu produzieren. Das spiegelt sich auch darin wieder, dass wir ca. 98% unseres Erbguts mit Schimpansen teilen. Diese hohe genetische Übereinstimmung weckt die Intuition, dass es keinen Graben, sondern nur geringe graduelle Unterschiede zwischen dem Menschen und zumindest einigen nicht-menschlichen Tieren geben kann. Anders als das zuvor diskutierte Argument basiert dieses Argument nicht auf der Annahme, dass die Evolution *prinzipiell* keine fundamentalen Unterschiede zwischen Arten hervorbringen kann, sondern behauptet lediglich, dass sie *de facto* keinen solchen Unterschied zwischen dem Menschen und allen nicht-menschlichen Tieren produziert hat. Was ist von diesem Argument zu halten? Philosophen die sich mit der Frage nach einer anthropologischen Differenz auseinandersetzen sind in der Regel an bestimmten Eigenschaften interessiert: mentale Fähigkeiten wie Bewusstsein, Intentionalität, das Haben von Begriffen und Überzeugungen oder auch Eigenschaften die in ethischer Hinsicht relevant sind. Die genetische Ähnlichkeit zwischen dem Menschen und Schimpansen spräche jedoch nur dann direkt gegen eine anthropologische Grenze, wenn sie eine Ähnlichkeit bezüglich dieser mentalen Eigenschaften implizieren würde, eine Annahme, die Glock (2006, S. 153) als *DNA-Fehlschluss* bezeichnet. Denn, so Glock, wenn wir annehmen, dass Schimpansen 98% unserer mentalen Eigenschaften teilen, weil sie 98% unseres Erbguts teilen, dann müssten wir aus demselben Grund auch annehmen, dass etwa Würmer oder Fliegen ca. 75% unserer mentalen Fähigkeiten teilen, eine Annahme, die wir guten Gewissens vernachlässigen können. Der Grad der genetischen Ähnlichkeit zweier Arten erlaubt scheinbar nicht so einfach den Schluss auf Ähnlichkeit bezüglich mentaler Fähigkeiten, an denen Philosophen interessiert sind. Die genetische Ähnlichkeit des Menschen mit anderen Tieren spricht daher auch nicht gegen die Annahme einer anthropologischen Differenz.

1.1 Wie sinnvoll ist die Suche nach einer anthropologischen Differenz?

Gibt es eine Natur des Menschen?

Es gibt jedoch noch zwei weitere Gründe, die gegen die Sinnhaftigkeit der Suche nach einer anthropologischen Differenz sprechen und dabei weniger leicht von der Hand zu weisen sind, als die zuvor genannten. Der erste Grund betrifft die Frage, ob die Idee einer Eigenschaft, in der sich die *Natur des Menschen* ausdrückt, sinnvoll ist. Eine naheliegende Auffassung besteht darin, dass es sich bei einer Eigenschaft nur dann um eine echte anthropologische Grenze handeln kann, wenn 1.) *alle* Menschen und 2.) *nur* Menschen über sie verfügen (vgl. Glock 2012, S. 109). Die Annahme einer solchen für den Menschen notwendigen und hinreichenden Eigenschaft ist jedoch höchst problematisch. *Zum einen* gibt es für jede Eigenschaft, die bisher als anthropologische Differenz in Betracht gezogen wurde, auch Menschen, die nicht über sie verfügen. Inwiefern verfügen etwa Babies über Überzeugungen und Begriffe? Oder Menschen mit gravierenden und irreparablen Hirnschädigungen über Bewusstsein? Wichtiger ist jedoch *zum anderen*, dass selbst dann, wenn man diesem Einwand begegnen kann (etwa dadurch, dass Babies über ein Potenzial verfügen, Begriffe und Überzeugungen auszubilden), es nicht notwendig für ihr Mensch-sein ist, dass sie über diese Eigenschaften verfügen. Der Ausdruck Mensch bezeichnet eine biologische Spezies. Der Speziesbegriff klassifiziert Lebewesen aufgrund ihrer Abstammung, nicht aufgrund spezifischer Merkmale wie Fähigkeiten, als zu einer Spezies gehörig (vgl. Sterelny & Griffiths 1999). Genau wie alle anderen Spezies ist auch die Spezies Mensch Gegenstand evolutionärer Veränderungen. Diesen Veränderungen ist keine prinzipielle Grenze gesetzt, ab der es sich nicht mehr um Menschen handelt. Selbst wenn es also der Fall ist, dass alle Menschen heute eine bestimmte Eigenschaft teilen, muss es nicht der Fall sein, dass Menschen in der Vergangenheit oder Menschen in der Zukunft über diese Eigenschaft verfügen. Es stellt sich daher die Frage, inwiefern in einer Eigenschaft die *Natur des Menschen* zum Ausdruck kommen und diese Eigenschaft eine *anthropologische* Differenz markieren kann, wenn es sich dabei um eine kontingente Eigenschaft handelt, über die Menschen auch nicht verfügen könnten, ohne dadurch aufzuhören, Mensch zu sein.[4]

Warum sind Unterschiede von Bedeutung?

Der zweite Grund betrifft die Frage nach einer Bewertung von Unterschieden zwischen Menschen und nicht-menschlichen Tieren. *Dass* wir solche Unterschiede finden ist wenig verwunderlich.[5] Warum sollten wir jedoch einer bestimmten Eigenschaft eine besondere Bedeutung beimessen? Manche Unterschiede sind offensichtlich irrelevant. Loriot etwa charakterisiert den Menschen als das einzige Wesen, dass im Flug eine warme Mahlzeit zu sich nehmen kann (vgl. Glock 2012, S. 109) und Sterelny & Griffiths (1999, S. 8) sehen ein Alleinstellungsmerkmal des Menschen in einer Kombination von Rationalität und einer für Primaten eigenartigen Verteilung der Körperbehaarung. Diese Vorschläge sind natürlich keine ernsthaften Kandidaten für ein anthropologisch interessantes Alleinstellungsmerkmal, aber wodurch unterscheiden sie sich von anderen, ernst gemeinten Kandidaten? Warum sollten wir überhaupt manchen Unterschieden eine besondere Bedeutung beimessen? Überdies verfügen alle Spezies über Alleinstellungsmerkmale und unterscheiden sich durch irgendwelche Eigenschaften von allen anderen Spezies. Warum sind diese Unterschiede weniger von Bedeutung? Und auf welcher Grundlage entscheiden wir, welchen Unterschieden eine wichtige Bedeutung zukommt? In vielen Fällen scheint dem Vergleich von Mensch und Tier die Ansicht zugrunde zu liegen, dass der Mensch selbst diesen Maßstab verkörpert: Wir sehen uns als Krönung der Schöpfung oder, wie der Paläoanthropologe David Pilbeam es formuliert, „als das Zentrum der evolutionären Bühne“ (Pilbeam 1992, S. 1, meine Übersetzung). Diese Ansicht beruht auf der Annahme, dass die bisher beste Erfindung der Evolution der Mensch ist. Aus dieser Perspektive ist jedes Lebewesen, das sich vom Menschen unterscheidet, in der einen oder anderen Hinsicht defizitär. Aber wie sinnvoll ist es, Tiere und Menschen auf diese Weise miteinander zu vergleichen? Aus einer evolutionären Perspektive ist der Mensch, genau wie alle anderen Tiere, ein Produkt der natürlichen Selektion und seine Fähigkeiten und Eigenschaften lassen sich am besten in Hinblick auf die Welt, an die er adaptiert ist, bewerten. Die Tatsache, dass sich die Fähigkeiten und Eigenschaften ver-

---

4 Ganz analog kann man argumentieren, dass es keine Eigenschaft geben kann, die hinreichend ist, um ein Mensch zu sein, weil Tiere, auch wenn sie jetzt noch nicht über diese Eigenschaft verfügen, es in Zukunft tun könnten.

5 Selbst wenn nicht alle Menschen über sie verfügen, könnte man die Anforderungen auf *die meisten Menschen* lockern.

schiedener Arten unterscheiden, spiegelt demzufolge in erster Linie wider, dass sie an verschiedene Umwelten angepasst sind, nicht jedoch, dass die Fähigkeiten einer Art in irgendeinem Sinn besser oder schlechter sind als die einer anderen. Aus dieser Perspektive erscheint es wenig sinnvoll, die Fähigkeiten von Mensch und Tier wertend zu vergleichen (vgl. Pilbeam 1992, S. 1).

Handelt es sich bei der Frage nach einer anthropologischen Differenz demnach um eine sinnlose Frage, die wir besser aufgebeben sollten? Ich denke nicht. Das erste Argument zeigt, dass die Suche nach einer notwendigen und hinreichenden Eigenschaft, in der die Natur des Menschen zum Ausdruck kommt, zum Scheitern verurteilt ist. Das zweite Argument zeigt, dass wir einer Eigenschaft nicht ohne weiteres besondere Bedeutung zusprechen sollten, nur weil sie ein Alleinstellungsmerkmal des Menschen darstellt. Es gibt jedoch zumindest zwei Dimensionen, die von dieser Kritik unangetastet bleiben, weil sie die Frage nach einer anthropologischen Differenz nicht als Frage nach notwendigen und hinreichenden Eigenschaften des Menschen stellen und weil sie einen Maßstab vorgeben, hinsichtlich dessen wir Fähigkeiten von Menschen und Tieren bewerten können.

Aus einer ethischen Perspektive sind wir daran interessiert, ob Tiere Rechte haben, entweder um unseren Umgang mit ihnen zu rechtfertigen, oder auch um ihn zu kritisieren. In Anbetracht etwa der Abhängigkeit moderner Gesellschaften von Massentierhaltung scheint die Frage nach dem moralischen Status nicht-menschlicher Tiere von großer Wichtigkeit, bei deren Beantwortung wir uns nicht einfach enthalten können. Für diese Frage spielt es keine Rolle, über welche Eigenschaften Menschen oder Tiere theoretisch verfügen könnten, sondern lediglich, über welche Eigenschaften sie tatsächlich verfügen und ob diese Eigenschaften moralisch relevant sind. Ein großer Teil der philosophischen Auseinandersetzung mit Tieren findet daher auch in der Ethik statt.

In diesem Buch gehe ich jedoch einer anderen Frage nach. Denn neben dieser ethischen Dimension eines Mensch-Tier Vergleichs kann die Frage nach einer anthropologischen Differenz auch aus einer explanatorischen Perspektive sinnvoll gestellt werden. Trotz der engen Verwandtschaft des Menschen etwa zu Schimpansen unterscheidet er sich in gewisser Hinsicht ganz deutlich von diesen, wie auch von allen anderen nicht-menschlichen Tieren, wie Dawkins (1992, S. xi) im weiteren Verlauf des oben zitierten Abschnitts bemerkt:

> We are extremely close cousins of other species. And yet we have grown light years away from them. [...] The brief 250-kilometer trip becomes the longest journey in the world. So much changes as we walk back from the interior to the coast, past those 250000 ancestors. Somewhere along the line they loose most of their body hair and rise to fully erect walking. They develop tools and technology, language and culture, history and epic poetry.

Von den von Dawkins genannten Besonderheiten des Menschen ist seine technologische Entwicklung vielleicht der augenscheinlichste Unterschied zu nicht-menschlichen Tieren. Kein anderes Tier baut so komplexe Werkzeuge, erfindet Computer oder ist in der Lage zum Mond zu fliegen. Diese Fähigkeit des Menschen und das scheinbar völlige Fehlen dieser Fähigkeit bei nicht-menschlichen Tieren verlangen nach einer Erklärung. Ebenso wie im Fall einer ethischen Perspektive können wir auch im Rahmen dieser explanatorischen Frage Unterschieden zwischen Menschen und Tieren sinnvoll Bedeutung beimessen: Ein Unterschied ist von Bedeutung, wenn er zu einer Erklärung anderer Unterschiede beiträgt. Und Ebenso wie im Fall der Tierethik ist auch für dieses explanatorische anthropologische Projekt die Frage danach, ob eine Eigenschaft notwendig oder hinreichend ist, irrelevant. Denn für eine Erklärung der Tatsache, dass wir bei Tieren keine auch nur ansatzweise mit der des Menschen vergleichbare technologische Entwicklung finden, sind die Eigenschaften von Menschen und Tieren interessant, die sie tatsächlich haben und hatten, unabhängig davon, ob es sich dabei um für ihre jeweilige Spezies notwendige oder hinreichende Eigenschaften handelt. Es ist diese zweite, explanatorische Perspektive aus der die Frage nach einer anthropologischen Differenz in diesem Buch beantwortet werden soll.

Kumulative kulturelle Evolution als anthropologische Differenz

Warum also kann der Mensch zum Mond fliegen? Und warum kann *nur* der Mensch zum Mond fliegen? Liegt diesem Unterschied zu anderen Spezies eine einzelne Fähigkeit zugrunde, über die nur der Mensch verfügt? Gibt es eine explanatorische anthropologische Differenz? Eine naheliegende Antwort auf die erste Frage besteht darin, dass der Mensch über eine außergewöhnliche Erfindungsgabe verfügt. Um die anderen Fragen zu beantworten, müssten wir demnach untersuchen, worin genau diese Fähigkeit besteht und ob es sich dabei tatsächlich um eine speziesspezifische Fähigkeit handelt. Allerdings wird schnell deutlich, dass eine Erklärung beinahe jeder menschlichen Erfindung durch eine besondere Erfindungsgabe einzelner Menschen unterbeschrieben ist. Ein neuer Computer etwa ist nicht die Erfindung eines Einzelnen. Er ist das Produkt eines Prozesses, der in der Akkumulation von Innovationen besteht (Tomasello 1999). Komplexe Erfindungen des Menschen sind typischerweise das vorläufig letzte Glied einer langen Kette, an deren Anfang eine sehr simple Erfindung steht. Der Computer, wie wir ihn heute kennen, ist eine Weiterentwicklung einfacherer Computermodelle, die zuvor von anderen erfunden wurden. Diese früheren Modelle sind ihrerseits Weiterentwicklungen noch einfacherer Rechenmaschinen. Wieland (2011) zufolge lässt sich die Geschichte des

Computers über die Entwicklung einfacher Rechenhilfen wie Gebetsketten bis hin zur Entdeckung von Zahlen zurückverfolgen. Ohne eine solche Weiterentwicklung früherer Erfindungen wäre der Mensch heute ebenso wenig in der Lage, Computer zu bauen, wie zum Mond zu fliegen. Der Prozess, der von der Entdeckung der Zahlen bis hin zur Entwicklung des Computers führte, wird als *kumulative kulturelle Evolution* bezeichnet (Tomasello 1999, S. 37). Er besteht wesentlich darin, dass Erfindungen nicht mit dem Tod ihrer Urheber verloren gehen, sondern sich in sozialen Gruppen als Standard etablieren, wodurch sie von der Gruppe konserviert und so zur Basis weiterer Verbesserungen zu einem späteren Zeitpunkt werden können. Eine Erfindung wie der Computer ist daher nicht das Produkt der Erfindungsgabe eines Einzelnen, sondern das Produkt eines Kreislaufes von Innovation, Standardisierung und erneuter Innovation (Sterelny 2003, S. 150), der viele verschiedene Menschen über große Zeiträume hinweg umfasst. Es besteht weitgehend Einigkeit, dass kumulative kulturelle Evolution eine menschliche Einmaligkeit darstellt (Boesch und Tomasello 1998). Inwiefern können wir angesichts dessen die Fähigkeit des Menschen, Dinge wie Computer zu erfinden oder zum Mond zu fliegen, als Ausdruck einer anthropologischen Differenz verstehen? Gibt es eine solche explanatorische anthropologische Differenz im Sinne einer oder mehrerer speziesspezifischer Eigenschaften des Menschen tatsächlich?

Übersicht über dieses Buch

Um diese Frage zu beantworten, müssen wir uns genauer mit dem Verhalten von Tieren auseinandersetzen. In Kapitel 2 werde ich daher zunächst einige erkenntnistheoretische und methodologische Überlegungen darüber anstellen, wie wir das Verhalten von Tieren untersuchen und in Hinblick auf ihre mentalen Fähigkeiten interpretieren sollten. Danach werde ich mich der Hauptfrage dieser Arbeit widmen. Es gibt verschiedene Möglichkeiten zu erklären, warum die Welt des Menschen, nicht jedoch die Welt nicht-menschlicher Tiere, so stark durch kumulative kulturelle Evolution – den Kreislauf von Innovation, Standardisierung und erneuter Innovation – geprägt ist. Eine erste Möglichkeit besteht darin, dass der Mensch über eine einzigartige Fähigkeit Innovationen hervorzubringen verfügt. Eine zweite Möglichkeit ist die, dass nur der Mensch über die Fähigkeiten verfügt, die benötigt werden, um Innovationen in Gruppen zu konservieren und zu akkumulieren. In den Kapiteln 3 – 5 werde ich mich mit der ersten Möglichkeit auseinandersetzen. Dabei werde ich zwei Aspekte diskutieren: In Kapitel 3 soll untersucht werden, auf welche Weise Lebewesen die Welt repräsentieren müssen, um überhaupt flexibel mit ihr interagieren zu können. Lebewesen, die über eine entsprechende kognitive Architektur verfügen, nenne ich *rationale Lebewesen*. Das Ziel dieses Kapitels besteht darin, Kriterien herauszuarbeiten, die ein Lebewesen erfüllen muss, um ein rationales Lebewesen zu sein und die Frage zu beantworten, ob der Mensch sich durch seine Eigenschaft ein rationales Lebewesen zu sein von nicht-menschlichen Tieren unterscheidet. Ein rationales Lebewesen zu sein ist jedoch nicht hinreichend um die Innovationsfähigkeit des Menschen zu erklären. Die Fähigkeit, die Welt auf eine Weise zu repräsentieren, die einen flexiblen Umgang mit ihr ermöglicht, impliziert nicht, dass es sich dabei um einen erfolgreichen Umgang handelt. Es stellt sich daher die Frage nach den Prozessen, die der Übersetzung von Repräsentationen in Verhalten zugrunde liegen. In Kapitel 4 werde ich eine Sicht diskutieren, der zufolge diese Informationsverarbeitungsprozesse des Menschen sich tatsächlich in einer fundamentalen Weise von denen nicht-menschlicher Tiere unterscheiden. Dabei werde ich argumentieren, dass diese Sicht ein zu idealisiertes Bild des menschlichen Geistes zeichnet, um Tiere sinnvoll daran messen zu können. Schließlich werde ich in Kapitel 5 einen weiteren Vorschlag untersuchen, worin sich der Mensch durch seine Fähigkeit zu innovativem Verhalten von allen nicht-menschlichen Tiere unterscheiden könnte und diskutieren, ob wir diese Fähigkeit tatsächlich als anthropologische Grenze auffassen sollten. Kapitel 6 widmet sich dem Prozess der Standardisierung. Dabei werde ich verschiedene Arten sozialen Lernens, ihr Potenzial zur Standardisierung und zur Akkumulation von Innovationen in Gruppen untersuchen. Schließlich soll auch hier die Frage geklärt werden, wie sich der Mensch von nicht-menschlichen Tieren bezüglich seiner Fähigkeit zu sozialem Lernen unterscheidet. In Kapitel 7 werde ich die Rolle von Kooperation für die kumulative kulturelle Evolution des Menschen analysieren. Anschließend werde ich in Kapitel 8 die Evolution von Kooperation untersuchen und eine Antwort auf die Frage geben, ob eine besondere Art der Kooperation die Rolle einer explanatorischen anthropologischen Differenz spielen kann.

2 Erkenntnistheoretische und methodologische Überlegungen

Im Mittelpunkt dieser Arbeit steht die Frage nach einer anthropologischen Grenze, die Frage danach also, ob es etwas gibt, das uns Menschen von allen nicht-menschlichen Tieren unterscheidet und uns in irgendeinem Sinn als etwas Besonderes auszeichnet. Ein guter Kandidat dafür ist die *kumulative kulturelle Evolution* des Menschen, ohne die die Welt wie wir sie kennen nur schwer vorstellbar scheint. Aber warum ist der Mensch die einzige Spezies, für die kumulative kulturelle Evolution eine Rolle spielt? Eine naheliegende Antwort besteht darin, dass Menschen über speziesspezifische kognitive Fähigkeiten verfügen. Wenn wir wissen wollen, ob diese Antwort zutrifft und zu diesem Zweck die kognitiven Fähigkeiten von Menschen und Tieren vergleichen möchten, dann können wir das jedoch auch als Philosophen nicht aus dem Lehnstuhl tun, sondern müssen auf die Ergebnisse der empirischen Wissenschaften wie der Biologie, der Psychologie oder der Ethologie zurückgreifen. Dabei zeigt sich jedoch eine Asymmetrie, da die Psychologie des Menschen ungleich besser untersucht ist, als die nicht-menschlicher Tiere. Eine besondere Herausforderung der Tierpsychologie besteht überdies darin, dass Tiere nicht über eine Sprache verfügen. Während viele Studien über die Psychologie des Menschen sich der Sprache als Medium bedienen, um etwas über die Testsubjekte herauszufinden (etwa in dem die Testsubjekte Fragen beantworten), können Tiere, die nicht über Sprache verfügen, uns nicht mitteilen, was in ihnen vorgeht. Wir sind daher in erster Linie darauf angewiesen, ihr Verhalten zu beobachten. Die kognitiven Fähigkeiten eines Lebewesens sind jedoch nicht direkt von seinem Verhalten ablesbar, weshalb wir beobachtetes Verhalten interpretieren müssen, und in allen Fällen sind mehrere Interpretationen möglich.

Aber Diskussionen darüber, ob ein Tier über eine bestimmte kognitive Fähigkeit verfügt oder nicht, sind nicht allein der Mehrdeutigkeit von Verhalten hinsichtlich der zugrunde liegenden kognitiven Fähigkeiten geschuldet, sondern häufig auch einer Uneinigkeit bezüglich der Methoden, mit denen wir das Verhalten von Tieren untersuchen, sowie der Prinzipien, die einer Interpretation zugrunde liegen sollten. Dabei gibt es zwei Fragen, die in der Diskussion besonders zentral sind, und die im Folgenden diskutiert werden sollen:

1. Wenn ein Verhalten durch verschiedene kognitive Prozesse erklärt werden kann, welche Erklärung sollten wir bevorzugen?

2. Unter welchen Bedingungen sollten wir das Verhalten von Tieren untersuchen, um aussagekräftige Ergebnisse zu bekommen?

Diesen beiden Fragen soll in diesem Kapitel nachgegangen werden.

2.1 Morgans Kanon

Paviane sind, wie alle Primaten, äußerst kompetitiv. Sie konkurrieren mit ihren Gruppenmitgliedern um Nahrung und die Möglichkeit sich fortzupflanzen. Dabei kommt es auch immer wieder zu Attacken gegen Jungtiere, die naturgemäß die Schwächsten Mitglieder der Gruppe sind und sich kaum selbst verteidigen können. In solchen Fällen kommen Pavianmütter häufig ihrem Nachwuchs zu Hilfe. In einem Fall wurde beobachtet, wie der junge Pavian Paul sich einem Weibchen aus seiner Gruppe näherte, das gerade dabei war, eine Knolle zu fressen. Paul begann daraufhin laut zu schreien, was Paviane normalerweise in Gefahrensituationen tun, woraufhin Pauls Mutter sich näherte, den vermeintlichen Angreifer verjagte und Paul die zurückgelassene Knolle selbst fressen konnte (Byrne & Whiten 1992). Eine mögliche Erklärung für Pauls Verhalten besteht darin, dass er die Knolle haben wollte und wusste, dass sein Schreien dazu führt, dass seine Mutter im Glauben, er werde angegriffen und brauche Hilfe, den anderen Pavian vertreiben würde. Paul könnte demnach das Verhalten seiner Mutter dadurch provoziert haben, dass er gezielt ihre Überzeugungen manipulierte. Eine andere Erklärung besteht darin, dass er einfach nur wusste, dass sein Schreien bewirken würde, dass seine Mutter den anderen vertreibt, weil er beobachtet hat, dass seine Mutter das immer getan hat, wenn er in der Vergangenheit geschrien hat. Während die erste Erklärung impliziert, dass Paul weiß, was Überzeugungen sind und wie sie zur Produktion von Verhalten beitragen (man spricht dabei von einer *Theorie des Geistes*, vgl. Kap. 5.3.2), wird in der zweiten Erklärung lediglich angenommen, dass er durch Assoziationen auf der Grundlage früherer Erfahrungen Erwartungen über zukünftiges Verhalten seiner Mutter gebildet hat. Und schließlich könnte die Szene auch dadurch erklärt werden, dass Pauls Mutter denkt, dass sie ihren Nachwuchs verteidigen muss, ohne dass das von Paul überhaupt beabsichtigt war. Pauls Schreien könnte einfach Ausdruck einer Emotion gewesen sein, etwa weil er hungrig war und die Knolle für sich haben wollte. Dass er die Knolle schließlich bekam, weil seine Mutter das andere Tier vertrieb, wäre dann aus Pauls Perspektive einfach nur ein glücklicher Zufall.[6]

Welche Erklärungen sollten wir bevorzugen? Viele Philosophen und Psychologen, die sich mit dem Thema beschäftigen, verweisen in diesem Zusammenhang auf ein Prinzip, das der britische Psychologe Conwy Lloyd Morgan bereits 1894 in seiner *Einführung in die komparative Psychologie* formulierte und das allgemein unter dem Namen Morgans Kanon bekannt ist (Morgan 1894, S. 53, zitiert nach Karin-D´Arcy 2005, S. 179):

> In no case may we interpret an action as the outcome of the exercise of a higher psychical faculty, if it can be interpreted as the outcome of the exercise of one which stands lower in the psychological scale.

Morgans Kanon ist der wahrscheinlich am häufigsten zitierte Satz (Dewsbury 1984, S. 187) und manche bezeichnen ihn sogar als den wichtigsten Satz (Galef, 1996, S. 9) in der Geschichte der komparativen Psychologie, weshalb Morgan, obwohl er nicht der erste war, der sich mit Fragen der Tierpsychologie beschäftigte, auch als Vater dieser Wissenschaft gilt (vgl. Karen-D´Arcy 2005, S. 179). Der Kanon wird häufig als Morgans Versuch verstanden, einer unwissenschaftlichen Tendenz seiner Zeit zur Vermenschlichung von Tieren bei der Interpretation ihres Verhaltens entgegenzuwirken. Dieses Problem scheint jedoch nicht auf die Zeit vor dem 20. Jahrhundert beschränkt zu sein. Die Neigung, Verhalten mit intentionalem Vokabular zu beschreiben scheint tief in der menschlichen Psychologie verankert. Fritz Heider und Marianne Simmel haben in einem Experiment von 1944 gezeigt, dass wir sogar das Verhalten von zweidimensionalen geometrischen Figuren wie Kreise oder Dreiecke mit intentionalem Vokabular (das heißt als durch Wünsche und Überzeugungen verursacht) beschreiben, wenn die Bewegungen der Figuren sich auf eine bestimmte Art gegenseitig zu beeinflussen scheinen (Heider & Simmel 1944).[7] Es ist plausibel anzunehmen, dass dieser Effekt noch verstärkt wird, wenn die beobachteten Subjekte ein Gesicht haben und Menschen stärker ähneln, als Kreise und Dreiecke es tun. So sind sich Haustierbesitzer einig, dass ihr Hund oder ihre Katze sie versteht, traurig sein oder sich freuen kann. Dennett vermutet in diesem Zusammenhang,

6 Diese Aufzählung möglicher Erklärungen soll nur die Mehrdeutigkeit spezifischer Verhaltensweisen hinsichtlich der möglichen kognitiven Ursachen illustrieren und hat nicht den Anspruch vollständig sein.

7 Nur drei von 114 Testsubjekten haben das beobachtete Verhalten in nicht-intentionalem Vokabular beschrieben (Heider & Simmel 1944, S. 259). Natürlich zeigt das Experiment *nicht*, dass die Testsubjekte glauben, dass Dreiecke oder Kreise Überzeugungen und Wünsche haben, es zeigt jedoch, dass sie einen Hang zu intentionalen Erklärungen haben.

dass unsere Intuitionen bezüglich der Frage, welche Tiere etwa über Bewusstsein verfügen und welche nicht, sich an einer *Skala des Knuddelligseins* orientieren (Dennett 1998, S. 698). Diese Überlegungen legen nahe, dass wir bei der Interpretation von Tierverhalten voreingenommen sind und zu ungerechtfertigten Vermenschlichungen neigen: Wir schreiben Tieren aufgrund ihres Verhaltens vorschnell kognitive Fähigkeiten zu, weil wir Menschen, die ein ähnliches Verhalten zeigen, diese kognitiven Fähigkeiten zuschreiben. Morgans Kanon, insofern er uns vor diesem Fehler bewahren will, scheint daher intuitiv plausibel. Allerdings ist er bei genauerer Betrachtung weniger eindeutig, als es zunächst scheint, weshalb Roger Thomas ihn nicht nur als den meistzitierten Satz der komparativen Psychologie beschreibt, sondern auch als den am häufigsten falsch interpretierten (Thomas 1998, S. 156). Neben der Frage, was Morgan selbst zu sagen beabsichtigte, stellt sich zudem die Frage nach seiner Richtigkeit: Ist Morgans Kanon, so wie er von Morgan beabsichtigt war, oder auch so, wie er häufig verstanden wird, ein gutes Prinzip? Oder muss er verbessert oder sogar zugunsten eines anderen Prinzips aufgegeben werden? Zwei Dimensionen von Morgans Kanon sind dabei besonders problematisch. Zum einen ist es nicht vollkommen klar, welche Prozesse höher oder tiefer in einer psychologischen Skala stehen, was das eigentlich bedeutet und ob eine solche Skala überhaupt sinnvoll ist. Zum anderen stellt sich selbst in dem Fall, in dem es unproblematisch ist, von einer Skala zu sprechen, die psychologische Fähigkeiten als höher oder niedriger bewertet, die Frage, wodurch die Norm gerechtfertigt ist, in Erklärungen immer die niedrigere Fähigkeit zu bevorzugen. Viele Psychologen und Philosophen scheinen anzunehmen, dass der Kanon keiner Verteidigung bedarf, weil er offensichtlich plausibel oder selbstevident ist. Die häufigsten Interpretationen derjenigen, die ihn nicht für selbstevident halten, sehen in Morgans Kanon nichts weiter als einen besonderen Fall von dem als *Ockhams Rasiermesser* bekannten Sparsamkeitsprinzip, glauben ihn durch Einfachheitsüberlegungen gerechtfertigt, oder sehen in ihm ein notwendiges Korrektiv zu unserer Tendenz, Tiere zu vermenschlichen. In allen Fällen ist es jedoch weder klar, ob sie dem entsprechen, was Morgan mit seinem Kanon beabsichtigte, noch ob es sich dabei um gute Rechtfertigungen dieses Prinzips handelt.

2.1.1 Höhere und niedrigere psychologische Fähigkeiten

Was also sind höhere oder niedrigere psychologische Fähigkeiten? Morgan selbst schien sich der Tatsache bewusst zu sein, dass seine Formulierung wenig spezifisch ist und zu Missverständnissen führen würde. In einer überarbeiteten Ausgabe seiner Einführung in die komparative Psychologie änderte er daher seine ursprüngliche Formulierung des Kanons folgendermaßen (Morgan 1903, S. 59, zitiert nach Thomas 2001):

> In no case is an animal activity interpreted in terms of higher psychological processes, if it can be fairly interpreted in terms of processes which stand lower in the scale of psychological evolution and development.

Die neue Formulierung gibt Aufschluss darüber, was Morgan unter höheren und niedrigeren psychologischen Fähigkeiten verstand: Sie sollten gemessen an einer *Skala der psychologischen Evolution und Entwicklung* höher oder tiefer sein. Morgan selbst stellt uns zwar keine solche Skala zur Verfügung, aber man kann aus seinen Kapitelüberschriften und der Ordnung der Kapitel im Buch erschließen, welche Skala er sich vorstellte (vgl. Thomas 2001). Offensichtlich war er der Meinung, dass man psychologische Prozesse aus einer evolutionären Perspektive als höher oder niedriger klassifizieren kann und glaubte sich damit im Einklang mit Darwins Auffassungen. Der Idee, dass wir aus einer evolutionären Perspektive psychologische Prozesse als höher oder niedriger verorten können, liegt die Vorstellung zugrunde, dass die Evolution ein linearer Prozess von einfachen zu komplexeren Mechanismen ist (Boakes 1984, S. 40; vgl. auch Sober 1998). Psychologische Prozesse, die höher in der Skala psychologischer Evolution und Entwicklung stehen, sind dieser Auffassung gemäß komplexere psychologische Prozesse als solche, die niedriger in dieser Skala angesiedelt sind. Morgans Kanon würde uns demnach anweisen, in Fällen, in denen wir ein bestimmtes Verhalten sowohl durch komplexe als auch durch weniger komplexe psychologische Prozesse verursacht interpretieren können, immer die weniger komplexen Prozesse zu bevorzugen. Tatsächlich steht diese Idee jedoch nicht im Einklang mit Darwins Auffassungen. Darwin selbst hielt die Rede von *höheren* und *niedrigeren* Prozessen aus einer evolutionären Perspektive für falsch, wie er in einer Notiz an sich selbst festhielt (Sober 1998, S. 225). Anders als Morgans Auffassung der Evolution als Prozess, der immer von einfachen zu komplexeren Mechanismen fortschreitet, „untergräbt Darwins Theorie der natürlichen Selektion die Idee einer linearen Skala der Natur, in der jede Stufe entweder höher oder tiefer ist als jede andere" (Sober 1998, S. 225, meine Übersetzung). Darwin zufolge unterscheiden sich die Fähigkeiten verschiedener Arten dadurch, dass sie Anpassungen an verschiedene Umwelten (d.h. das Produkt eines verschiedenen selektiven Drucks durch verschiedene selektive Umwelten) sind, so dass es wenig sinnvoll ist, verschiedene Fähigkeiten unabhängig von diesen Umwelten qualitativ zu vergleichen. Folgerichtig war Darwins Bild der Evolution auch nicht das einer ansteigenden Leiter, sondern eines verzweigten Baums, dessen Äste sich nicht als höher oder niedriger verorten lassen.

Auch aus heutiger Sicht ist Morgans Idee, dass die Evolution immer ein Prozess ist, der zu zunehmender Komplexität führt, fragwürdig. In vielen Fällen führen veränderte Umweltbedingungen zu neuen Adaptionen innerhalb einer Abstammungslinie, aber veränderte Baupläne von Organismen sind nicht notwendigerweise komplexer, und manchmal führt Evolution sogar dazu, dass Organismen an Komplexität verlieren, wie es bei einigen Parasiten der Fall ist (vgl. Sober 1998). Morgans Idee von einer Skala psychologischer Evolution und Entwicklung, auf der man Prozesse als höher oder tiefer verorten kann, beruht also auf einem irrtümlichen Verständnis der Evolution als einem linearen Prozess, der sich von einfachen zu immer komplexeren kognitiven Designs[8] bewegt.

Aber die Tatsache, dass Komplexität als Kriterium, um verschiedene psychologische Mechanismen als höher oder niedriger bewerten zu können, nicht aus evolutionärer Perspektive verteidigt werden kann, ist nicht das einzige Problem. Ein weiteres Problem besteht darin, dass unsere Intuitionen bezüglich der Komplexität von Prozessen nicht notwendigerweise die Wirklichkeit abbilden. Betrachten wir zum Beispiel den Fall des *klugen Hans*, eines Pferdes, das durch seine angebliche Fähigkeit rechnen, zählen und sogar buchstabieren zu können für Aufsehen sorgte. Das von dem Mathematiklehrer Wilhelm von Osten trainierte Tier beantwortete Fragen seines Trainers dadurch, dass es mit den Hufen schlug oder mit dem Kopf nickte oder ihn schüttelte (Stamp-Dawkins 1996, S. 97). Hatte man zunächst noch Betrug von Seiten des Trainers vermutet, zeigte sich, dass das Pferd auch Aufgaben zu lösen im Stande war, die andere ihm stellten. Erst Jahre später fand Oskar Pfungst heraus, dass Hans nur dann Aufgaben zu lösen im Stande war, wenn diejenigen, die ihm Fragen stellten, die Antworten auch selbst kannten (vgl. Stamp-Dawkins 1996, S. 104). Scheinbar war Hans sensitiv für feinste Signale im Verhalten derjenigen, die ihn testeten:

---

8 Der Ausdruck *kognitives Design* ist hier ganz unverfänglich gemeint, setzt keinen Designer voraus und hat nichts mit der These des intelligenten Designs zu tun, die von manchen als Alternative zur Theorie der natürlichen Selektion vertreten wird. Dawkins (1996, S. 6) verteidigt die Rede von Design, in dem er darauf hinweist, dass die Eigenschaften eines Lebewesens nur zum Teil als Ergebnis zufälliger Mutation aufgefasst werden können, da der Prozess der natürlichen Selektion *nicht* zufällig ist. Die nicht-zufällige natürliche Selektion *formt* die Eigenschaften von Lebewesen und passt sie an ihre Umwelt an, wodurch diese Eigenschaften gewisse Designaspekte aufweisen. Dawkins verwendet in diesem Zusammenhang den Ausdruck *designoid*. Dennett (1995) hingegen verteidigt sogar den Gebrauch des Begriffs *Design* in diesem Zusammenhang als unverfänglich.

unmittelbar bevor er die korrekte Anzahl an Hufschlägen gegeben hatte, nahm die Anspannung in den Testern zu und wich einer gewissen Erleichterung, wenn Hans die korrekte Anzahl ausgeführt hatte, was für ihn wohl das Signal war, an dieser Stelle zu stoppen. Wie sich zeigte, konnte Hans also weder rechnen noch buchstabieren. Aber er war in der Lage auf Signale zu reagieren, die so subtil waren, dass nicht einmal ihre Urheber wussten, dass sie sie aussendeten. Intuitiv ist die Fähigkeit, mathematische Aufgaben zu lösen, komplexer als die Fähigkeit, Verhaltensassoziationen zu bilden. Tatsächlich ist es jedoch gar nicht so einfach, diese beiden Fähigkeiten in Begriffen von Komplexität zu vergleichen und auszubuchstabieren, inwiefern die zugrunde liegende Informationsverarbeitung der einen komplexer ist, als die der anderen. Morgans Idee, Komplexität als Kriterium einer Einordnung psychologischer Prozesse als höher oder niedriger zugrunde zu legen, kann also auch unabhängig davon, dass Komplexität nicht aus einer evolutionären Perspektive gerechtfertigt werden kann, nicht ohne weiteres überzeugen.

Aber auch wenn Morgans Versuch misslingt, aus einer evolutionären Perspektive verschiedene psychologische Prozesse auf einer Skala zu verorten, anhand der wir zwischen alternativen Erklärungen von Tierverhalten entscheiden können, kann man die Idee einer solchen Skala vielleicht aus anderen Gründen retten. Elliott Sober unternimmt einen solchen Versuch, indem er, anders als Morgan, anstelle einer evolutionären eine funktionale Perspektive einnimmt. Psychologische Prozesse lassen sich ihm zufolge sinnvoll in Hinblick auf das Verhalten, dass sie ermöglichen, als höher oder niedriger klassifizieren (Sober 1998, S. 236):

> One internal mechanism is higher than another if and only if the behavioral capacities entailed by the former properly include the behavioral capacities entailed by the latter.

Anders als Morgans Vorschlag setzt Sobers Idee ausdrücklich nicht voraus, dass höhere Prozesse sich (weder phylogenetisch noch ontogenetisch) *nach* niedrigeren Prozessen entwickelt haben. Höhere Prozesse A sind deshalb weiter oben in der Skala angesiedelt als niedrigere Prozesse B, weil A-Prozesse die behavioralen Möglichkeiten von B-Prozessen implizieren, aber nicht umgekehrt.[9] Sobers

---

9 Die Implikationsbeziehung besteht zwischen dem behavioralen Output zweier Prozesse, nicht zwischen den Prozessen selbst: Ein Verhalten kann durch sehr verschiedene Prozesse verursacht werden, und ein Lebewesen, das über eine höhere psychologische Fähigkeit verfügt, muss nicht notwendigerweise auch über die niedrigere Fähigkeit verfügen (vgl. Sober 1998, S. 237). Dadurch ist diese Konzeption überdies geeignet, die kognitiven Fähigkeiten von Arten, die nur wenig miteinander verwandt sind, zu vergleichen.

Vorschlag ist gut, weil er ein klares und intuitiv plausibles Kriterium formuliert, anhand dessen wir psychologische Prozesse als höher oder niedriger klassifizieren können: Höhere Prozesse ermöglichen eine größere Bandbreite an Verhalten. Aber wie Sober selbst bemerkt, stehen nicht alle psychologischen Prozesse in einem solchen Implikationsverhältnis zueinander. Zwei psychologische Prozesse können zwei ganz verschiedenen Mengen von Verhalten zugrunde liegen und kein einziges Verhalten teilen. Für solche Prozesse lässt sich mit Sobers Vorschlag nicht bestimmen, welcher Prozess höher oder tiefer ist. In diesem Fall ist das jedoch nicht weiter schlimm, denn wenn zwei psychologische Prozesse nicht die Ursache desselben Verhaltens sein können, dann müssen wir auch nie zwischen diesen beiden Prozessen als alternativen Erklärungen für ein Verhalten entscheiden. Problematisch an Sobers Vorschlag ist eher, dass wir wohl nur sehr selten zwei Prozesse finden, von denen einer den behavioralen Output des anderen komplett impliziert. In den meisten Fällen dagegen wird sich das Verhaltenspotenzial verschiedener Prozesse nur überlappen. Sowohl mathematisches Talent als auch die Fähigkeit Verhalten zu lesen[10] kann die Ursache des Verhaltens des Klugen Hans sein. Ein Verständnis von Mathematik kann jedoch noch ganz anderem Verhalten zugrunde liegen, welches durch Verhaltenlesen nicht ermöglicht wird, etwa mathematische Probleme zu lösen, wenn sonst niemand anwesend ist. Trotzdem impliziert ein mathematisches Verständnis nicht den behavioralen Output von Verhaltenlesen, da auch Verhaltenlesen Grundlage von Verhalten sein kann, das durch mathematisches Verständnis nicht ermöglicht wird (in Hans Fall etwa, sich so zu erhalten, *als ob* er buchstabieren könnte). Und schließlich ist selbst in den Fällen, in denen psychologische Prozesse, die alternative Erklärungen für ein beobachtetes Verhalten sind, sich in diesem Sinn implizieren oder impliziert werden (wenn es solche eindeutigen Fälle gibt), ist die Frage, wie wir ein beobachtetes Verhalten interpretieren sollen, nicht automatisch geklärt. Um eine mögliche Lesart von Morgans Kanon zu verteidigen, müssen wir nicht nur der Rede von höheren und niedrigeren psychologischen Prozessen einen klaren Sinn geben. Wir müssen auch rechtfertigen, warum wir im Zweifel niedrigere Prozesse bevorzugen sollten.

---

10 Damit ist die Fähigkeit des Klugen Hans gemeint, am Verhalten seiner Prüfer abzulesen, wann er mit dem Schlagen der Hufen aufhören soll.

2.1.2 Die Rechtfertigung von Morgans Kanon

2.1.2.1 Morgans Kanon und das Bilden von Hypothesen

Morgans Kanon wird von vielen als Sparsamkeits- oder Einfachheitsprinzip verstanden und verteidigt. Einfache Erklärungen, so der Gedanke, sind besser als komplexe Erklärungen, und Erklärungen die niedrigere psychologische Prozesse postulieren sind einfacher, weil niedrigere Prozesse als *einfachere* Prozesse verstanden werden.[11] Fitzpatrick bezeichnet diese Position als *theoretischen Konservatismus* (Fitzpatrick 2008, S. 228). Manche Kritiker glauben, dass Sparsamkeits- oder Einfachheitsüberlegungen nicht für den Kanon sprechen und er daher, so verstanden, ungerechtfertigt ist. Einige Kritiker gehen sogar noch einen Schritt weiter: Fitzpatrick etwa argumentiert, dass Morgans Kanon eine schädliche Wirkung hat und wir in vielen Fällen sogar im Gegenteil gerechtfertigt sind, höhere psychologische Mechanismen in Erklärungen zu bevorzugen (Fitzpatrick 2008, S. 236):

> There are many examples from the recent history of animal psychology of highly successful research strategies where the least cognitively sophisticated explanation consistent with the data was not the working hypothesis and indeed where progress was achieved in large part because of this. Theoretical Conservatism [...] would therefore undermine these research strategies.

Ein wesentliches Problem dieses Prinzips besteht für Fitzpatrick darin, dass es für die Bildung von Arbeitshypothesen wenig konstruktiv und in vielen Fällen sogar kontraproduktiv ist. In Wirklichkeit besteht die wissenschaftliche Praxis häufig im genauen Gegenteil, und viele wissenschaftlichen Entdeckungen wären nie gemacht worden, wenn die Wissenschaftler sich auf ein ähnliches Prinzip verlassen hätten. Die Hypothese Karl von Frischs etwa, dass Bienen durch ihren Tanz kommunizieren (von Frisch 1973), sei zu dieser Zeit bestimmt nicht die in diesem Sinn einfachste Erklärung gewesen. Aber sie habe dazu geführt, dass Forscher dem Phänomen mehr Aufmerksamkeit widmeten, auf der Grundlage dieser Hypothese neue Prognosen erstellten und testeten und schließlich durch die Bestätigung der Hypothese etwas Interessantes über Bienen herausgefunden haben. Die Beachtung von Morgans Kanon dagegen hätte dazu geführt, dass von Frisch eine Hypothese über einfachere psychologische Mechanismen aufgestellt hätte. Fälle wie dieser seien jedoch nicht die Ausnahme,

---

11 Wie bereits diskutiert ist die Rede von einfachen psychologischen Prozessen alles andere als unproblematisch und es nicht klar, wie viele derjenigen, die Morgans Kanon zuvor gerechtfertigt glaubten, das auch mit Sobers neuer Definition von höheren und niedrigeren psychologischen Mechanismen tun.

sondern wichtige Grundlage wissenschaftlichen Fortschritts, weshalb wir Fitzpatrick zufolge den Kanon aufgeben sollten (Fitzpatrick 2008, S. 237).

Diese Konklusion schießt jedoch ein wenig über das Ziel hinaus. Wenn Fitzpatrick dafür argumentieren will, dass Morgans Kanon gerade umgedreht werden sollte (und wir die weniger einfachen Erklärungen bevorzugen sollten), weil dieses neue Prinzip eine bessere Grundlage für die Bildung von Arbeitshypothesen darstellt, dann könnte man fragen, wie stark sein Punkt selbst von einer Konstruktion höherer und tieferer psychologischer Fähigkeiten als mehr oder weniger komplexer Fähigkeiten (im Sinne Morgans) abhängt. Wenn diese Klassifizierung, wie zuvor diskutiert, hinfällig ist, dann folgt daraus zwar, dass wir nicht die weniger komplexen bevorzugen sollten (weil diese nicht mit den niedrigeren identifiziert werden können), es folgt aber auch, dass wir nicht die komplexeren bevorzugen sollten (weil diese nicht mit den höheren identifiziert werden können). Wenn die Unterscheidung von höheren und niedrigeren psychologischen Fähigkeiten auf der Grundlage ihrer Komplexität nicht sinnvoll ist, ist nicht klar, welche Alternative wir zur Bildung von Arbeitshypothesen bevorzugen sollten.

Ganz unabhängig von diesem Problem zeigt Fitzpatrick jedoch, selbst wenn sein Argument verteidigt werden kann, nur, dass Morgans Kanon nicht als Prinzip zur Bildung von Arbeitshypothesen geeignet ist. Als solches wird er jedoch in der Regel gar nicht verstanden, sondern vielmehr als ein Prinzip zur Evaluierung solcher Hypothesen (vgl. Karin-D´Arcy 2005, S. 185). Wenn wir der Rede von höheren und niedrigeren psychologischen Fähigkeiten einen Sinn geben können, dann mag es daher zwar sein, dass wir in einem *pragmatischen* Sinn gerechtfertigt sind, höhere psychologische Fähigkeiten anzunehmen, um Arbeitshypothesen zu bilden, weil das in manchen Fällen zu wegweisenden wissenschaftlichen Fortschritten führt. Daraus folgt jedoch nicht, dass wir darin auch *epistemisch* gerechtfertigt sind. Viele unserer Arbeitshypothesen werden sich als falsch herausstellen und es ist nicht ersichtlich, warum Erklärungen, die höhere psychologische Mechanismen postulieren, wahrscheinlicher wahr sein sollen. Eine solche Rechtfertigung wird jedoch benötigt, wenn wir Morgans Kanon in sein Gegenteil verkehren wollen. Fitzpatricks Konklusion, dass Morgans Kanon nicht nur ungerechtfertigt ist, sondern wir sogar gerechtfertigt sind, das konträre Gegenteil anzunehmen, ist also viel zu stark. Da dieses Argument nicht überzeugen kann ist damit also nicht gezeigt, dass Morgans Kanon ungerechtfertigt ist. Die Frage, die sich nun stellt, ist, ob er gerechtfertigt werden kann.

2.1.2.2 Sparsamkeit

Sowohl Verteidiger als auch Kontrahenten von Morgans Kanon haben Morgan häufig so verstanden, dass er im Kanon nichts weiter als eine spezielle Anwendung von Ockhams Rasiermesser oder dem Sparsamkeitsprinzip sah und ihn daher aus den gleichen Gründen gerechtfertigt glaubte (vgl. z.B. Skinner 1938, Boring 1950, Goodwin 1999). Sir William Hamilton formuliert das Sparsamkeitsprinzip folgendermaßen (Hamilton 1856, p. 580, zitiert nach Karin-D'Arcy 2005, S. 180):

> Without descending to details, it is manifest in general, that against the assumption of a special principle, which this doctrine makes, there exists a primary presumption of philosophy. This is the law of parsimony; which prohibits, without a proven necessity, the multiplication of entities, powers, principles or causes; above all, the postulation of an unknown force where a known impotence can account for the phenomenon. We are, therefore, entitled to apply "Occam's razor" to this theory of causality, unless it be proved impossible to explain the causal judgment as a cheaper rate, by deriving it from a common, and that a negative, principle. On a doctrine like the present, is thrown the burthen of vindicating its necessity, by showing that unless a special and positive principle be assumed, there exists no competent mode to save the phenomenon. The opinion can therefore only be admitted provisorily; and it falls, of course, if what it would explain can be explained on less onerous conditions.

Hamiltons Sparsamkeitsprinzip, das häufig auch Ockhams Rasiermesser (nach Wilhelm von Ockham) genannt wird, weist uns also an, in Erklärungen keine unbekannten Entitäten zu postulieren, wenn wir das zu erklärende Phänomen auch mit bekannten Entitäten erklären können. Auf den Kanon übertragen würde das bedeuten, dass wir niedrigere psychologische Mechanismen bevorzugen sollten, weil Erklärungen von Verhalten durch die Annahme niedrigerer psychologischer Prozesse sparsamer sind, als durch die Annahme höherer psychologischer Prozesse. Interessanterweise sah Ockham selbst seine Regel nur als methodologisches Prinzip, um zwischen alternativen logischen Formulierungen entscheiden zu können, und erst Hamilton erweiterte die Anwendung dieses Prinzips auch auf natürliche Phänomene (Thomas 2001). Dabei ist nicht vollkommen klar, warum sparsamere Erklärungen natürlicher Phänomene wahrscheinlicher wahr sein sollen und es gibt gute Gründe anzunehmen, dass Morgan selbst seinen Kanon nicht als Sparsamkeitsprinzip intendierte.[12] Unabhängig davon, ob sparsame Erklärungen immer besser sind als weniger spar-

12 In seinem vor der *Einführung in die komparative Psychologie* (1894) erschienenen Buch *Animal Life and Intelligence* (1890) spricht Morgan davon, dass wir einfach zu wenig über die Ursachen von Variation wissen, um streng an das Sparsamkeitsprinzip gebunden zu sein (vgl. Thomas 2001).

same, stellt sich jedoch die Frage, in welchem Sinn eine Erklärung von Verhalten durch niedrigere psychologische Prozesse tatsächlich sparsamer ist, als eine Erklärung von Verhalten durch höhere psychologische Prozesse. Ein Problem besteht darin, dass das Sparsamkeitsprinzip auf Existenzannahmen zielt, da Hamilton uns anweist, keine Entitäten zu postulieren, auf deren Annahme wir zur Erklärung eines gegebenen Phänomens nicht unbedingt festgelegt sind. In der komparativen Psychologie stellen wir jedoch häufig die Frage, ob ein beobachtetes Verhalten eines Tiers durch denselben (hohen) psychologischen Mechanismus verursacht wird, wie ähnliches Verhalten des Menschen, oder ob das Verhalten Resultat eines anderen (niedrigeren) psychologischen Mechanismus ist. Die Frage ist also nicht, ob eine psychologische Fähigkeit einer bestimmten Art überhaupt existiert (wir glauben ja, dass wir Menschen selbst darüber verfügen), sondern ob ein Tier über diese Fähigkeit verfügt oder mit anderen Worten, wie diese Fähigkeit in der Welt verteilt ist. Sparsamkeitsüberlegungen bezüglich postulierter Entitäten würden in dem Fall nicht greifen.

Eine andere Möglichkeit, den Kanon als Sparsamkeitsprinzip zu verstehen, besteht darin, die relative Sparsamkeit einer Erklärung in der Menge der psychologischen Prozesse zu sehen, die für eine Erklärung von Verhalten benötigt werden. Aber auch mit dieser Auffassung lässt sich nicht verteidigen, dass wir niedrigere psychologische Prozesse bevorzugen sollten. Sober bringt das Problem auf den Punkt (Sober 1998, S. 230):

> If parsimony is assessed by counting mechanisms, then attributing a single lower mechanism and attributing a single higher mechanism are equally parsimonious. And how should we compare a hypothesis that explains a set of behaviors by postulating a single higher mechanism and a hypothesis that explains those behaviors by postulating twelve separate, lower mechanisms?

Wenn die Sparsamkeit einer Erklärung darin besteht, dass sie *weniger* psychologische Mechanismen involviert, dann scheint die Unterscheidung zwischen höheren und niedrigeren psychologischen Mechanismen überflüssig. Entscheidend dafür, welche Erklärung wir in einem bestimmten Fall vorziehen sollten wäre dann lediglich, wie viele psychologische Mechanismen sie postuliert, nicht jedoch wo diese Mechanismen auf einer Skala (welcher Art auch immer) verortet werden. Aber die Unterscheidung von höheren und niedrigeren psychologischen Mechanismen ist im Zusammenhang mit Sparsamkeitsüberlegungen nicht nur überflüssig. Konträr zu der Auffassung, dass Morgans Kanon nichts weiter als ein Spezialfall des Sparsamkeitsprinzips ist, scheint sich Sparsamkeit so verstanden sogar gegen Morgans Idee zu wenden, dass wir von zwei möglichen psychologischen Prozessen immer dem niedrigeren in einer Erklärung den Vorzug geben sollten. Denn wenn höhere Prozesse deshalb höher in einer Skala angesiedelt sind, weil sie mehr Verhalten ermöglichen als niedrigere Prozesse (vgl. oben), dann kann ein einzelner höherer Prozess einem Verhalten zugrunde liegen, das alternativ nur durch die Annahme einer ganzen Reihe von niedrigeren Prozessen erklärt werden kann. Morgans Kanon weist uns auch in solchen Fällen an, diejenige Erklärung, die mehrere niedrige Prozesse postuliert, zu bevorzugen. Sparsamkeitsüberlegungen dagegen (verstanden als das Vergleichen der Anzahl der involvierten Mechanismen) sprechen in diesen Fällen klarerweise für den einzelnen höheren psychologischen Mechanismus.

Eine letzte Möglichkeit, die Idee zu verteidigen, dass es sich bei Morgans Kanon um eine Anwendung des Sparsamkeitsprinzips handelt, besteht darin, dass man die Sparsamkeit einer Erklärung nicht ausschließlich in der Anzahl der psychologischen Mechanismen misst, sondern diese mit der relativen Höhe eines Prozesses verrechnet, so dass zum Beispiel zwei niedrige Prozesse sparsamer sind als ein höherer. Wie Sober feststellt scheint es allerdings schwierig, die beiden Werte zu verrechnen, und selbst wenn man es könnte (mir ist keine Theorie bekannt, die das überhaupt versucht) gäbe es wohl irgendwann einen Grenzwert, ab dem wir eben nicht mehr, wie durch Morgans Kanon vorgeschrieben, den niedrigeren psychologischen Prozess bevorzugen sollten. Zum Beispiel könnten zwei niedrigere Prozesse sparsamer sein als ein höherer, aber was ist mit fünf, zehn oder zwanzig niedrigeren Prozessen, im Vergleich zu einem höheren Prozess?[13]

Morgans Kanon kann also nicht durch Sparsamkeitsüberlegungen gerechtfertigt werden: bestenfalls sind Sparsamkeitsüberlegungen blind gegenüber höheren oder niedrigeren Prozessen; wahrscheinlich geben sie uns jedoch in vielen Fällen sogar Grund dazu, höhere psychologische Mechanismen zu bevorzugen.

2.1.2.3 Einfachheit

Manche Psychologen sehen den Kanon weniger durch Sparsamkeits- als durch Einfachheitsüberlegungen (*simplicity*) gerechtfertigt.[14] Die Idee dahinter besteht

---

13 Vgl. dazu auch die Debatte zwischen Tomasello & Call (2006) und Povinelli & Vonk (2006) bezüglich der Frage, ob wir gerechtfertigt sind, Schimpansen eine Theorie des Geistes zuzuschreiben.

14 Manchmal wird zwischen den beiden Ausdrücke *Sparsamkeit* (parsimony) und *Einfachheit* (simplicity) nicht unterschieden – Einfachheit wird einfach als Sparsamkeit in bestimmter Hinsicht verstanden. Um Unklarheiten zu vermeiden benutze ich *Sparsamkeit* im klassischen Sinne wie in Kapitel 2.1.2.2. diskutiert und *Einfachheit*, um auf die hier diskutierten Vorschläge einzugehen.

darin, dass einfache Erklärungen weniger einfachen vorzuziehen sind und die Einfachheit einer Erklärung eines bestimmten Verhaltens von der Einfachheit der in dieser Erklärung postulierten Prozesse abhängt. Diese Interpretation scheint aufgrund von Morgans Vorstellung, höhere psychologische Mechanismen seien komplexere Mechanismen, nahe zu liegen. Das erste, offensichtliche Problem mit dieser Auffassung besteht darin, dass sie wieder eine Klassifizierung psychologischer Prozesse als höher oder niedriger auf der Grundlage ihrer Komplexität voraussetzt. Wie in Abschnitt 2.1.1 dieses Kapitels jedoch bereits diskutiert, scheint eine solche Klassifizierung nur schwer zu verteidigen.

Interessanterweise wird Morgan manchmal so interpretiert, dass er selbst seinen Kanon nicht durch Einfachheitsüberlegungen gerechtfertigt sah (Sober 1998; Thomas 2001; Fitzpatrick 2008). Tatsächlich schrieb Morgan (Morgan 1894, S. 54, zitiert nach Thomas 2001):

> A second objection is, that by adopting the principle in question, we may be shutting our eyes to the simplest explanation of the phenomena. Is it not simpler to explain the higher activities of animals as the direct outcome of reason or intellectual thought, than to explain them as the complex results of mere intelligence or practical sense experience? Undoubtedly, it may in many cases seem simpler. It is the apparent simplicity of the explanation that leads many people to naively adopt it. But surely the simplicity of an explanation is no necessary criterion of its truth.

Erklärungen, die das Verhalten eines Tiers mit denselben Mechanismen beschreiben, mit denen wir auch das Verhalten von Menschen beschreiben, hält Morgan demnach für *einfacher* als komplexe, biologische Erklärungen, genauso wie er eine Erklärung der Natur durch einen Schöpfer für einfacher hält, als durch die Evolutionstheorie, um nur zwei von Morgans Beispielen zu nennen. In beiden Fällen ist er jedoch der Meinung, dass die scheinbar einfacheren Erklärungen die schlechteren Erklärungen sind und wir anspruchsvollere alternative Erklärungen vorziehen sollten. Das Problem besteht Morgan zufolge darin, dass es keine notwendige Verbindung zwischen intuitiver Einfachheit und Wahrheit gibt.[15] Vielmehr scheint er zu glauben, dass es überhaupt keine solche Verbindung gibt, was zumindest angesichts der von ihm aufgeführten Beispiele plausibel ist. Aber die Beispiele geben auch Aufschluss darüber, welche Idee von Einfachheit Morgans im Sinn hatte: Die Einfachheit von der hier die Rede ist, besteht darin, dass wir sie einfach formulieren und einfach verstehen können und ist nicht mit der Einfachheit der in der Erklärung postulierten Prozesse

15 Dass eine *notwendige* Verbindung aus epistemologischer Sicht vielleicht eine zu starke Anforderung ist, ist hier nicht wesentlich.

korreliert. So schreibt er kurz nach der oben zitierten Passage (Morgan 1894, S. 54, zitiert nach Thomas 2001):

> Moreover, the simplicity of the explanation of the phenomena of animal activity as the result of intellectual processes, can only be adopted on the assumption of a correlative complexity in the mental nature of the animal as agent. And to assume this complexity of mental nature on grounds other than those of sound induction, is to depart from the methods of scientific procedure.

Im Gegenteil nimmt er für Erklärungen von Tierverhalten scheinbar an, dass einfache Erklärungen in vielen Fällen *komplexere* Mechanismen implizieren. Genau diese Art von Erklärung ist es, vor denen uns der Kanon beschützen soll. In dem Sinn ist es richtig, dass Morgan im Kanon kein Prinzip sieht, dass auf Einfachheitsüberlegungen basiert und tatsächlich scheint es keinen guten Grund zu geben, warum Erklärungen, die wir einfacher formulieren oder leichter verstehen können, wahrscheinlicher wahr sein sollen.

Es gibt jedoch andere Auffassungen von Einfachheit und die meisten, die den Kanon aufgrund von Einfachheitsüberlegungen verteidigen, verstehen Einfachheit nicht als *Einfachheit für uns*. Anders als Morgan verteidigen sie die oben bereits erwähnte These, dass der Grad der Einfachheit einer Erklärung für Verhalten *negativ* mit dem Grad der Komplexität der in ihr postulierten psychologischen Prozesse korreliert ist: je einfacher die Prozesse, desto einfacher die Erklärung. Das stellt zwar Morgans Verwendung des Begriffs *Einfachheit* auf den Kopf, aber so verstanden scheint Einfachheit genau das zu sein, was Morgan mit seinem Kanon vorschwebte: wir sollten immer die Erklärung bevorzugen, die die einfachsten psychologischen Mechanismen postuliert. Einfachheit scheint hier als eine Eigenschaft von Erklärungen aufgefasst zu werden, die einen Wert an sich darstellt. Dabei gibt es jedoch zwei gravierende Probleme: Wenn wir Morgans Kanon als ein Prinzip zur Evaluation von Hypothesen auffassen, dann wollen wir mit ihm gute von schlechten Erklärungen für Verhalten unterscheiden können. Die Güte des Prinzips bemisst sich dann daran, dass wir mit ihm häufiger korrekte als falsche Erklärungen wählen. Es ist jedoch alles andere als offensichtlich, dass Einfachheit dazu beitragen kann. Denn welche Verbindung sollte es zwischen Einfachheit und Wahrheit geben?[16] Mir ist keine

---

16 An dieser Stelle sei darauf hingewiesen, dass manche Philosophen wie Peter Lipton (2004) die Güte einer Erklärung nicht nur daran bemessen, wie wahrscheinlich sie wahr ist, sondern vor allem daran, wie gut sie zu unserem Verständnis eines Phänomens beiträgt (vgl. Farmakis & Hartmann 2005). In diesem Sinn kann auch Einfachheit durchaus ein relevantes Kriterium für die Güte einer Erklärung darstellen. Eine gute Übersicht über die Debatte bezüglich der

bekannt. Zum anderen spricht Einfachheit gar nicht in jedem Fall für den Kanon. Fitzpatrick (2008) listet verschiedene Alternativen dafür auf, worin die Einfachheit einer Erklärung bestehen könnte.[17] Dazu gehört unter anderem, dass wir ähnliches Verhalten durch ähnliche psychologische Prozesse erklären, oder etwa, dass wir Erklärungen bevorzugen, die die geringsten Anforderungen an das Gedächtnis eines Tieres stellen. In all diesen Fällen weist uns Morgans Kanon an, eine bestimmte Art von Einfachheit zu bevorzugen. Wenn sich jedoch alle diese Erklärungen auf Einfachheitsüberlegungen berufen, dann können diese Überlegungen nicht erklären, warum eine bestimmte Art von Einfachheit alle anderen übertrumpfen sollte (vgl. Fitzpatrick 2008, S. 230). Wenn wir also konkurrierende Erklärungen für ein Phänomen haben, die sich in verschiedener Hinsicht durch Einfachheit auszeichnen, kann Einfachheit *per se* nicht entscheiden, welche Erklärung wir bevorzugen sollten.

Eine Möglichkeit, diese spezielle Einfachheit in Erklärungen doch zu verteidigen, könnte darin bestehen, dass biologische oder evolutionstheoretische Überlegungen dafür sprechen, Erklärungen, die einfache psychologische Mechanismen postulieren, zu bevorzugen (vgl. Fitzpatrick 2008). Penn & Povinelli (2007) etwa argumentieren, dass bestimmte Erklärungen zwar nicht einfacher für uns (Morgans Verständnis von Einfachheit), aber in einem bestimmten Sinn einfacher für die Evolution sind, und dass wir solche Erklärungen bevorzugen sollten.[18] Auch andere biologische Gründe können dagegen sprechen, das Verhalten eines Tiers mit höheren psychologischen Fähigkeiten zu erklären, etwa wenn das Gehirn nicht die nötigen neuronalen Voraussetzungen erfüllt oder alle näher verwandten Arten erwiesenermaßen nicht über die Fähigkeit verfügen. Aber wie Fitzpatrick argumentiert, sprechen auch biologische Überlegungen nicht in allen Fällen für die einfachere Erklärung im Sinne Morgans: Wenn wir zum Beispiel bereits wissen, dass die am engsten verwandten Arten eines Tieres über eine bestimmte höhere psychologische Fähigkeit verfügen, weiter

Frage, wie andere Eigenschaften als Wahrheitswahrscheinlichkeit zur Güte von Erklärungen beitragen findet sich bei Ylikoski & Kuorikoski (2010).

17 Fitzpatrick benutzt dabei den Ausdruck *Sparsamkeit* (parsimony).

18 Wir können zum Beispiel unter der Annahme, dass Schimpansen über eine Theory of Mind verfügen, eine große Menge verschiedener Verhaltensweisen erklären, die wir sonst nur durch eine Vielzahl einzelner assoziativer Mechanismen erklären können. Die *Einfachheit* einer Erklärung durch eine Theory of Mind besteht darin, dass sie nur einen Mechanismus (im Gegensatz zu einer Vielzahl) postuliert. Für die Evolution jedoch, so Povinelli, ist es einfacher eine Vielzahl kognitiv weniger anspruchsvoller Mechanismen zu produzieren als einen einzigen so komplexen wie eine Theorie des Geistes. *Einfacher für die Evolution* macht eine Erklärung jedoch, anders als *einfacher für uns*, tatsächlich wahrscheinlicher wahr (Povinelli & Vonk 2006).

entfernt verwandte Arten dagegen über eine alternative, niedrigere psychologische Fähigkeit, dann würden biologische Überlegungen dafür sprechen, dem Tier die höhere psychologische Fähigkeit zuzuschreiben. Wenn jedoch biologische Einfachheitsüberlegungen nicht immer nahe legen, dass wir Erklärungen mit niedrigeren psychologischen Fähigkeiten bevorzugen, Morgans Kanon jedoch diese Art von Einfachheit (niedrigere psychologische Fähigkeiten) immer favorisiert, dann kann die in Morgans Kanon vertretene Einfachheit auch nicht durch biologische Überlegungen gerechtfertigt werden (vgl. Fitzpatrick 2008, S. 233). Ähnlich wie beim Versuch, den Kanon durch Sparsamkeitsüberlegungen zu rechtfertigen scheitert demnach auch der Versuch, ihn durch Einfachheitsüberlegungen zu rechtfertigen: Zum einen ist der Zusammenhang zwischen Einfachheit und Rechtfertigung nicht vollkommen klar, denn ist nicht offensichtlich, warum einfache Erklärungen wahrscheinlicher wahr sein sollten. Zum anderen stützen Einfachheitsüberlegungen gar nicht in jedem Fall eine Präferenz für niedrigere psychologische Fähigkeiten und sprechen daher nicht für Morgans Kanon.

2.1.2.4 Anthropomorphisierung

Neben Sparsamkeits- und Einfachheitsüberlegungen gibt es schließlich noch eine dritte Weise, auf die Morgans Kanon häufig gerechtfertigt wird: als notwendiges Korrektiv zu unserer Tendenz, Tiere zu vermenschlichen und ihr Verhalten leichtfertig mit zu hohen psychologischen Mechanismen zu erklären. Tatsächlich scheint darin auch Morgans eigene Auffassung bezüglich der Rechtfertigung seines Kanons zu bestehen (vgl. Burghardt 1985, S. 912; Sober 1998, S. 229; für andere Interpretationen vgl. Thomas 2001).[19] Historisch betrachtet mag der Kanon tatsächlich sinnvoll gewesen sein, da die komparative Psychologie zu dieser Zeit noch in ihren Anfängen war und Erklärungen von Tierverhalten fast ausschließlich in Analogieschlüssen von menschlichem Verhalten und

---

19 Tatsächlich gibt es einige Stellen in Morgans Einführung, in denen Morgan die Vermenschlichung bei Tieren zu verteidigen scheint, was manchmal der Auffassung, dass Morgans Kanon *anti-anthropozentrisch* sei, gegenübergestellt wird. Morgan war der Meinung, dass der Tierpsychologie eine *doppelt induktive Methode* zugrunde liegt: Wir erklären das Verhalten anderer Menschen durch einen induktiven Schluss von den Ursachen unseres eigenen Verhaltens (die wir durch Introspektion erfahren) auf die Ursachen des Verhaltens anderer und dehnen diese Methode auf die Psychologie der Tiere aus. Aber gerade weil er glaubte, dass diese Methode der Tierpsychologie zugrunde liegt und zu einer Voreingenommenheit in unseren Erklärungen führt, glaubte er auch, dass sie ein Gegengewicht benötigt, welches der Kanon darstellen soll (vgl. Sober 1998, S. 229; Karin-D´Arcy 2005, S. 180).

dessen Ursachen bestanden (vgl. Sober 1998, S. 229). Diese Tendenz scheint, wie zu Beginn des Kapitels bereits dargestellt, sogar tief in unserer Psychologie verankert und gehört daher keinesfalls nur unserer Vergangenheit an. Trotzdem ist schwer zu sehen, wie diese Tatsache Morgans Kanon rechtfertigen könnte: Vielmehr scheint er eine Voreingenommenheit durch eine andere zu ersetzen (vgl. Sober 1998, S. 229; Fitzpatrick 2008, S. 234ff). Diese neue Voreingenommenheit führt jedoch nicht zu besseren Ergebnissen. Denn Verhalten fälschlicherweise mit zu niedrigen psychologischen Fähigkeiten zu erklären ist nicht besser, als Verhalten fälschlicherweise mit zu hohen psychologischen Fähigkeiten zu erklären.

2.1.2.5 Evidentialismus

Es sieht nicht gut aus für Morgans Kanon. Die Versuche, ihn durch Sparsamkeits- oder Einfachheitsüberlegungen zu rechtfertigen scheitern ebenso, wie der Versuch, ihn als notwendiges Prinzip, um unserer Tendenz zur Vermenschlichung entgegenzuwirken, zu verteidigen. Es wäre ein viel besseres Prinzip, wenn Morgans Auffassung von höheren und niedrigeren psychologischen Fähigkeiten nicht so problematisch wäre. Wenn Morgans Bild der psychologischen Evolution zuträfe, würden höhere psychologische Fähigkeiten sich in jedem Fall aus niedrigeren psychologischen Fähigkeiten entwickeln. Ein bestimmtes Verhalten, das mit alternativen psychologischen Mechanismen erklärt werden kann, wäre dann in jedem Fall Evidenz dafür, dass ein Tier zumindest den für die niedrigere Fähigkeit nötigen Entwicklungsstand erreicht hat, nicht aber dafür, dass es sich schon weiter entwickelt und eine höhere Stufe erreicht hat. So verstanden kann man zumindest teilweise die breite Akzeptanz für Morgans Kanon nachvollziehen. Tatsächlich wäre jedoch auch so nur ein sehr eingeschränktes Prinzip zu verteidigen, da es andere, von dem beobachteten Verhalten unabhängige Evidenzen geben könnte, die für die höhere Fähigkeit sprechen. Aber Morgans Kanon könnte dann ein gutes Prinzip für all die Fälle sein, in denen wir keine zusätzlichen relevanten Informationen haben. Allerdings *ist* Morgans Auffassung bezüglich einer Skala der psychologischen Evolution, wie bereits diskutiert, sehr problematisch, da es auf einer falschen Annahme beruht.

Die von Sober vorgeschlagene Unterscheidung scheint dagegen zwar besser begründet, aber sie bricht die evolutionäre Verbindung zwischen niedrigeren und höheren psychologischen Fähigkeiten auf, die notwendig ist, um den Kanon zu rechtfertigen. Die Unterscheidung von höheren und niedrigeren psychologischen Fähigkeiten verliert dadurch ihren Zweck, weshalb man fragen könnte, wozu wir eine solche Unterscheidung überhaupt vornehmen sollten. Sober glaubt jedoch, dass man die Unterscheidung von psychologischen Fähigkeiten als höher oder niedriger (gemäß seinem eigenen Vorschlag für diese Unterscheidung) fruchtbar machen kann, um den Kanon (wenn auch in einer modifizierten, nicht von Morgan intendierten Version) zu verteidigen. Eine psychologische Fähigkeit A ist Sober zufolge höher als eine andere B, wenn sie den kompletten Verhaltensoutput von B und zusätzlich noch weiteres Verhalten ermöglicht. Psychologische Fähigkeiten werden demnach durch das Verhalten, dass sie ermöglichen, individuiert: Um überhaupt zwischen A und B sinnvoll unterscheiden zu können, müssen wir eine Vorstellung davon haben, welchen Verhaltensoutput A und B ermöglichen. Wenn wir dann ein Verhalten beobachten, dass durch beide Fähigkeiten erklärt werden kann, dann können wir herausfinden, ob diesem Verhalten ein höherer psychologischer Prozess zugrunde liegt, in dem wir zusätzlich testen, ob das Tier auch Verhaltensweisen zeigt, die nicht in der Schnittmenge zweier Prozesse liegen, sondern nur durch den höheren, nicht jedoch durch den niedrigeren Prozess verursacht werden können. Zwar werden wir nur selten, wenn überhaupt, solche klaren Fälle finden, in denen eine Fähigkeit den Verhaltensoutput einer anderen vollkommen impliziert. Wie bereits diskutiert ist es wesentlich wahrscheinlicher, dass sich in vielen Fällen der Verhaltensoutput verschiedener psychologischer Fähigkeiten nur überlappt und sie sich gegenseitig teilweise implizieren (vgl. oben). In diesen Fällen kann man nicht sagen, welcher der beiden Prozesse der höhere ist und welcher der niedrigere. Für Sobers Idee ist das jedoch nicht weiter problematisch. Solange wir eine klare Vorstellung davon haben, welches Verhalten die jeweiligen Fähigkeiten produzieren können, können wir überprüfbare Prognosen erstellen, was ein Tier sonst noch tun können müsste, wenn es über eine Fähigkeit A, nicht aber wenn es über eine Fähigkeit B verfügen würde.

Sobers Vorschlag ist nicht abhängig von Einfachheits- oder Sparsamkeitsüberlegungen und umgeht daher die bisher diskutierten Einwände gegen Morgans Kanon. Allerdings ist nicht klar, warum Sober selbst darin eine Verteidigung von Morgans Kanon, wenn auch in veränderter Form, sieht. Tatsächlich bleibt nichts mehr von Morgans ursprünglicher Idee übrig. Zentral für Morgan waren zwei Dinge: die Unterscheidung zwischen höheren und niedrigeren psychologischen Fähigkeiten, und die Anweisung, in Verhaltenserklärungen immer die niedrigeren zu bevorzugen. Sober verwirft zunächst Morgans Unterscheidung verschiedener psychologischer Fähigkeiten zugunsten einer anderen, eigenen Konzeption und ersetzt anschließend die Regel, immer die niedrigere zu bevorzugen durch eine andere, die keine prinzipielle Präferenz für eine der möglichen Fähigkeiten ausdrückt. Vielmehr soll auf der Grundlage zusätzlicher Evidenzen entschieden werden, welche Fähigkeit wir gerechtfertigt sind zuzuschreiben. In Fällen, in denen wir nicht über zusätzliche Evidenzen verfügen rät er uns dagegen, agnostisch zu bleiben (Sober 1998, S. 240). Anders als Morgans Kanon ist *Sobers Kanon* kein spezielles erkenntnistheoretisches Prinzip, das rätselhafterweise nur in der Tierpsychologie gilt. Vielmehr ist es nichts anderes als eine Form eines sehr allgemeinen, aber dafür unstrittigen Prinzips, diejenige Erklärung zu bevorzugen, die am besten durch Evidenzen gestützt ist. Evidenzen bestehen Sober zufolge darin, was ein Tier außerdem noch tut oder nicht tut: zeigt es ein Verhalten, das unseren Erwartungen entspricht, wenn es über eine bestimmte Fähigkeit verfügen würde, ist das Evidenz dafür, dass dieses Tier tatsächlich über diese Fähigkeit verfügt; zeigt es dieses Verhalten nicht, gilt das als Evidenz dafür, dass es nicht über die Fähigkeit verfügt.

Zu einem ähnlichen Schluss kommt auch Fitzpatrick (2008), der in Sobers Idee allerdings keine Verteidigung von Morgans Kanon sieht. Vielmehr plädiert er dafür, Morgans Kanon durch einen *Evidentialismus* zu ersetzen (Fitzpatrick 2008, S. 242):

> Evidentialism: in no case should we endorse an explanation of animal behaviour in terms of cognitive process X on the basis of the available evidence if that evidence gives us no reason to prefer it to an alternative explanation in terms of a different cognitive process Y—whether this be lower or higher on the 'psychical scale'.

Fitzpatricks Evidentialismus ist deshalb ein ähnlicher Schluss wie Sobers Vorschlag, weil er ein allgemeines Prinzip formuliert, das Sobers Idee als Spezialfall impliziert. Für beide spielt die Unterscheidung von *höheren* und *niedrigeren* psychologischen Fähigkeiten keine Rolle mehr. Und genau wie Sober hält auch Fitzpatrick es für ungerechtfertigt, mögliche Erklärungen unabhängig von den vorhandenen Evidenzen zu gewichten. Aber während Sober ausbuchstabiert, wie wir auf der Grundlage von beobachtetem Verhalten entscheiden können, ob ein Tier über eine Fähigkeit verfügt oder nicht, hat Fitzpatrick eine breitere Vorstellung davon, was alles als Evidenz gelten kann. Neben Verhalten können ausdrücklich auch biologische und evolutionstheoretische Überlegungen relevant sein, sowie „alle anderen relevanten Überlegungen, die sinnvollerweise als Evidenz für die eine oder andere Erklärung genommen werden" (Fitzpatrick 2008, S. 242, meine Übersetzung).[20] Es stellt sich dabei natürlich sofort die Frage, wann genau es sinnvoll ist, etwas als Evidenz für eine Erklärung aufzufassen. Aber diese Frage ist kein spezielles Problem der Tierpsychologie, sondern stellt sich allen empirischen und daher evidenzbasierten Wissenschaften. Der

---

20 Sober ist diesbezüglich nicht so deutlich, schließt jedoch diese Art von Evidenzen auch nicht explizit aus.

wichtige Punkt dabei ist der, dass Fitzpatricks Evidentialismus zufolge in der Tierpsychologie dieselben erkenntnistheoretischen Standards gelten, wie in jeder anderen Wissenschaft: Erklärungen, die besser durch vorhandene Evidenzen gestützt werden, sind bessere Erklärungen als solche, die weniger gut durch Evidenzen gestützt werden.

Fassen wir die Diskussion um Morgans Kanon kurz zusammen: Die eingangs erwähnte Tatsache, dass die Tierpsychologie uns vor andere erkenntnistheoretische Herausforderungen stellt, als die Psychologie des Menschen, spiegelt sich darin wieder, dass sie auf andere Evidenzen angewiesen ist: während die Sprache eine wichtige Rolle in der Psychologie des Menschen spielt, müssen wir in der Tierpsychologie darauf verzichten. Dafür spielen beobachtetes Verhalten, biologische und evolutionstheoretische Überlegungen in der Tierpsychologie eine größere Rolle.

Morgans Kanon jedoch weist uns nicht an, andere Evidenzen zu gewichten, sondern Evidenzen anders zu gewichten: immer zugunsten der Erklärung, die ein Verhalten durch die niedrigste mögliche psychologische Fähigkeit erklärt, die diesem Verhalten zugrunde liegen kann. Wie sich in diesem Kapitel jedoch gezeigt hat, kann diese von Morgan vorgeschlagene Asymmetrie nicht gerechtfertigt werden. Die Rede von höheren und niedrigeren psychologischen Prozessen in Morgans Sinn ist höchst fragwürdig. Unabhängig davon ist es weder für Sparsamkeits- noch für Einfachheitsüberlegungen in diesem Zusammenhang offensichtlich, dass sie überhaupt gerechtfertigt sind, und wenn sie es sind, sprechen sie nicht für Morgans Kanon. Auch der Versuch, den Kanon pragmatisch als notwendiges Korrektiv zu unserer Tendenz, Tiere zu vermenschlichen, zu verteidigen, scheitert: wir ersetzen dadurch nur eine Voreingenommenheit durch eine andere, die wissenschaftlich jedoch nicht weniger verheerend ist. Einem Tier eine Fähigkeit fälschlicherweise *nicht* zuschreiben ist genauso falsch, wie einem Tier eine Fähigkeit fälschlicherweise zuzuschreiben.

Morgans Kanon ist jedoch nicht nur ungerechtfertigt, er wird auch nicht benötigt. Wenn wir uns bei der Interpretation von Tierverhalten streng auf die vorhandenen Evidenzen stützen, laufen wir nicht Gefahr, Tiere fälschlicherweise zu vermenschlichen und ihnen Fähigkeiten zuzuschreiben, die sie nicht haben: wir schreiben ihnen eine Fähigkeit unabhängig davon, ob es sich um eine höhere oder niedrigere Fähigkeit handelt (was auch immer das heißt), nur dann zu, wenn wir gute Evidenzen dafür haben und enthalten uns, wenn wir zwischen alternativen Erklärungen für dasselbe Verhalten nicht auf der Grundlage von Evidenzen entscheiden können. Eine evidenzbasierte Methode wie in anderen Wissenschaften hat hier dieselben guten Konsequenzen wie Morgans

Kanon (nämliche falsche Vermenschlichungen zu vermeiden), ohne jedoch eine neue Voreingenommenheit mit negativen Konsequenzen einzuführen.

Wenn Morgans Kanon jedoch ungerechtfertigt ist, nicht benötigt wird, und durch ein anderes Prinzip, das in allen empirischen Wissenschaften gilt, besser vertreten wird, dann sollten wir ihn als Prinzip der Tierpsychologie aufgeben und dieses andere Prinzip unseren Untersuchungen zugrunde legen. Was bleibt ist die Frage, wieso Morgans Kanon sich so lange so großer Popularität erfreute.

Neben diesem harten Urteil über Morgans Kanon ist jedoch auch ein etwas milderes Urteil möglich. Denn trotz aller hier geäußerten Kritik glaube ich, dass Morgans Kanon durchaus auch heute noch eine sinnvolle Rolle in der komparativen Psychologie spielen kann. Indem er unser Augenmerk immer auf mögliche alternative Erklärungen lenkt, zeigt er uns immer wieder auf, wie wir unsere Verhaltenstests gestalten müssen, bzw. *welche* Verhalten wir testen müssen, um Evidenzen für die eine oder gegen die andere von zwei konkurrierenden Erklärungen zu bekommen. Wir sollten demnach Morgans Kanon als erkenntnistheoretisches Prinzip zwar verwerfen, als methodische Heuristik jedoch kann er uns durchaus von Nutzen sein.

2.2 Zur Methodologie: Ein Dilemma der Tierverhaltensforschung?

Morgans Kanon ist also nicht nur eine spezielle Anwendung eines allgemeineren Prinzips, wie etwa von Ockhams Rasiermesser oder anderen Einfachheitsüberlegungen, die auch in anderen empirischen Wissenschaften eine Rolle spielen. Zum einen ist es zumindest nicht offensichtlich, dass diese allgemeineren Prinzipien in der Tierpsychologie überhaupt Anwendung finden und wir auf der Grundlage dieser Prinzipien zwischen alternativen Erklärungen für spezifische Verhaltensweisen entscheiden können. Zum anderen und viel wichtiger sprechen sie nicht für Morgans Kanon. Wenn Morgans Kanon jedoch nicht durch schon vorhandene epistemologische Prinzipien gerechtfertigt werden kann, handelt es sich dabei um ein eigenständiges Prinzip, das speziell für die Tierpsychologie formuliert wurde und nur für diese gelten soll. Ein solch spezielles Prinzip ist jedoch höchst mysteriös, und es stellt sich die Frage, wodurch es gerechtfertigt ist, umso mehr als es in vielen Fällen der allgemeineren (und über die Tierpsychologie hinaus anerkannten) Praxis widerspricht, diejenigen Hypothesen zu bevorzugen, die am besten durch Evidenzen gestützt sind. Wir sollten demnach Morgans Kanon aufgeben und unsere Schlüsse bezüglich der kognitiven Fähigkeiten von nicht-menschlichen Tieren alleine auf vorhandene

Evidenzen stützen. Biologische Überlegungen, etwa ob eine bestimmte neuronale Architektur überhaupt hinreichend für eine bestimmte Art der Informationsverarbeitung ist, spielen hierfür genauso eine Rolle wie evolutionstheoretische Überlegungen, etwa bezüglich der Frage, wie eine bestimmte Fähigkeit sich auf die Fitness eines Organismus auswirken würde oder ob wir eine infrage stehende Fähigkeit bei nahe verwandten Arten finden. Die wichtigste Quelle von Evidenzen besteht jedoch im Verhalten der untersuchten Lebewesen: wenn wir ein Verhalten beobachten, das nur durch eine einzige Fähigkeit erklärt werden kann, ist das starke Evidenz dafür, dass ein Tier über diese Fähigkeit verfügt; wenn wir dagegen kein einziges Verhalten beobachten, das wir unter der Hypothese, das ein Tier über eine bestimmte Fähigkeit verfügt, prognostizieren, dann ist das gute Evidenz dafür, dass das Tier nicht über diese Fähigkeit verfügt (vgl. Sober 1998, S. 240). Theoretische Überlegungen aus der Biologie oder der Evolutionstheorie spielen in vielen Fällen erst dann eine Rolle, wenn ein Verhalten durch mehrere Fähigkeiten erklärt werden kann (was jedoch in den meisten Fällen der Fall ist). Da beobachtetem Verhalten in der Tierpsychologie diese besondere Wichtigkeit zukommt, soll im Folgenden ein genauerer Blick auf die Methoden geworfen werden, mit denen das Verhalten von Tieren wissenschaftlich untersucht und dokumentiert wird.

Ganz allgemein kann man dabei zwei Methoden unterscheiden: Man kann Tiere in ihrer natürlichen Umwelt beobachten, wie es die klassische Ethologie tut, oder man kann gefangene Tiere im Labor beobachten. Viele Tierverhaltensforscher haben sich für eine der beiden Methoden entschieden und argumentieren, dass die jeweils andere Methode methodologische Mängel aufweist (vgl. Hauser 2001). Dabei ist die Kritik beider Seiten zumindest *prima facie* plausibel, woraus sich ein Dilemma ergibt. Im Folgenden werde ich jedoch argumentieren, dass es sich dabei nur um ein scheinbares Dilemma handelt und beide Methoden ihre Stärken und ihre Schwächen haben, abhängig davon, was man mit ihnen untersuchen möchte. Diese zu kennen hilft dabei, die richtige Methode für die richtige Studie zu wählen und Studien richtig zu interpretieren und zeigt, dass beide Methoden sich in der komparativen Psychologie fruchtbar ergänzen sollten.

Was spricht also jeweils für und gegen die beiden Methoden? Beginnen wir mit der Kritik der klassischen Ethologen an der Methode, das Verhalten von Tieren unter Laborbedingungen zu untersuchen. Viele Tierverhaltensforscher betonen die Wichtigkeit *ökologischer Validität* der Situationen, in denen man das Verhalten von Tieren untersucht (vgl. Kornblith 2002 S. 54). Eine Testsituation hat eine umso höhere ökologische Validität, je mehr sie der natürlichen Umwelt eines Lebewesen entspricht und ist demnach dann am höchsten, wenn die beobachteten Tiere sich tatsächlich in ihrer natürlichen Umwelt befinden und bestenfalls die Anwesenheit der Forscher, die ihr Verhalten beobachten, überhaupt nicht bemerken.[21] Wenn Tiere sich in für sie ungewohnten Situationen (in Situationen mit einem geringen Grad an ökologischer Validität) befinden, kann dies ihr Verhalten merklich beeinflussen. Wenn ein Tier zum Beispiel ein bestimmtes Verhalten nicht zeigt, welches wir unter der Annahme, dass es über eine bestimmte Fähigkeit verfügt, prognostizieren, dann muss das in Situationen mit einem geringen Grad an ökologischer Validität nicht daran liegen, dass es nicht über diese Fähigkeit verfügt, sondern könnte genauso gut dadurch erklärt werden, dass es durch die ungewohnte Situation verwirrt oder anderweitig beeinflusst wird. Testsituationen mit niedriger ökologischer Validität können also zu einem verzerrten Bild bezüglich der kognitiven Fähigkeiten eines Tieres führen und verlieren dadurch an Aussagekraft bezüglich der Fähigkeiten eines Tieres (und in der Folge bezüglich der Fähigkeiten der Art). Gefangenschaft stellt immer eine Beeinträchtigung der ökologischen Validität dar. Das gilt wahrscheinlich besonders für Tiere, die eingefangen und dadurch aus ihrer natürlichen Umwelt gerissen werden, da sie sich auf einmal in einer für sie neuen und fremden Umwelt wiederfinden. Es gilt aber auch für Tiere, die in Gefangenschaft geboren werden, da die Umwelt, in der sie dann leben (zum Beispiel ein Zoo) nur bedingt der Umwelt gleicht, an die sie von der natürlichen Selektion angepasst wurden. Zumindest kann man in solchen Fällen nicht ausschließen, dass die geringe ökologische Validität der Testsituation die Testergebnisse beeinflusst und sie unter anderen Umständen besser bei den Tests abschneiden würden. Wenn also hohe ökologische Validität von Testsituationen notwendig ist, um aussagekräftige Ergebnisse zu bekommen, die ökologische Validität von Verhaltenstests mit gefangenen Tieren im Labor jedoch immer eingeschränkt ist, dann sind auch die aus Laborstudien gewonnenen Testergebnisse nur eingeschränkt aussagekräftig.

---

21 Es gibt noch eine andere Konzeption von ökologischer Validität als *externe Validität*, die davon abhängt, dass der tatsächliche und der intendierte Untersuchungsgegenstand übereinstimmen (vgl. Aronson et al. 2008, S. 42). Der Grad an externer Validität einer Studie ist demnach umso höher, je mehr sich ihre Ergebnisse auf die sogenannte *Grundgesamtheit* verallgemeinern lassen, hier also, wie aussagekräftig das Verhalten einzelner untersuchter Tiere für die kognitiven Fähigkeiten der ganzen Art sind. Obwohl der Vorwurf klassischer Ethologen an Laborstudien eben darin besteht, dass so gewonnene Ergebnisse durch die für das Tier unnatürlichen Umstände deren tatsächliche Fähigkeiten verzerrt darstellen, handelt es sich um einen anderen Begriff von ökologischer Validität, da sie diese nicht-Generalisierbarkeit empirischer Ergebnisse nicht mit niedriger ökologischer Validität gleichsetzen, sondern sie als deren Folge auffassen. Hier und im Folgenden werde ich *ökologische Validität* immer als Grad der Ähnlichkeit mit natürlichen Umwelten auffassen.

Dieser Kritik klassischer Ethologen an Tierverhaltensstudien im Labor steht andererseits eine Kritik an der Methode, das Verhalten von Tieren in ihrer natürlichen Umwelt zu beobachten, gegenüber. Die Vorteile von Laborstudien gegenüber Beobachtungen in der freien Natur bestehen Vertretern dieser Methode zufolge hauptsächlich darin, wissenschaftlichen Standards besser entsprechen zu können (Tomasello & Call 2011). Im Labor können alle relevanten Testparameter kontrolliert und in Kontrollversuchen variiert werden, was es uns ermöglicht, störende Einflüsse zu identifizieren und gezielt alternative Erklärungen auszuschließen.[22] Beobachten wir dagegen das Verhalten von Tieren in ihrer natürlichen Umwelt, sind häufig viele relevante Informationen nicht verfügbar. Wenn wir etwa beobachten, wie ein Tier ein bestimmtes Problem löst, dann wissen wir nicht, ob es diese Lösung gerade spontan gefunden hat, oder ob es schon vorher dazu in der Lage war, und wenn ja, wie es die Lösung gelernt hat (vgl. Hauser 2001). Ohne in die Umwelt des Tieres einzugreifen, können wir in solchen Fällen die nötigen Kontrollversuche nicht durchführen.

Außerdem erlaubt erst die Kontrollierbarkeit aller relevanten Testparameter, dass gewonnene Ergebnisse reproduziert werden können. Denn nur dann, wenn wir alle relevanten Parameter eines Versuchs auch kennen und kontrollieren können, können wir sicher stellen, dass es sich bei Folgestudien tatsächlich um die gleichen Studien handelt. Reproduzierbarkeit ist in verschiedener Hinsicht von Belang. Zum einen ist die Überprüfbarkeit wissenschaftlicher Ergebnisse durch andere Forscher eine wissenschaftliche Grundvoraussetzung. Überprüfbarkeit setzt voraus, dass Versuche in allen relevanten Punkten reproduzierbar sein müssen. Zum anderen untersuchen wir meistens das Verhalten von Tieren, um etwas über die Fähigkeiten der ganzen Art zu lernen, zu der das untersuchte Tier gehört. Dazu reicht es jedoch nicht, ein einziges Tier zu untersuchen, sondern der gleiche Versuch muss mit einer Vielzahl von Individuen durchgeführt werden, um Daten zu gewinnen, die eine gewisse Aussagekraft für die ganze Art haben. Wir benötigen also genaue Reproduzierbarkeit auch, um Daten für eine einzelne Studie zu gewinnen. Wenn wir jedoch Tiere in ihrer natürlichen Umwelt beobachten, können wir nicht alle relevanten Testparameter kontrollieren. Das führt dazu, dass wir nicht zwischen ähnlichen, aber doch verschiedenen Testsituationen unterscheiden können und daher nie entscheiden können, ob ein beobachtetes Verhalten unter denselben Bedingungen stattgefunden hat, wie ein anderes, zuvor beobachtetes Verhalten. Die Ergeb-

---

22 Vgl. dazu zum Beispiel die Diskussion der Kontrollversuche beim sogenannten *Trap-Tube Task* in Kapitel 5.3.1.

nisse solcher Untersuchungen bleiben daher immer anekdotisch und vor allem, weil sie nicht reproduzierbar sind, unwissenschaftlich.

2.2.1 Wann wir Tiere im Labor untersuchen sollten

Die gegenseitige Kritik der beiden Methoden scheint auf den ersten Blick jeweils nachvollziehbar, sie stellt uns jedoch vor ein Dilemma: Entweder wir beobachten Tiere in ihrer natürlichen Umwelt und stellen dadurch hohe ökologische Validität der Testsituationen sicher, zahlen dafür jedoch den Preis, dass unsere Ergebnisse nicht reproduzierbar sind und von anderen Forschern nicht überprüft werden können. Oder wir stellen sicher, dass wir alle Parameter von Verhaltensexperimenten kontrollieren, geben dafür jedoch die ökologische Validität der Testsituation und damit die Aussagekraft der gewonnenen Daten auf. So formuliert scheinen beide Methoden nicht besonders vielversprechend zu sein. Allerdings ist die Darstellung in verschiedener Hinsicht überspitzt und die geäußerte Kritik trifft in Wirklichkeit nur bestimmte Bereiche der beiden Methoden.

Klassische Ethologen kritisieren den geringen Grad ökologischer Validität von Laborstudien und argumentieren, dass solche Studien daher nicht aussagekräftig sind. Bei genauerer Hinsicht zeigt sich jedoch, dass diese Kritik keinesfalls die Methode Tierverhalten im Labor zu untersuchen komplett in Frage stellt. *Erstens* müssen nicht alle Laborstudien notwendigerweise eine so niedrige ökologische Validität aufweisen, dass sie all ihre Aussagekraft verlieren. Es ist zwar richtig, dass Laborsituationen, verglichen mit der natürlichen Umwelt freilebender Tiere, etwas Künstliches haben, aber Forscher können versuchen diese Künstlichkeit zu verringern, indem die Bedingungen, unter denen die Tiere leben und unter denen sie getestet werden so gestaltet werden, dass sie den natürlichen Bedingungen in relevanter Hinsicht ähneln. Das gelingt umso besser, je mehr wir über die Natur der getesteten Tiere wissen.

Ein gutes Beispiel hierzu ist die Geschichte der Theorie-des-Geistes Forschung bei Schimpansen (vgl. dazu Kap. 5.3.2). Viele Aufgaben in früheren Studien, in denen untersucht wurde, ob Schimpansen die mentalen Zustände von Artgenossen verstehen, waren so konzipiert, dass die Tiere mit einem menschlichen Experimentator kooperieren sollten, um an eine Futterbelohnung zu kommen. In einem Test wurden zum Beispiel Schimpansen mit zwei umgedrehten Behältern konfrontiert, von denen einer eine Futterbelohnung enthielt (Call & Tomasello 2008). Die Tiere wussten nicht, welcher der beiden Behälter der richtige war, aber der menschliche Experimentator zeigte mit dem Finger auf den Behälter, der das Futter enthielt. Die Fähigkeit, mit Hilfe des Hinweises des Experimentators den richtigen Behälter zu wählen, sollte zeigen, dass die getesteten Tier verstanden, dass die Experimentatoren gesehen haben, wo die Belohnung versteckt war. Die getesteten Tiere waren jedoch auch nach vielen Versuchen nicht in der Lage, diesen Hinweis auszunutzen und wählten den richtigen Behälter nur in etwa 50% aller Fälle. In einer anderen, ähnlichen Studie mussten sie einen von zwei möglichen menschlichen Experimentatoren um Hilfe bitten, wobei jedoch nur einer der beiden wissen konnte, wo sich die Belohnung befand, weil der andere zum Beispiel die Augen verbunden oder einen Eimer über dem Kopf hatte (Povinelli & Eddy 1996). Auch in dieser Studie war die Auswahl des richtigen Experimentators nicht über Zufallsniveau. Wenn man davon ausgeht, dass die Tiere motiviert waren an das Futter zu kommen (eine sichere Annahme, bei allem was wir über Schimpansen wissen), scheinen die Ergebnisse nur den Schluss zuzulassen, dass sie nicht viel von den mentalen Zuständen ihrer Testpartner (hier: von deren visueller perspektivischer Wahrnehmung) verstanden.

Wie sich jedoch zeigte gab es bei beiden Studien Faktoren, die die Ergebnisse der Studien verfremdet haben. Zum einen könnte die Tatsache, dass die Tiere in den Tests mit menschlichen Experimentatoren interagieren mussten, eine Fehlerquelle sein. Selbst bei Tieren, die bereits in Gefangenschaft aufgewachsen und daher den Umgang mit Menschen gewohnt sind, ist der Umgang mit Artgenossen natürlicher und man kann nicht ausschließen, dass der Umgang mit Menschen ihre Performanz beeinträchtigt. Einige Tests wurden daher in der Folge so gestaltet, dass die Tiere nicht mehr mit Menschen sondern mit Artgenossen interagieren (Hare et al. 2006). Zum anderen argumentieren Call und Tomasello (2008), dass die kooperative Natur der Tests nicht dem Wesen von Schimpansen entspricht. Schimpansen sind generell wenig kooperativ (vgl. auch Kap. 7), ganz besonders wenn es um Futter geht. Eine mögliche Erklärung für ihr schlechtes Abschneiden in den Tests könnte demnach darin bestehen, dass sie zwar verstehen, was der Experimentator gesehen hat, nicht jedoch dessen kooperative Absicht. Da sie, wenn sie selbst wüssten, wo das Futter ist, es niemals uneigennützig einem anderen zeigen würden, erwarten sie auch nicht, dass andere das tun. Das Design folgender Tests wurde daher von kooperativen zu kompetitiven Aufgaben geändert. Zum Beispiel wurde die Studie, in der ein Experimentator auf einen von zwei Bechern zeigt, derart modifiziert, dass der Experimentator versucht, selbst nach dem Becher zu greifen und dadurch eine Testsituation schafft, in der er mit dem Schimpansen um die Belohnung konkurriert. In diesem neuen, kompetitiven Testdesign schnitten die Tiere wesentlich besser ab, obwohl immer noch ein menschlicher Experimentator involviert war. In anderen erfolgreichen Studien wurde zusätzlich zum neuen kompetitiven Design auch der menschliche Experimentator durch einen

Artgenossen als Testpartner ersetzt (Hare et al. 2000). Die diskutierten Beispiele zeigen zwei Dinge: Zum einen zeigen sie, dass die Kritik der klassischen Ethologen nicht unberechtigt ist. Testsituationen im Labor, die nicht die natürlichen Umstände berücksichtigen, unter denen die Tiere normalerweise leben, führen zu verzerrten und daher häufig nicht aussagekräftigen Ergebnissen. Zum anderen zeigen sie jedoch auch, dass das kein unüberwindbares Hindernis für Verhaltenstest im Labor darstellt. Je mehr wir über die Tiere wissen, die wir untersuchen, desto besser können wir Testsituationen mit einem hohen Grad an ökologischer Validität gestalten. Dabei scheint es nicht so wichtig, dass die Testsituation in allen Punkten einer Situation ihrer natürlichen Umwelt entspricht, sondern vielmehr, dass sie in den relevanten Punkten (im Beispiel: dass Futter nicht geteilt, sondern dass um Futter konkurriert wird) einen hohen Grad an ökologischer Validität aufweist. Wie sich zeigte, beeinflusste die Tatsache, dass die Tiere mit einem Menschen statt mit einem Artgenossen interagierten, ihr Abschneiden nicht oder kaum, die Modifikation des Testdesigns von kooperativ zu kompetitiv dagegen führte zu dramatischen Verhaltensänderungen. Der Vorwurf, dass Verhaltenstests im Labor nicht aussagekräftig sind, gilt also schon deshalb nicht uneingeschränkt, weil wir die ökologische Validität der Testsituationen in relevanter Hinsicht positiv gestalten können.

Der *zweite* Grund, warum ökologische Validität nicht in jedem Fall gegen Verhaltensstudien im Labor spricht besteht darin, dass geringe ökologische Validität den Ergebnissen nur in bestimmter Hinsicht die Aussagekraft und Gültigkeit nimmt. Geringe ökologische Validität kann ein negativer Einfluss sein, weshalb wir vorsichtig sein sollten, als Folge von Tests mit geringer ökologischer Validität einem Tier bestimmte Fähigkeiten abzusprechen. Es spricht jedoch nichts dagegen, in solchen Tests einem Tier bestimmte Fähigkeiten zuzusprechen. Diese Asymmetrie klingt zunächst verwunderlich, sie kann jedoch durch die folgenden Überlegungen verteidigt werden.

Sober argumentiert, dass das *Ausbleiben* eines Verhaltens, welches wir für den Fall prognostizieren, dass ein Tier über eine in Frage stehende Fähigkeit verfügt, als Evidenz dafür gewertet werden kann, dass das Tier *nicht* über diese Fähigkeit verfügt (Sober 1998, S. 238, vgl. auch Kap. 2.1.2.5). Aber Situationen, die sich stark von der gewohnten Umwelt eines Tieres unterscheiden, können ein Tier auf viele Weisen beeinflussen: die Tiere können etwa verängstigt oder abgelenkt sein. Da es also in Situationen mit einem geringen Grad an ökologischer Validität viele Gründe geben kann, warum ein Tier, obwohl es über eine in Frage stehende Fähigkeit verfügt, ein entsprechendes Verhalten nicht zeigt, gibt es keinen guten Grund, das Verhalten in solchen Situationen überhaupt zu prognostizieren. Wenn wir dieses Verhalten jedoch nicht prognostizieren, dann kann das Ausbleiben des Verhaltens auch nicht Evidenz dafür sein, dass das

Tier nicht über das Potenzial zu diesem Verhalten und daher nicht über die in Frage stehende Fähigkeit verfügt. Verhaltenstests mit einem niedrigen Grad an ökologischer Validität haben demnach nur ein sehr beschränktes Potenzial, Evidenzen dafür zu produzieren, dass ein Tier *nicht* über eine bestimmte Fähigkeit verfügt.

Die Dinge liegen jedoch anders, wenn die Tests positiv verlaufen. Wenn ein Tier ein Verhalten zeigt, das nur durch eine bestimmte Fähigkeit erklärt werden kann, ist dieses Verhalten eine gute Evidenz dafür, dass es über diese Fähigkeit verfügt. Wenn wir zum Beispiel einem Schimpansen unter für ihn sehr fremden Bedingungen das Sprechen beibringen wollten, und das Tier in der Folge fließend englisch zu sprechen in der Lage wäre, dann wäre das eine gute Evidenz dafür, dass Schimpansen das Potenzial haben, eine natürliche Sprache zu lernen. Man könnte nicht argumentieren, dass das Tier gar nicht Englisch sprechen kann, weil die Bedingungen, unter denen es englisch gelernt hat, sich stark von der natürlichen Umwelt unterscheiden, unter denen Schimpansen normalerweise leben. Die Tatsache, dass wir uns mit dem Schimpansen auf Englisch unterhalten könnten, würde jede solche Kritik übertrumpfen.

Die Asymmetrie bezüglich des Einflusses von ökologischer Validität auf die Evaluierung von positiven oder negativen Testergebnissen entsteht einfach dadurch, dass es hinreichende Evidenz für das Vorhandensein einer Fähigkeit sein kann, wenn diese sich in manchen Situationen zeigt (und nicht durch andere Fähigkeiten erklärt werden kann), dass es jedoch nicht hinreichende Evidenz für das nicht-Vorhandensein ist, wenn sie sich in manchen Situationen nicht zeigt. Kurz: Eine Fähigkeit kann sich nur zeigen, wenn sie da ist. Das bedeutet jedoch nicht, dass sie sich in allen Situationen zeigen muss, und in Situationen mit niedriger ökologischer Validität gibt es gute Gründe, warum sie sich nicht zeigt. Wenn sich eine Fähigkeit trotz niedriger ökologischer Validität der Testsituation doch zeigt, kann das zwei Gründe haben: entweder sie zeigt sich *trotz* widriger Umstände, etwa weil eine Situation zwar fremd für das getestete Tier ist, dieses jedoch nicht weiter dadurch abgelenkt wird. Oder sie zeigt sich gerade wegen dieser fremden Umstände. Ein Tier könnte zum Beispiel über eine Fähigkeit verfügen, die es jedoch in seiner natürlichen Umwelt nur selten oder nie benötigt und deshalb auch normalerweise nicht zeigt.[23] Ein gutes Beispiel

23 Das könnte etwa dann der Fall sein, wenn diese Fähigkeit wichtig in der Umwelt seiner Vorfahren war, sich aber die Umweltbedingungen für diese Art geändert haben. Eine andere Möglichkeit besteht darin, dass es sich nicht um eine basale, sondern um eine komplexe Fähigkeit handelt. Ein Tier könnte über die zugrunde liegenden Fähigkeiten verfügen ohne jemals in einer Situation zu sein, in der er das Potenzial ausschöpfen müsste. Vgl. dazu auch die Diskussion zu *theoretischer Rationalität* in Kapitel 5.

hierzu sind die Versuche, Schimpansen oder Gorillas eine Zeichensprache beizubringen. Es war vorher bereits bekannt, dass sie keine ähnliche Sprache in ihrer natürlichen Umwelt verwenden. Nicht bekannt war jedoch, ob sie das Potenzial besitzen, unter geeigneten Bedingungen eine solche Sprache zu lernen (etwa wenn sie darauf trainiert werden), auch wenn diese Bedingungen sich stark von ihren natürlichen Umweltbedingungen unterscheiden.[24] Tatsächlich waren verschiedene Tiere in der Lage, eine erstaunliche Anzahl an Zeichen zu benutzen und zu verstehen (Fouts 1973).[25]

Verhaltenstests im Labor können also trotz eines niedrigen Grades an ökologischer Validität eine gewisse Aussagekraft haben: sie sind zwar weder dazu geeignet, eine Hypothese, dass ein Tier über eine bestimmte Fähigkeit verfügt, zu falsifizieren, noch dazu, etwas darüber zu lernen, wie Tiere sich in ihrer natürlichen Umwelt verhalten, sie können jedoch durchaus Evidenzen zugunsten der Hypothese produzieren, dass Tiere über ein Potenzial verfügen, welches sich unter geeigneten Umständen in bestimmte Fähigkeiten entfaltet.[26]

Schließlich gibt es noch einen *dritten* Grund, warum geringe ökologische Validität nicht generell gegen Verhaltenstests im Labor spricht. Es könnte Fähigkeiten geben, für die wir prognostizieren, dass ein Tier auch unter Bedingungen mit niedriger ökologischer Validität positiv in entsprechenden Tests abschneidet. Povinelli etwa argumentiert, dass es sich bei der Fähigkeit, mentale Zustände zu verstehen und zuzuschreiben, um eine solche Fähigkeit handelt, die wir einerseits nicht in Testsituationen mit einem hohen Grad an ökologischer Validität nachweisen können, weil sich in solchen Situationen nie alternative Erklärungen ausschließen lassen, und für die wir andererseits prognostizieren, dass sie sich auch in Situationen mit geringer ökologischer Validität zeigt (Povinelli & Vonk 2006). Ob es sich bei der Fähigkeit mentale Zustände zuzuschreiben tatsächlich um eine solche Fähigkeit handelt oder nicht, soll

24 Das ist nicht nur interessant um zu sehen, über welches Potenzial Tiere verfügen, sondern auch um herauszufinden, wie wichtig ein geeignetes soziales Umfeld ist, um bestimmte Fähigkeiten zu entwickeln.

25 Andere berühmte Beispiel für den Versuch herauszufinden, wozu Tiere in der Lage sind, wenn man sie bestmöglich trainiert, sind der von Irene Pepperberg trainierte Graupapagei Alex (Pepperberg, 1999), der in der Lage war, verschiedene Kategorien zu unterscheiden und dessen Testergebnisse von vielen als Beleg für begriffliche Fähigkeiten eingeschätzt wird (vgl. Newen & Bartels 2007) und der Bordercollie Chaser, der 1022 Gegenstände anhand ihrer Namen identifizieren kann (Pilley & Reid 2011).

26 Wenn der Schimpanse in unserem Beispiel englisch lernt, dann spricht das allein natürlich nicht dafür, dass Schimpansen generell englisch sprechen oder überhaupt über eine natürliche Sprache verfügen. Dasselbe gilt, wie oben bereits erwähnt, für die Versuche Schimpansen und Gorillas eine Zeichensprache beizubringen.

später diskutiert werden (vgl. Kap. 5.3.2) Klar ist jedoch, dass für den Fall, dass es sich dabei um eine solche Fähigkeit handelt (oder dass es überhaupt solche Fähigkeiten gibt), geringe ökologische Validität von Testsituationen nicht nur nicht gegen die Ergebnisse von Verhaltenstests spricht, sondern im Gegenteil sogar wünschenswert ist.

Die Kritik an Verhaltenstests im Labor ist also keinesfalls so allgemein gültig wie zunächst befürchtet. Verhaltenstests im Labor haben nicht notwendigerweise einen so geringen Grad an ökologischer Validität, dass sie ihre Aussagekraft vollständig verlieren. Außerdem ist geringe ökologische Validität von Testsituationen in der Regel zwar nicht geeignet, einem Tier Fähigkeiten abzusprechen, jedoch unproblematisch, wenn ein Tier trotzdem oder gerade deswegen positiv in Tests abschneidet. Und schließlich könnte es Fähigkeiten geben, die wir prinzipiell nur unter Bedingungen mit geringer ökologischer Validität nachweisen können. Das alles zeigt, dass Verhaltenstests im Labor eine wichtige Quelle von Evidenzen für die Tierpsychologie sind. Aber sind sie die einzige Quelle? Oder muss auch die Kritik an der Methode der klassischen Ethologie, Tiere in ihrem natürlichen Umfeld zu beobachten, relativiert werden?

2.2.2 Wann wir Tiere in ihrer natürlichen Umwelt untersuchen sollten

Die Kritik an der Methode, das Verhalten von Tieren in deren natürlicher Umgebung zu beobachten, besteht darin, dass die relevanten Testparameter in den Testsituationen nicht kontrollierbar sind und die so gewonnenen Daten daher zum einen prinzipiell mehrdeutig und zum anderen die Resultate nicht reproduzierbar sind. Vor allem der Vorwurf, dass die Resultate nicht reproduzierbar (und deshalb nicht von anderen Wissenschaftlern überprüfbar) sind, spricht der Methode ab, wissenschaftlichen Standards zu genügen. Genau wie im Fall der Laborstudien ist jedoch auch diese Kritik übertrieben und impliziert keinesfalls, dass wir die Methode aufgeben sollten. In manchen Fällen bleibt uns nichts anderes übrig, als Tiere in ihrer natürlichen Umwelt zu beobachten und häufig greift die Kritik, dass diese Methode wissenschaftliche Standards unterläuft, ins Leere.

Ein Bereich, in dem die Kritik an der Methode, Tiere in ihrer natürlichen Umgebung zu beobachten, ins Leere geht, besteht im Bilden von Hypothesen. Dabei spielt es weder eine Rolle, dass die Beobachtungen nicht zwischen mehreren alternativen Erklärungen entscheiden können, noch, dass möglicherweise nicht alle relevanten Testparameter bekannt und die Resultate daher nur schwer zu reproduzieren sind. Um ein Tier im Labor auf bestimmte Fähigkeiten zu testen, muss man wissen, welche Fähigkeiten getestet werden sollen. Beobachtungen von Tieren in ihrer natürlichen Umwelt können ein guter erster Anhaltspukt dafür sein, über welche Fähigkeiten ein Tier verfügt. Wenn wir Tiere in ihrer natürlichen Umwelt beobachten, werden wir manchmal Zeuge von Verhalten, das wir nicht erwartet haben und das dazu führt, dass wir später gezielt Fähigkeiten, die wir mit diesem Verhalten assoziieren, testen können. Beispiele aus der Geschichte der Ethologie, wo Beobachtungen von Verhalten dazu führten, dass wir auf bestimmte potenzielle Fähigkeiten aufmerksam wurden, gibt es zuhauf. Carolyn Ristau beobachtete zum Beispiel folgendes sonderbare Verhalten bei Keilschwanz-Regenpfeifern (Ristau 1991): Wenn sich ein potenzieller Feind dem Nest nähert, entfernen sich die Tiere von ihrem Nest und stellen dabei einen scheinbar gebrochenen Flügel zur Schau. Für den Angreifer erwecken sie dadurch den Eindruck, leichte Beute zu sein. Wenn die Regenpfeifer auf diese Art den Angreifer weit genug vom Nest (und damit von ihrem Nachwuchs) weggelockt haben, fliegen sie, bevor sie selbst zur Beute werden, einfach davon (vgl. Ristau 1991). Ähnliches Verhalten wurde daraufhin bei einer Reihe anderer Watvögel und Tauben beobachtet (vgl. z.B. Baskett et al. 1993). Die Beobachtungen warfen die Frage auf, welche kognitiven Fähigkeiten dem Verhalten zugrunde liegen. Zum Beispiel stellt sich die Frage, ob die Tiere gezielt das Verhalten oder sogar die Überzeugungen der Angreifer mit ihrem Verhalten manipulieren, oder ob es sich dabei um eine automatische, reflexartige Reaktion handelt, die immer ausgelöst wird, wenn sich potenzielle Angreifer dem Nest nähern (siehe dazu auch Kap. 3.3.3).[27] Diese Fragen können zwar nicht durch die bloßen Beobachtungen beantwortet werden, ohne diese Beobachtungen würden sie jedoch gar nicht erst gestellt und dadurch Gegenstand weiterer Forschung. Beobachtungen von Tierverhalten in der freien Umwelt spielen also eine wichtige Rolle, um Hypothesen zu bilden, die in folgenden Studien gezielt überprüft werden können.

Wie bereits diskutiert spricht ein geringer Grad an ökologischer Validität von Testsituationen nicht in jedem Fall gegen die so gewonnenen Ergebnisse. Vor allem, wenn wir daran interessiert sind, das Potenzial eines Tieres zu untersuchen, können Testsituationen, die sich stark von der natürlichen Umwelt eines Tieres unterscheiden, sogar von Vorteil sein. Die Umwelt, in der das Gorillaweibchen Koko darauf trainiert wurde, mittels Zeichensprachen mit Menschen zu kommunizieren (Patterson & Linden 1981), unterschied sich ebenso stark von dessen natürlicher Umwelt, wie die Umwelt, in der der Graupapagei

27 Andere interessante Beispiele dafür sind Verhaltenstraditionen bei Tieren, wie etwa das Kartoffelwaschen von Japanmakaken oder der Werkzeuggebrauch von Schimpansen (mehr dazu im Kapitel *Soziales Lernen*).

Alex lernte, Gegenstände nach den Kategorien Farbe, Form, Material und Anzahl zu sortieren (Pepperberg, 1999), sich von der natürlichen Umwelt von Graupapageien unterschied.[28] In all diesen Fällen haben wir etwas Interessantes darüber gelernt, wozu Tiere unter bestimmten Umständen in der Lage sind. Da die Tiere intensiv über einen sehr langen Zeitraum trainiert wurden, sagen diese Ergebnisse jedoch nur wenig darüber aus, wie sie sich in ihrer natürlichen Umwelt verhalten und wozu sie ohne ein solches Training in der Lage sind. Wenn wir an solchen Daten interessiert sind, spielt ökologische Validität, wie sie nur durch Feldbeobachtungen erreicht wird, offensichtlich eine zentrale Rolle.

In der Praxis zeigt sich dabei auch, dass die Methode der klassischen Ethologie nicht nur auf Beobachtungen beschränkt ist, die zur Bildung von Arbeitshypothesen führen können, sondern durchaus auch in der Lage ist, Testsituationen auch außerhalb eines Labors in einem Maß zu kontrollieren, das die Bewertung solcher Hypothesen erlaubt, ohne dabei die ökologische Validität der Testsituationen einzuschränken. Ethologen greifen häufig in die Umwelt der Tiere ein, in dem sie zum Beispiel bestimmte Situationen simulieren, die Teil der natürlichen Umwelt des beobachteten Tieres sind, um gezielt die Reaktionen auf bestimmte (und reproduzierbare) Stimuli zu beobachten. Ein bekanntes Beispiel dafür ist die Untersuchung der Alarmrufe Grüner Meerkatzen. Diese sind bekannt dafür, verschiedene Alarmrufe für verschiedene Angreifer wie Leoparden, Schlangen oder Adler zu benutzen. Die verschiedenen Alarmschreie haben verschiedene Reaktionen der Gruppenmitglieder zur Folge: bei Leopardenalarm klettern sie auf Bäume, bei Adleralarm verstecken sie sich im Gebüsch und bei Schlangenalarm stellen sie sich auf ihre Hinterbeine und suchen vorsichtig die Umgebung ab. Dorothy Cheney und Robert Seyfarth wollten untersuchen, ob die Tiere einen Alarmschrei einem bestimmten Gruppenmitglied als Urheber zuordnen können, und ob ihre Reaktion darauf dadurch beeinflusst wird, wie zuverlässig die Alarmrufe dieses Gruppenmitgliedes in der Vergangenheit waren (Cheney & Seyfarth 1990, S. 139 ff). Zu diesem Zweck haben sie Alarmrufe einzelner Gruppenmitglieder auf Band aufgenommen und der Gruppe später in Situationen vorgespielt, in denen keine Angreifer in der Nähe waren. Das Ergebnis war, dass die Tiere nicht nur den Urheber eines Alarmrufes an der Stimme erkennen, sondern auch, dass Grüne Meerkatzen durchaus eine Reputation als unzuverlässig haben können: wenn Tiere häufig falsche Alarmschreie ausstoßen, beginnen die anderen Gruppenmitglieder irgendwann da-

28 Für den in FN 20 Erwähnten Hund Chaser ist das schwer zu sagen: worin besteht eigentlich die natürliche Umwelt eines Hundes? Wann haben Testsituationen mit Hunden einen hohen, wann einen niedrigen Grad an ökologischer Validität?

mit, die Alarmrufe dieses Individuums zu ignorieren.[29] Ebenfalls mit Bandaufnahmen wurde untersucht, ob Löwen anhand des Gebrülls anderer Löwen die Entfernung sowie die Größe sich nähernder Gruppen anderer Löwen einschätzen können und wie sich die Größe einer sich nähernden Gruppe im Verhältnis zur Größe der eigenen Gruppe auf die Reaktion der Löwen auswirkt (vgl. Hauser 2001, S.70). Aber auch andere Eingriffe sind möglich, um gezielt Situationen zu schaffen, die denen gleichen, in denen sich die Tiere in ihrer natürlichen Umwelt häufig wiederfinden. Bei Regenpfeifern etwa wurde untersucht, wie sich ihr Verhalten verändert, wenn ein vermeintlicher Feind sich wiederholt dem Nest nähert, ohne jemals anzugreifen, in dem die Experimentatoren selbst täglich an einem Nest vorbeispazierten (Ristau 1991; vgl. auch Kap. 3.3.3). In all den Situationen simulieren die Forscher Situationen, die zur natürlichen Umwelt der beobachteten Tiere gehören. Auch wenn die Forscher sicherlich nicht alle Parameter kontrollieren können, die für das Verhalten möglicherweise eine Rolle spielen, können sie zumindest die wichtigsten Parameter kontrollieren (sie können zum Beispiel sicher stellen, dass ein Alarmruf desselben Tieres zum wiederholten Mal ohne entsprechenden Angreifer zu hören ist). Alternative Erklärungen können im Lichte weiterer Evidenzen ausgeschlossen werden. Durch die Beobachtung von Tieren in ihrem natürlichen Umfeld können also tatsächlich gezielt Hypothesen getestet werden, ohne dass dabei die Testsituationen an ökologischer Validität verlieren, weshalb die Methode in manchen Fällen der Labormethode überlegen ist.

Schließlich besteht ein weiterer Grund dafür, Tiere in ihrer natürlichen Umwelt zu beobachten, darin, dass es Fähigkeiten gibt, die sich der Untersuchung im Labor entziehen. Ein gutes Beispiel für eine Fähigkeit, die nur sehr schlecht im Labor untersucht werden kann, ist das Phänomen der taktischen Täuschung. Unter taktischer Täuschung versteht man die gezielte Manipulation des Verhaltens anderer durch die Manipulation ihrer Überzeugungen (Sommer 1992).[30] Cheney & Seyfarth (2007, S. 154) beobachteten zum Beispiel, wie ein

---

29 Mit der Methode, die Alarmschreie auf Band aufzunehmen lassen sich eine Vielzahl von Dingen untersuchen: Rufe, die die gleiche Reaktion in der Gruppe hervorrufen, können auf Ähnlichkeit im Frequenzspektrum untersucht werden. Die Bandaufnahmen können anderen Populationen vorgespielt werden, um zu überprüfen, ob die Reaktionen universal sind oder sich von Gruppe zu Gruppe unterscheiden, usw.

30 Manchmal wird der Ausdruck *taktische Täuschung* auch schon dafür benutzt, wenn ein Tier gezielt das Verhalten eines anderen Tieres manipuliert, ohne damit die Annahme zu implizieren, dass das Tier dafür gezielt die Überzeugungen des anderen manipuliert. Das Täuschungsmoment besteht dann jedoch nur aus der Perspektive des getäuschten, der durch das Verhal-

rangniedriges Tier einer Gruppe Grüner Meerkatzen beim Versuch eines anderen Tieres in diese Gruppe überzusiedeln, falschen Leopardenalarm auslöste. Die Tiere flüchteten daraufhin in die Bäume, und die Übersiedelung des Tieres, dass das alarmierende Tier sonst zu dominieren drohte, war damit vorerst gescheitert. In anderen Fällen wurde beobachtet, wie Tiere Auseinandersetzungen, die sie zu verlieren drohten, durch falschen Alarm beendeten (Cheney & Seyfarth 2007; Sommer 1992). Taktische Täuschung ist also eine Art Lüge. Aber genau wie eine Lüge beim Menschen ist ihr Erfolg abhängig von der Glaubwürdigkeit ihres Urhebers. Wenn eine Grüne Meerkatze häufig falschen Alarm schlägt, wird sie irgendwann von den anderen Gruppenmitgliedern ignoriert. Es liegt demnach im Wesen der taktischen Täuschung, dass sie nicht häufig vorkommt und nicht mit bestimmten Situationen assoziiert werden kann, weshalb sie unmöglich zu prognostizieren ist. Ohne Prognosen jedoch, die durch Versuche bestätigt oder falsifiziert werden können, können wir eine Fähigkeit nicht im Labor untersuchen. Das anekdotische, nicht-reproduzierbare an Feldbeobachtungen spricht also nicht in jedem Fall gegen die Methode, Tiere in ihrer natürlichen Umwelt zu beobachten, sondern kann durchaus im Wesen der in Frage stehenden Fähigkeiten begründet liegen. Die so gewonnenen Daten sind zwar für sich genommen nicht eindeutig, können jedoch im Lichte weiterer Evidenzen durchaus eine Rolle spielen.

Schließlich gibt es Fähigkeiten, die nur mit sehr viel Aufwand im Labor untersucht werden können, ohne dass solche Studien jedoch einen Vorteil gegenüber der Untersuchung in der Natur hätten, wie etwa bei Langzeitstudien bezüglich des Sozialverhaltens von Tieren. Ein gutes Beispiel dafür ist das Untersuchen von Verhaltenstraditionen bei Primaten. Als Verhaltenstraditionen bezeichnet man ein Verhalten einer Population, dass weder durch angeborene, universale Verhaltensdispositionen der Spezies, noch durch die spezifischen Umweltbedingungen, in der die Population lebt, vollständig erklärt werden kann (Whiten et al. 2011). Vielmehr sprechen sie, je nach Ausmaß, dafür, dass bestimmte Mechanismen sozialen Lernens in der Gruppe eine Rolle spielen und können daher Evidenz für Fähigkeiten wie Emulation, Imitation oder aktives Unterweisen sein (vgl. Kap. 6.3). Ein gutes Indiz dafür, dass es sich bei einem Verhalten in einer Gruppe um solch ein (proto-)kulturelles Verhalten handelt, besteht darin, dass wir es bei anderen Gruppen derselben Spezies, die in einer ähnlichen Umwelt leben, gar nicht oder in einer anderen Form finden. Um also herauszufinden, ob Populationen mancher Spezies Traditionen entwickeln,

---

ten des anderen eine falsche Überzeugung bildet, nicht mehr in einer absichtlichen Täuschung.

müssen wir eine große Menge an Tieren über einen verhältnismäßig langen Zeitraum untersuchen, um aussagekräftige Ergebnisse zu bekommen. Im Labor ist das zum einen nicht einfach zu bewerkstelligen und hat zum anderen nicht die Vorteile, die andere Laboruntersuchungen haben: Über einen so langen Zeitraum können die Testparameter im Labor nicht besser kontrolliert werden als in Feldforschungen. Noch ungeeigneter ist die Labormethode jedoch, wenn wir nicht nur daran interessiert sind, ob Populationen einer Spezies Traditionen bilden, sondern auch, worin diese Traditionen bestehen. Dazu müssen wir so viele Populationen wie möglich in ihrer natürlichen Umwelt beobachten und ihr Verhalten vergleichen, und jeder Eingriff in die Umwelt der beobachteten Tiere kann die Ergebnisse verzerren. Die Labormethode mit prinzipiell eingeschränkter ökologischer Validität ist dabei der Methode, Tiere in ihrer natürlichen Umwelt zu untersuchen, immer unterlegen.

Auch für die klassische Methode der Ethologie, Tiere in ihrer natürlichen Umgebung zu beobachten, zeigt sich demnach, dass die zu Beginn dieses Kapitels geäußerte Kritik übertrieben ist. Tiere in ihrer natürlichen Umwelt zu beobachten kann hilfreich sein, um Hypothesen über die kognitiven Fähigkeiten von Tieren zu bilden, die wir anschließend gezielt überprüfen können. Hypothesen können auf dieser Grundlage jedoch nicht nur gebildet, sondern auch evaluiert werden, da Forscher auch bei dieser Methode Einfluss auf die Testsituationen nehmen und dadurch die Testbedingungen kontrollieren können, ohne dabei Einbußen bezüglich der ökologischen Validität in Kauf nehmen zu müssen. Außerdem erweist sich die Methode der klassischen Ethologie gegenüber Laborstudien als überlegen, wenn es um Fähigkeiten geht, die sich schlecht prognostizieren lassen, oder deren Erforschung nur durch Langzeitstudien ermöglicht wird.

Obwohl das eingangs formulierte Dilemma sich demnach als übertriebene Darstellung erweist, war die Auseinandersetzung mit der dem Dilemma zugrunde liegenden Kritik nicht umsonst. Es hat sich gezeigt, dass beide Methoden ihre Vor- und Nachteile haben und sich dadurch ergänzen, dass sie für die Erforschung verschiedener Fähigkeiten geeignet sind. Wie sich zeigen wird, sind auch für die Beantwortung der Frage, der in dieser Arbeit nachgegangen wird, Studien von Bedeutung, die auf beide Methoden zurückgreifen.

3 Rationale Lebewesen

Kumulative kulturelle Evolution besteht in einem „Kreislauf, in dem eine Innovation zum Standard der Gruppe und so zur Basis für weitere Innovationen wird“ (Sterelny 2003, S. 150 - 151, meine Übersetzung). Auf diese Formel gebracht bieten sich drei mögliche Erklärungen dafür an, dass kumulative kulturelle Evolution für den Menschen eine wichtige Rolle spielt, allem Anschein nach jedoch nicht für nicht-menschliche Tiere. *Erstens* könnte es der Fall sein, dass Menschen über besondere Fähigkeiten zu innovativem Verhalten verfügen, *zweitens* könnte eine solche Erklärung darin bestehen, dass beim Menschen besondere Mechanismen der Standardisierung am Werk sind und *drittens* könnte beides der Fall sein. In diesem und den nächsten beiden Kapiteln steht die Fähigkeit Innovationen hervorzubringen im Mittelpunkt. Dabei soll den folgenden beiden Fragen nachgegangen werden: Welche kognitiven Voraussetzungen muss ein Lebewesen erfüllen, um neue Probleme lösen zu können, oder um zu lernen, wie man schon bekannte Probleme auf eine andere, bessere Weise löst? Und gibt es neben dem Menschen noch andere Lebewesen, die diese Voraussetzungen erfüllen?

Eine wichtige Voraussetzung für die Fähigkeit zu erfolgreichem innovativen Verhalten besteht darin, dass Lebewesen flexibel mit ihrer Umwelt interagieren können: Um Probleme *besser* oder *effektiver* lösen zu können, müssen sie in der Lage sein, sie *anders* zu lösen, als in der Vergangenheit. Zunächst stellt sich daher die Frage, wie ein Lebewesen die Welt repräsentieren muss, um flexibel mit ihr interagieren zu können. Lebewesen, die über eine entsprechende kognitive Architektur verfügen, bezeichne ich als *rationale Lebewesen*. Um jedoch nicht nur flexibel sondern auch erfolgreich mit der Umwelt interagieren zu können, müssen Lebewesen die Welt nicht nur auf eine bestimmte Weise repräsentieren können. Sie müssen auch über eine Informationsverarbeitung verfügen, die ihre Repräsentationen in erfolgreiches Verhalten übersetzt. Ein rationales Lebewesen zu sein ist demnach nicht hinreichend für erfolgreiches innovatives Verhalten.[31] Eine Antwort auf die Frage, warum die Innovationsfähigkeit des Menschen sowohl quantitativ als auch qualitativ die Innovationsfähigkeit aller

---

31 Meine Konzeption rationaler Lebewesen ähnelt daher Dretskes Konzeption minimaler Rationalität (Dretske 2005). Beide sind eine notwendige Bedingung dafür, dass das Verhalten eines Lebewesens hinsichtlich dessen Rationalität überhaupt bewertet werden kann, nicht jedoch für eine normative Bewertung dieses Verhaltens als rational (im Gegensatz zu irrational). Ich werde in Kapitel 4.1 ausführlicher auf Gemeinsamkeiten und Unterschiede zu Dretskes Konzeption eingehen.

nicht-menschlichen Tiere so deutlich zu übertreffen scheint, könnte demnach entweder darin bestehen, dass Menschen die Welt auf eine andere Weise repräsentieren, oder darin, dass ihre Informationsverarbeitung eine andere ist. In den folgenden Kapiteln werde ich argumentieren, dass beides zutrifft, aber gleichzeitig der Graben zwischen dem menschlichen Geist und dem Geist nichtmenschlicher Tiere weniger tief ist als häufig angenommen.

3.1 Alltagspsychologische Erklärungen: Überzeugungen und Wünsche

Die Konzeption von Rationalität, die in diesem Kapitel erarbeitet werden soll, ist nicht ergebnisoffen hinsichtlich der Frage, ob Menschen rationale Lebewesen sind oder nicht. Das Erklärungsziel besteht darin, die Bedingungen für innovatives Verhalten auszubuchstabieren, wie es für die kumulative kulturelle Evolution des Menschen typisch und notwendig ist, um eine Grundlage zu gewinnen, auf der wir die Innovationsfähigkeit des Menschen mit der von nichtmenschlichen Tieren vergleichen können. Ein naheliegender Ausgangspunkt besteht daher darin, sich genauer anzuschauen, wie wir das Verhalten von Menschen normalerweise erklären. Um zu verstehen, warum ein Mensch etwas getan hat, oder um vorherzusagen, was er wahrscheinlich gleich tun wird, benutzen wir in der Regel sogenannte *alltagspsychologische Erklärungen.* Diese bestehen darin, dass wir das Verhalten von Menschen als das Produkt ihrer Wünsche und Überzeugungen auffassen, das heißt wir schreiben ihnen Wünsche oder Ziele zu, die sie mit ihrem Verhalten verfolgen, und Überzeugungen darüber, wie diese Ziele zu erreichen sind. Grob gesprochen sind Überzeugungen mentale Zustände, die Informationen über die Welt, wie sie ist oder wie sie sein könnte, tragen, während Wünsche Zustände sind, die Informationen über die Welt, wie sie sein sollte tragen. Searle (1983) charakterisiert intentionale Zustände als Zustände, die durch die beiden Eigenschaften *Gehalt* und *Anpassungsrichtung* (direction of fit) individuiert werden. Der Gehalt eines intentionalen Zustands ist seine Erfüllungsbedingung. Wenn jemand etwas glaubt oder wünscht, besteht die Erfüllungsbedingung darin, dass das, was er glaubt oder wünscht, der Fall ist.[32] Die Erfüllungsbedingung eines Wunsches kann also identisch mit der einer Überzeugung sein. Unterscheiden tun sich Überzeugungen und Wünsche jedoch dadurch, dass sie eine unterschiedliche Anpassungs-

32 Überzeugungen und Wünsche sind nicht die einzigen intentionalen Zustände, aber die einzigen die an dieser Stelle eine Rolle spielen.

richtung haben. Wünsche zielen darauf, die Welt ihrem Gehalt anzupassen: Wenn ich etwas wünsche, das nicht der Fall ist, dann haben Wünsche die Funktion, ein Verhalten zu motivieren, welches die Welt dahingehend verändert, dass mein Wunsch befriedigt wird. Überzeugungen dagegen zielen darauf, ihren Gehalt der Welt anzupassen: Ihre Funktion ist es, die Welt so zu repräsentieren wie sie ist oder wie sie sein könnte. Sie spielen dadurch die Rolle, uns anzuzeigen, was wir tun können, um einen Wunsch zu befriedigen.

Das Verhalten vieler Tiere erklären wir häufig genau wie das von Menschen, indem wir Tieren Überzeugungen und Wünsche zuschreiben: Wenn etwa (um ein Beispiel von Norman Malcolm zu benutzen) ein Hund einen Baum hochbellt, obwohl das Eichhörnchen, das er zuvor verfolgt hat und das gerade den Baum hochgeklettert ist, gar nicht mehr im Baum ist, erklären wir sein Verhalten dadurch, dass er das Eichhörnchen fangen *will* und *glaubt*, dass es immer noch oben im Baum ist, weil er zum Beispiel nicht gesehen hat, dass das Eichhörnchen auf einen anderen Baum weitergeklettert ist (Malcolm 1991, S. 53). Erklärungen, bei denen wir das Verhalten von Tieren mit intentionalem Vokabular beschreiben, sind dabei durchaus nicht nur auf eine kleine Menge von Tieren, die wir als besonders intelligent einschätzen (wie etwa Hunde, Rabenvögel oder Menschenaffen) beschränkt: Das Verhalten von Ameisen etwa, die tote Artgenossen aus ihrem Bau tragen, kann man durch die Annahme erklären, dass sie ihren Staat vor giftigen Verwesungsgasen schützen wollen. Wenn Frösche mit ihrer Zunge nach Fliegen schnappen, dann können wir ihr Verhalten durch eine Überzeugung, dass etwas eine Fliege ist, und einen Wunsch, die Fliege zu fressen, erklären. Und wenn eine Biene, nachdem sie eine andere beim berühmten Bienentanz beobachtet hat, zu einer Futterquelle fliegt, können wir ihr Verhalten dadurch erklären, dass sie Futter sammeln will, und durch den beobachteten Bienentanz eine Überzeugung darüber gebildet hat, wo sie welches finden kann. Eine Erklärung nicht nur von menschlichem Verhalten durch die Zuschreibung mentaler Zustände wie Überzeugungen und Wünsche scheint uns Menschen ganz intuitiv in den Sinn zu kommen (vgl. auch Kap. 2.1).

Bei vielen Lebewesen sind Verhaltensdispositionen allerdings (meist durch biologische Vererbung[33]) angeboren und die Reaktionen auf ihre Wahrnehmungen dadurch genetisch determiniert. Das Verhalten solcher Lebewesen ist offensichtlich vollkommen unflexibel: Sie reagieren auf die Wahrnehmung derselben Dinge immer auf die gleiche Weise. Frösche schnappen selbst dann nach Fliegen, wenn sie satt sind (bzw. keine Nahrung benötigen), und sie tun das, solange Fliegen zur Verfügung stehen, bis sie sich überfressen haben. Sie können die

33 Angeborene Verhaltensdispositionen können auch das Ergebnis zufälliger Mutation sein.

genetisch festverdrahtete Reaktion auf die Wahrnehmung einer Fliege nicht unterdrücken – sie können nicht eine Fliege wahrnehmen *ohne* mit der Zunge nach ihr zu schnappen. Solche starren Verbindungen zwischen einem Reiz (etwas, dass einer Fliege ähnlich genug ist) und einem bestimmten Verhalten (dem Herausschnalzen der Zunge), stehen offensichtlich in starkem Kontrast zu flexiblem und innovativem Verhalten. Wenn wir aber Verhalten, das so offensichtlich starr und unflexibel ist, durch Überzeugungen und Wünschen erklären, können Überzeugungen und Wünsche keine hinreichende Grundlage für innovatives Verhalten darstellen. Eine kognitive Architektur, die aus Überzeugungen und Wünschen besteht, wäre in diesem Fall kein gutes Kriterium für rationale Lebewesen.

3.2 Verhaltenserklärungen bei Tieren

Wir erklären also in vielen Fällen das Verhalten von Tieren ebenso wie das Verhalten von Menschen, indem wir Tieren Überzeugungen und Wünsche zuschreiben. Allerdings folgt daraus, dass man Tierverhalten durch Überzeugungen und Wünsche erklären kann (und wir das im Alltag häufig tun), nicht, dass es sich dabei in jedem Fall um gute Erklärungen handelt. Es stellt sich die Frage, in welchen Fällen wir tatsächlich gerechtfertigt sind, einem Lebewesen Überzeugungen und Wünsche zuzuschreiben. Dieser Frage soll im Folgenden nachgegangen werden. Überdies soll eine Antwort darauf Aufschluss darüber geben, warum Lebewesen mit Überzeugungen und Wünschen rationale Lebewesen sind.

3.2.1 Einfache kognitive Systeme und rigides Verhalten

Betrachten wir zunächst das *Nekrophorese* genannte Verhalten der Blattschneideameise *Atta mexicana* (im Folgenden einfach: Ameise), das darin besteht, tote Artgenossen aus dem Nest zu tragen (López-Riquelme et al. 2006). Die Tatsache, dass die Reaktion von Ameisen auf die Wahrnehmung toter Artgenossen genetisch determiniert ist, impliziert, dass Ameisen in jedem Fall, indem sie Artgenossen als tot erkennen, diese aus dem Nest zu entfernen versuchen. Dass eine Ameise tot ist, erkennen sie am Geruch von Ölsäure, den tote Ameisen absondern. Ihre Reaktion auf den Geruch von Ölsäure ist vollkommen rigide und Ameisen sind nicht in der Lage, dieses Verhalten (etwa im Lichte zusätzlicher Informationen) zu modifizieren (vgl. Allen 2005). So tragen sie zum Beispiel nicht nur tote Artgenossen aus ihrem Nest, sondern auch solche, die allem Anschein nach noch leben (und dies zum Beispiel dadurch zeigen, dass sie sich bewegen und wehren), wie Versuche zeigen, bei denen Forscher lebende Ameisen mit Ölsäure bestrichen (López-Riquelme et al. 2006). Da solche Forscher jedoch eher die Ausnahme in der Umwelt von Ameisen darstellen und die Korrelation von Ameisen, die den Geruch von Ölsäure absondern und Ameisen, die tot sind, groß genug ist, handelt es sich dabei um einen sehr erfolgreichen Mechanismus.

Trotz des Mangels an Flexibilität im Verhalten der Ameisen, gibt es gewisse Gemeinsamkeiten zwischen den Zuständen, die ihr Verhalten produzieren und denen, die menschlichem Verhalten zugrunde liegen. Um tote Ameisen aus dem Nest entfernen zu können, müssen sie zunächst tote Ameisen erkennen können. Wie zuvor erwähnt, identifizieren sie tote Artgenossen am Geruch von Ölsäure. Sie regulieren also (zumindest in dieser Hinsicht genau wie Menschen) ihr Verhalten durch Zustände, die sensitiv für spezifische Umweltbedingungen sind. In Dretskes Sinn kann man diese Zustände als Repräsentationen auffassen (nämlich dann, wenn sie die Funktion haben, Informationen über bestimmte Dinge zu tragen) und die Informationen, die sie anzeigen, als ihren Gehalt (vgl. Dretske 1988). Die Tatsache, dass diese Repräsentationen Informationen über Zustände der Umwelt tragen, legt daher zunächst nahe, dass es sich zumindest um überzeugungsartige Zustände handelt. Dass ihr Verhalten eine wichtige Funktion für das Überleben (das eigene und das des ganzen Staats) hat, lässt es überdies zielgerichtet erscheinen, was den Eindruck erweckt, als gebe es einen korrespondierenden Wunsch, tote Ameisen aus dem Bau zu entfernen.

Bei genauerer Hinsicht zeigt sich jedoch, dass die Rigidität des Verhaltens von Ameisen in starkem Kontrast zu Verhaltenserklärungen durch Überzeugungen und Wünsche steht. Überzeugungen sind wesentlich durch ihre Geist-auf-Welt Anpassungsrichtung charakterisiert. Das macht sie zu rein indikativen Zuständen, die Informationen über Zustände der Welt, wie sie ist oder wie sie sein könnte, tragen (vgl. Papineau 2007b, S. 89). Ohne von motivationalen Zuständen wie Wünschen (Repräsentationen darüber, wie die Welt sein sollte) begleitet zu werden, führen Überzeugungen zu gar keinem Verhalten. Dasselbe gilt für rein motivationale Zustände, deren Gehalt zwar das gewünschte Ergebnis vorgibt, die um ein Verhalten zu verursachen aber von indikativen Zuständen (wie Überzeugungen), die Informationen darüber tragen, durch welches Verhalten das gewünschte Ergebnis zu verwirklichen ist, begleitet werden müssen. Hilary Kornblith formuliert diesen Punkt folgendermaßen (Kornblith 2002, S. 42):

> When you and I come to believe that sunlight is present in a particular direction, that information is available to interact with our other internal states so as to inform an extreme-

> ly wide range of behavior. It is this fact about us that requires talk not only of a representational system, but talk of beliefs. [...] When the sun shines on us, we may move toward it if we are in the mood for a suntan or warmth, or away from it if we are worried about skin cancer. Merely knowing that we've registered the presence of sunlight does nothing for predicting human behavior [...]. Predicting human behavior thus requires reference to both, beliefs and desires.

Um das Verhalten eines Menschen zu erklären, müssen wir also nicht nur wissen, was er glaubt, was der Fall ist, sondern auch, was er will, was der Fall ist. Überzeugungen allein sind deshalb, anders als die dem Verhalten von Ameisen zugrunde liegenden Repräsentationen, nicht hinreichend, um Verhalten zu verursachen, weil Überzeugungen rein informationale Zustände sind, die von spezifischen Verhaltensreaktionen entkoppelt und – abhängig davon, von welchen motivationalen Zuständen sie begleitet werden – für eine Reihe *verschiedener* Verhalten relevant sind (vgl. Papineau 2007b, S. 89 Sterelny 2003, 33 - 40). Dasselbe gilt für Wünsche, die nur Informationen darüber tragen, wie die Welt sein sollte und die ohne rein informationale Zustände wie Überzeugungen, die Informationen darüber tragen, wie sie erfüllt werden können, auch kein Verhalten erklären können.

3.2.2 Komplexere kognitive Systeme

Wenn wie im Fall der Ameise das Registrieren einer Umweltbedingung hinreichend ist, um ein Verhalten zu verursachen, muss sich dieser Zustand – diese Repräsentation – in ihrem Charakter sowohl von Überzeugungen als auch von Wünschen unterscheiden. Wenn Lebewesen auf dieselben Reize immer mit demselben Verhalten reagieren, können sie Zustände der Welt eben nicht unabhängig davon repräsentieren, wie sie sich auf diese Zustände verhalten sollen. Ruth Millikan bezeichnet solche Repräsentationen als *Pushmi-Pullyu* Repräsentationen, die dadurch charakterisiert sind, dass sie „Sachverhalte direkt mit Handlungen [verknüpfen] – mit bestimmten Dingen, die angesichts dieser Tatsachen zu tun sind“ (Millikan 1997, übersetzt von D. Perler 2005, S. 210). Pushmi-Pullyu Repräsentationen unterscheiden sich sowohl von Überzeugungen als auch von Wünschen, da sie eine doppelte Anpassungsrichtung haben; sie haben sowohl indikativen als auch imperativen Gehalt und spielen diesbezüglich die Rolle von Überzeugung und Wunsch in einem (vgl. auch Millikan 1996; Papineau 2007b, S. 88).[34]

Millikans Begriff von Pushmi-Pullyu Repräsentationen ist sehr hilfreich, um das Verhalten von Lebewesen zu erklären, deren Verhaltensreaktionen auf ihre Wahrnehmung der Welt genetisch determiniert sind. Er fängt den Mangel an Flexibilität dieser Lebewesen begrifflich dadurch ein, dass er ausdrückt, dass diese Lebewesen ihre Umwelt nicht unabhängig davon wahrnehmen, wie sie sich verhalten sollen, und dass die ihrem Verhalten ursächlich zugrunde liegenden Repräsentationen daher sowohl indikativen als auch imperativen Gehalt gleichzeitig haben. Offensichtlich sind Lebewesen, deren Verhalten durch Pushmi-Pullyu Repräsentationen verursacht wird, niemals in der Lage, eine Innovation, wie etwa eine neue Art und Weise ein Problem zu lösen, hervorzubringen, da ihre Wahrnehmung der Welt starr an spezifische Verhaltensreaktionen gekoppelt ist. Gleiche Wahrnehmungen lösen bei Ameisen und Fröschen immer gleiche Reaktionen aus und lassen keinen Raum für neue Verhalten.

Zu erkennen, dass einem Verhalten Pushmi-Pullyu Repräsentationen ursächlich zugrunde liegen, ist einfach, wenn das Verhalten durch spezifische Reize ausgelöst wird, da Reiz und Verhalten (mehr oder weniger) perfekt korreliert sind. Eine solche Korrelation gibt es beim Fliegenfangverhalten von Fröschen, da sie immer, wenn sie etwas registrieren, das in Form, Farbe und Bewegung einer Fliege ähnlich genug ist, mit ihrer Zunge danach schnappen, unabhängig davon, was sonst der Fall ist. Aber nicht alle Lebewesen, deren Verhaltensreaktionen genetisch determiniert sind, sind kognitiv so schlicht wie Ameisen und Frösche. Mit zunehmender Komplexität der einem Verhalten zugrunde liegenden Informationsverarbeitung, wird die Korrelation zwischen spezifischen Reizen und Verhalten schwächer. In solchen Fällen ist die Frage, ob einem Verhalten Pushmi-Pullyu Repräsentationen oder Überzeugungen und Wünschen zugrunde liegen, weniger leicht zu beantworten.

Der einfachste Fall kognitiver Verfeinerung besteht darin, dass das Verhalten von Lebewesen nicht von einem einzelnen Reiz ausgelöst, sondern immer noch mindestens ein zweiter Reiz benötigt wird. Ein so simpler Mechanismus, wie der dem Fliegenfangverhalten von Fröschen zugrunde liegende, ist biologisch erfolgreich in Umwelten, in denen es Nahrung nicht im Überangebot gibt und die Gefahr, sich zu überfressen, daher gering ist. In anderen Umwelten kann so ein Mechanismus jedoch fatal sein. Viele Lebewesen sind daher nicht

34 Der imperative Gehalt spielt dabei die Rolle des motivationalen Zustands, der nicht nur ein Ziel anzeigt, sondern dieses gleichzeitig mit einer Handlung verbindet, die zu diesem Ziel führt (vgl. Papineau 2007b, S. 88).

nur sensitiv für Nahrung, sondern auch dafür, ob sie Nahrung benötigen. Sie fressen nur dann, wenn beides der Fall ist, wenn Nahrung vorhanden ist, und Nahrung benötigt wird. David Papineau bezeichnet solche kognitiven Systeme als *Bedürftige* (needers), da das Registrieren von Bedürfnissen eine wesentliche Rolle in der Produktion ihres Verhaltens spielt (Papineau 2007b, S. 87 - 89).

Das Verhalten solcher Lebewesen gleicht in verschiedener Hinsicht schon eher dem von Menschen, als es das Verhalten von Ameisen und Fröschen tut. Zum einen weist es eine gewisse Flexibilität in Bezug auf spezifische Reize auf: *Bedürftige* sind in der Lage, Zustände der Welt unabhängig von spezifischem Verhalten zu repräsentieren. Ein Frosch, der über eine solche kognitive Architektur verfügen würde, würde nur dann nach einer Fliege schnappen, wenn er gleichzeitig ein Bedürfnis nach Nahrung – etwa durch einen niedrigen Blutzuckerspiegel – registriert. Die bloße Wahrnehmung von Zuständen der Welt würde (anders als beim echten Frosch) das Verhalten des fiktiven Frosches nicht vollständig determinieren. Überdies legt die Bezeichnung *Bedürftige* nahe, dass ihr Verhalten, genau wie das des Menschen, durch verschiedene Typen von Repräsentationen verursacht wird: solche mit informationalem Charakter als auch solche mit motivationalem Charakter. Kornblith sieht in solchen kognitiven Organisationen daher bereits den Beginn einer Überzeugungs-Wunsch Psychologie (Kornblith 2002, S. 38). Dieser Schritt ist jedoch etwas voreilig. Zwar ist es richtig, dass *Bedürftige* eine gewisse Flexibilität ihrer Umwelt gegenüber zeigen – allerdings nur, wenn man Flexibilität als den Grad auffasst, zu dem Verhalten nicht durch spezifische Reize determiniert wird. *Bedürftige* können zwar auf einen Reiz unterschiedlich reagieren, aber die Alternativen bestehen nur darin, ob ein Verhalten (etwas, was das Lebewesen tut) ausgelöst wird, oder nicht. Unser fiktiver Frosch könnte die Information, dass eine Fliege an ihm vorbeifliegt, nur dazu benutzen, um entweder mit der Zunge nach ihr zu schnappen (wenn er gleichzeitig einen Mangel an Nahrung registriert) oder nichts zu tun (wenn er satt ist). Im Gegensatz dazu ist es charakteristisch für Überzeugungen, dass sie mit verschiedenen Motivationen kombiniert werden können, wodurch sie für eine Reihe ganz verschiedener Verhalten (ganz verschiedene Dinge, die man tut) relevant sind: Die Überzeugung, dass die Sonne scheint, kann sowohl von meinem Wunsch, mich zu bräunen, als auch von meiner Angst vor Hautkrebs (bzw. meinem Wunsch, diesen zu vermeiden) begleitet werden und mein Verhalten wird in beiden Fällen sehr unterschiedlich ausfallen. Die komplexere Informationsverarbeitung von *Bedürftigen* führt demnach zwar zu komplexeren, aber nicht zu weniger rigiden Auslösebedingungen und ihr Verhalten ist genauso starr, wie dass von Ameisen und echten Fröschen: Die Reaktion wird nicht durch einen, sondern durch zwei Reize verursacht, aber immer wenn die beiden Reize detektiert werden, folgt auch die

Reaktion. Die Flexibilität von *Bedürftigen* ist daher, wenn auch notwendig, so doch offensichtlich nicht hinreichend für innovatives Verhalten. Die kognitive Architektur des bedürftigen Frosches ermöglicht es ihm nicht, Fliegen auf eine andere Weise zu fangen. Dadurch unterscheidet sie sich nicht nur graduell, sondern wesentlich von der, die die Repräsentation der Welt durch Überzeugungen und Wünsche ermöglicht.

Aber was ist mit der Tatsache, dass das Verhalten von *Bedürftigen* durch verschiedene *Typen* von Repräsentationen verursacht wird? Es scheint dieser Sinn zu sein, in dem Kornblith den Beginn einer Überzeugungs-Wunsch Psychologie dort verortet, wo wir das Verhalten von Lebewesen sowohl durch ihre Repräsentation der Außenwelt als auch durch die Repräsentation eigener Bedürfnisse erklären (vgl. Kornblith 2002, S. 38). Überzeugungen und Wünsche sind wesentlich durch ihre Eigenschaft, sowohl über einen Gehalt als auch über eine jeweils spezifische Anpassungsrichtung zu verfügen, charakterisiert. Wenn daher das Verhalten von *Bedürftigen* tatsächlich sowohl durch indikative als auch durch motivationale Zustände verursacht wird, dann erfüllen diese Zustände doch die Bedingungen von Überzeugungen und Wünschen. Der Mangel an Flexibilität von *Bedürftigen* spräche demnach nicht dagegen, dass sie über Überzeugungen und Wünsche verfügen, sondern vielmehr dagegen, dass eine Überzeugungs-Wunsch Psychologie eine hinreichende kognitive Grundlage für innovatives Verhalten darstellt.

Wie sich jedoch zeigen wird, spricht die Starrheit ihres Verhaltens hinsichtlich der zugrunde liegenden Repräsentationen nicht gegen die These, dass Überzeugungen und Wünsche hinreichend für innovatives Verhalten sind. Vielmehr zeigt sie einen weiteren Grund auf, warum es sich bei diesen Repräsentationen nicht um Überzeugungen und Wünsche handelt. Es liegt zwar nahe, die Repräsentation von Zuständen der Welt (etwa dass eine Fliege vorbeifliegt) als indikativ aufzufassen und im Gegensatz dazu Repräsentationen interner Zustände (wie von Bedürfnissen) so wie Kornblith als motivational, wodurch diese Zustände mit Wünschen und Überzeugungen ihre Anpassungsrichtung teilen würden. Aber diese Unterscheidung ist bei so schlichten kognitiven Systemen wie *Bedürftigen* unbegründet. Die verschiedenen Rollen, die die beiden Repräsentationen spielen, erlauben nicht deren Klassifizierung als verschiedene Repräsentationstypen, die sich durch eine verschiedene Anpassungsrichtung (wie sie für Überzeugungen und Wünsche charakteristisch sind) unterscheiden, wie Papineau (Papineau 2007b, S. 88) zeigt. Der fiktive Frosch schnappt mit seiner Zunge in eine bestimmte Richtung, wenn er sowohl eine Fliege, als auch ein Bedürfnis nach Nahrung wahrnimmt. Wenn jedoch beide Repräsentationen nur für dieses eine Verhalten zur Verfügung stehen, ist die Rolle, die sie in der Verursachung dieses Verhaltens spielen, vollkommen symmetrisch. Die Repräsentation der Fliege löst das Schnappverhalten aus, genau dann, wenn ein niedriger Blutzuckerspiegel registriert wird, und die Repräsentation eines niedrigen Blutzuckerspiegels löst das Schnappverhalten aus, genau dann, wenn eine Fliege registriert wird. Papineau argumentiert daher, dass man demnach beide Zustände sowohl als imperativ (etwa mit dem Gehalt schnappe nach der Fliege, wenn der andere Zustand auch aktiv ist) als auch als indikativ (mit dem Gehalt hier gibt es eine Möglichkeit nach einer Fliege zu schnappen, wenn der andere Zustand auch aktiv ist) auffassen kann (Papineau 2007b, S. 88). Der doppelte (sowohl informationale als auch motivationale) Charakter der Repräsentationen, die dem Verhalten von *Bedürftigen* zugrunde liegen, weist diese daher ebenso als Pushmi-Pullyu Repräsentationen aus, wie die Repräsentationen von Ameisen und Fröschen, deren Verhalten durch einzelne Reize ausgelöst wird. Ihre kognitive Architektur ist zwar komplexer, aber sie teilen die zugrunde liegenden Typen von Repräsentationen und unterscheiden sich dadurch von Menschen, deren Verhalten durch Überzeugungen und Wünsche verursacht wird.

Dasselbe gilt im Prinzip auch für alle Lebewesen, die in der Lage sind, mehrere Dinge gleichzeitig zu registrieren, und ihr Verhalten abhängig davon zu wählen, welches Bedürfnis gerade dominant ist.[35] Diese Zunahme an Komplexität führt oberflächlich betrachtet zu einer weiteren Zunahme an Flexibilität. Solche Lebewesen können zum Beispiel einen niedrigen Blutzucker und potenzielle Nahrung registrieren, und die Reaktion, die diese beiden Repräsentationen normalerweise auslösen, zugunsten eines anderen (inkompatiblen) Verhaltens unterdrücken, etwa wenn sie gleichzeitig eine Möglichkeit zur Paarung registrieren. Aber unabhängig davon, wie viele Dinge sie gleichzeitig zu repräsentieren in der Lage sind, bedeutet das für sich genommen nicht, dass die Informationen, die sie repräsentieren können, für eine größere Anzahl von Verhalten zur Verfügung stehen. Nur weil ein Lebewesen das Bedürfnis und die Möglichkeit zur Paarung registrieren kann, während es gerade frisst (weil das Bedürfnis danach dominant ist), spielt die Information, dass eine Möglichkeit zur Paarung vorliegt noch lange keine Rolle für die Verursachung seines Verhaltens (nämlich zu fressen). Ob ein nicht-dominantes Bedürfnis vorliegt oder nicht, ist gänzlich irrelevant für die Reaktion auf ein dominantes Bedürfnis. Das bedeutet, dass die einzelnen Repräsentationen, genau wie bei *Bedürftigen*, an spezifische Verhalten gekoppelt sind. Die einzige Flexibilität hinsichtlich dieser

35 Papineau nennt solche Lebewesen *Wähler* (choosers) (Papineau 2007b, S. 89-90). Während Papineau jedoch bei *Bedürftigen* argumentiert, dass sie nur über Pushmi-Pullyu Repräsentationen verfügen, diskutiert er den Status der Repräsentationen von Wählern nicht explizit.

Repräsentationen besteht weiterhin darin, ob ein Verhalten ausgelöst wird oder nicht, nicht jedoch darin, mit verschiedenen Verhalten auf diese Repräsentationen reagieren zu können.

3.2.3 Überzeugungen und Lernen

3.2.3.1 Anpassungsrichtung

Die letzten Abschnitte haben gezeigt, dass das Verhalten vieler Lebewesen, die offensichtlich nicht in der Lage sind, Innovationen hervorzubringen, nicht dagegen spricht, dass Überzeugungen und Wünsche hinreichend für innovatives Verhalten sind. Zwar können wir das Verhalten solcher Lebewesen auch als durch Repräsentationen verursacht auffassen, aber diese Repräsentationen unterscheiden sich von Überzeugungen und Wünschen, da sie eine doppelte Anpassungsrichtung haben. Die Tatsache, dass ihre Repräsentationen sowohl über indikativen als auch über imperativen Gehalt gleichzeitig verfügen, erklärt, warum ihr Verhalten so unflexibel ist, eben dadurch, dass ihre Repräsentationen sich fundamental von Überzeugungen und Wünschen unterscheiden. Außerdem hat sich gezeigt, dass Lebewesen kognitiv viel einfacher sein können, als ihr Verhalten es auf den ersten Blick vermuten lässt. Viele Lebewesen sind in der Lage mehrere Dinge gleichzeitig zu repräsentieren, und die Auslösebedingungen ihres Verhaltens bestehen, wie bei Überzeugungen und Wünschen, aus mehreren Repräsentationen. Anders als bei Überzeugungen und Wünschen können wir dabei jedoch nicht zwischen verschiedenen Typen von Repräsentation (informationalen und motivationalen) unterscheiden, da deren Rolle in der Produktion von Verhalten symmetrisch ist.

Das wirft natürlich die Frage auf, was genau einem Zustand seinen indikativen oder motivationalen Charakter verleiht. Die bisherige Diskussion, warum Ameisen und Frösche nicht über Überzeugungen und Wünsche verfügen, hilft hier weiter. Wenn alle Repräsentationen, die immer das gleiche Verhalten verursachen, über eine doppelte Anpassungsrichtung verfügen müssen, dann müssen Repräsentationen, die nur über eine einfache Anpassungsrichtung verfügen (wie Überzeugungen und Wünsche), von spezifischen Verhaltensweisen entkoppelt und (zumindest potenziell) für verschiedene Verhaltensweisen relevant sein.

Überzeugungen und Wünsche sind dabei auf verschiedene Weise von spezifischem Verhalten entkoppelt. Überzeugungen werden dadurch zu rein informationalen Zuständen, dass sie eben nicht auch über imperativen Gehalt verfügen. Lebewesen repräsentieren die Welt durch Überzeugungen auf eine Art und Weise, die ihnen nicht sagt, wie sie sich in Bezug auf diese Information verhalten sollen (vgl. Sterelny 2003, S. 40; Papineau 2007b, S. 89). Einerseits sind Überzeugungen dadurch nicht hinreichend, um Verhalten zu produzieren: Sie müssen dazu von motivationalen Zuständen begleitet werden. Mit anderen Worten sind sie von spezifischen Verhalten entkoppelt. Andererseits können sie durch die Trennung von spezifischen motivationalen Zuständen mit verschiedenen motivationalen Zuständen kombiniert werden und sind dadurch relevant für eine potenziell unendlich große Menge verschiedener Verhalten. Meine Überzeugung, dass die Sonne scheint, ist dadurch ein rein informationaler Zustand, dass sie für sich genommen keine Verhaltensreaktion nach sich zieht und dadurch für die Produktion vieler verschiedener Verhaltensweisen eine Rolle spielen kann. Wünsche (oder allgemeiner: motivationale Zustände) dagegen sind auch von spezifischen Verhalten entkoppelt, aber auf eine andere Weise. Wie Papineau (2007b, S. 89) sagt, haben motivationale Zustände die Funktion, ihrem Träger anzuzeigen, dass bestimmte *Ergebnisse* benötigt werden. Da unter verschiedenen Umständen unterschiedliche Verhaltensweisen benötigt werden, um dasselbe Ergebnis zu erreichen, müssen auch Wünsche eine Reihe verschiedener Verhalten verursachen können, abhängig davon, von welchen informationalen Zuständen sie begleitet werden.

Wünsche und Überzeugungen unterscheiden sich daher von den Pushmi-Pullyu Repräsentationen, die *Bedürftigen* zugrunde liegen, hinsichtlich der Verhaltensflexibilität, die sie ermöglichen. Wie diese sind sie von spezifischen Verhalten insofern entkoppelt, dass einzelne Repräsentationen nicht hinreichend sind, um ein Verhalten zu verursachen (vgl. Kap. 3.2.2). Im Gegensatz zu Pushmi-Pullyu Repräsentationen sind Überzeugungen und Wünsche jedoch relevant für eine Vielzahl verschiedener Verhalten, da sie miteinander auf verschiedene Weise kombiniert werden können. Überdies ist eine kognitive Architektur, die Zustände der Welt unabhängig von Bedürfnissen repräsentiert, offensichtlich eine Voraussetzung für instrumentelles Lernen. Instrumentelles Lernen besteht grob gesprochen in einer Sensitivität dafür, wie sehr ein Verhalten dazu beiträgt, ein gewünschtes Resultat herbeizuführen und in der Fähigkeit, zukünftiges Verhalten auf der Grundlage dieser Informationen zu regulieren (vgl. Dretske 1988, S. 95 - 99). Wenn ein Verhalten zu einem positiven Ergebnis geführt hat, steigt durch Lernen die Wahrscheinlichkeit, dass ein Lebewesen in Zukunft unter ähnlichen Bedingungen dasselbe Verhalten an den Tag legt, während ein negatives Resultat diese Wahrscheinlichkeit verringert.[36]

36 In einfachen Formen instrumentellen Lernens müssen Lebewesen nicht verstehen, wodurch ihr Verhalten zum Erfolg beigetragen hat, sondern müssen lediglich sensitiv für Korrelationen zwischen Verhalten und (positiven oder negativen) Resultaten sein. Die Tatsa-

Zum einen müssen Lebewesen dafür in der Lage sein, Bedürfnisse unabhängig von Verhalten zu repräsentieren, da sie sonst in zukünftigen Situationen auf dasselbe Bedürfnis nicht mit einem anderen Verhalten reagieren können als in der Vergangenheit. Zum anderen müssen sie Zustände der Welt unabhängig von Verhalten repräsentieren können, um die Bedingungen identifizieren zu können, unter denen ein Verhalten in der Vergangenheit zu einem gewünschten Ergebnis geführt hat, und um die Repräsentation dieser Bedingungen in Zukunft mit diesem neuen Verhalten verbinden zu können.

Wenn Lebewesen über die Fähigkeit zu Lernen verfügen, können sie sich auf der Grundlage ihrer Erfahrungen neue Verhaltensweisen aneignen, um besser ihre Bedürfnisse zu befriedigen. Ihr Verhaltensrepertoire ist nicht mehr auf die Menge an Verhalten beschränkt, auf die sie genetisch festgelegt sind, sondern wird durch ihre Erfahrung, ihre Interaktionen mit der Welt, stetig erweitert. Die Fähigkeit zu Lernen ist trivialerweise eine notwendige Voraussetzung für innovatives Verhalten. Aber sind Überzeugungen und Wünsche auch hinreichend für Lernen?

Es spricht bis hier nichts dagegen, dass auch kognitive Systeme, deren Verhaltensdispositionen angeboren sind, über spezialisierte Repräsentationstypen (informationale und motivationale) verfügen. Ein Lebewesen könnte über Zustände verfügen, die in verschiedenen Situationen (abhängig davon, was es sonst noch repräsentiert) verschiedene Verhalten verursachen. Wenn all diese Verhalten zu demselben Resultat führen, können diese Zustände als motivational aufgefasst werden.[37] Ebenso können Lebewesen über Zustände verfügen, die in verschiedenen Situationen (abhängig davon, was sie sonst noch repräsentieren) verschiedene Verhaltensreaktionen verursachen, die zu unterschiedlichen Resultaten führen. Diese Zustände können demnach als informational aufgefasst werden. Wenn die Disposition auf bestimmte Motivationen unter bestimmten Bedingungen mit einem spezifischen Verhalten zu reagieren jedoch angeboren ist, können diese Lebewesen trotzdem niemals neue Verhaltensweisen hervorbringen. Die Eigenschaft von Überzeugungen und Wünschen, über spe-

che, dass ein Lebewesen über die Fähigkeit zu instrumentellem Lernen verfügt, ist daher bei weitem kein hinreichender Indikator dafür, dass es die zugrunde liegende Kausalität versteht (vgl. auch Kap. 5.3.1.).

37 Das gilt zumindest nach der oben gegebenen knappen Charakterisierung motivationaler Zustände. Eine andere mögliche Charakterisierung besteht darin, dass Zustände nur dann motivational sind, wenn sie Verhalten verstärken. Dieser Auffassung zufolge ist ein Bedürfnis nach X deshalb ein Bedürfnis nach X, weil X die Wahrscheinlichkeit erhöht, dass das Verhalten, dass zu X geführt hat, in ähnlichen Situationen wiederholt wird (vgl. Dretske 1988). Ein motivationaler Zustand setzt also dieser Sicht zufolge Lernen voraus.

zialisierte Anpassungsrichtungen zu verfügen, scheint daher nicht hinreichend, um zu erklären, wie sie zur Produktion innovativen Verhaltens beitragen können.

3.2.3.2 Die explanatorische Rolle von Überzeugungen

Es gibt jedoch noch eine weitere Eigenschaft, die Überzeugungen und Wünsche von den Repräsentationen unterscheidet, die dem Verhalten von Ameisen und Fröschen zugrunde liegen. Sowohl Überzeugungen und Wünsche als auch die Zustände, die das Verhalten von Lebewesen regulieren, deren Reaktionen auf ihre Umwelt genetisch determiniert sind, verfügen über einen Gehalt. Die Repräsentationen mancher dieser Lebewesen gleichen Überzeugungen und Wünschen außerdem noch dahingehend, dass sie mehr oder weniger darauf spezialisiert sind, entweder Informationen über die Welt oder über Bedürfnisse zu tragen, und damit über etwas wie eine Anpassungsrichtung verfügen. Wie Dretske in seinem Buch *Explaining Behavior* (1988) argumentiert, ist der semantische Charakter von Überzeugungen und Wünschen – die Tatsache, dass sie einen Gehalt haben – darüber hinaus jedoch genuin explanatorisch: Ihr Gehalt erklärt das Verhalten, dass sie verursachen. Die Tatsache, dass Ameisenrepräsentationen einen Gehalt haben, ist dagegen explanatorisch vollkommen irrelevant. Wenn eine Verhaltensdisposition genetisch determiniert und daher vollkommen rigide ist, spielt es Dretske zufolge keine Rolle, welche Informationen ein Zustand über die Umwelt oder über eigene Bedürfnisse trägt, um das Verhalten zu erklären, dass dieser Zustand verursacht (Dretske 1988, S. 92).

Das scheint zunächst kontraintuitiv, da diese Repräsentationen das Verhalten von Ameisen dadurch erfolgreich regulieren, dass sie sensitiv für Merkmale der Umwelt sind. Wenn wir jedoch erklären wollen, warum Lebewesen, deren Verhalten genetisch determiniert ist, tun, was sie tun – etwa warum Ameisen tote Artgenossen aus dem Bau tragen oder Frösche nach Fliegen schnappen – dann benötigen wir dafür eine bestimmte Art evolutionärer Erklärung. Diese evolutionären Erklärungen zeigen den Fitnessvorteil von Eigenschaften (in diesem Fall von Verhalten) auf, die in der Vergangenheit dazu führten, dass Abstammungslinien von der natürlichen Selektion begünstigt und Abstammungslinien von Artgenossen, die nicht über diese Eigenschaft verfügten, ausgesiebt wurden. Nesthygiene ist überlebenswichtig für Ameisen, weshalb die Tatsache, dass manche Ameisen (durch zufällige Mutation) auf den Geruch von Ölsäure damit reagierten, dass sie Artgenossen aus dem Nest entfernten, zusammen mit der Tatsache, dass der Geruch von Ölsäure eng mit toten Ameisen korreliert ist, erklärt, warum für diese Verhaltensdisposition selektiert wurde. Der Zustand, der den Geruch von Ölsäure mit diesem Verhalten verknüpft, erhält dadurch überdies die Funktion, tote Ameisen anzuzeigen, und wird dadurch zu einer Repräsentation toter Ameisen.[38] Eine solche evolutionäre Erklärung des Verhaltens von Ameisen zeigt jedoch nur den selektiven Vorteil auf, den Lebewesen mit dieser Verhaltensdisposition gegenüber anderen Artgenossen hatten. Sie erklärt dadurch nur, warum es heute nur noch Ameisen gibt, die über die Verhaltensdisposition verfügen, Dinge, die den Geruch von Ölsäure absondern, aus dem Nest zu entfernen, genau wie (um ein Beispiel von Dretske zu benutzen) die Tatsache, dass wir nur Kriminelle einsperren, lediglich erklärt, warum alle Insassen eines Gefängnisses Kriminelle sind (Dretske 1988, S. 95; vgl. auch Sober 1984, S. 147 - 152). Solche Erklärungen unterscheiden sich grundlegend von Erklärungen durch Überzeugungen und Wünsche, weil sie nicht das Verhalten von Individuen erklären. Dretske schreibt dazu (Dretske 1988, S. 95):

> A selectional explanation of behavior is no more an explanation of an individual organism's behavior [...] than is a selectional account of the antisocial behavior of prison inmates an explanation of why Lefty forges checks, Harry robs banks, and Moe steals cars. The fact that we imprison people who forge checks, steal cars, and rob banks does not explain why the people in prison do these things.

Solche evolutionären Erklärungen sagen eben nichts darüber aus, warum eine bestimmte Ameise heute einen nach Ölsäure riechenden Artgenossen aus dem Nest entfernt, oder, um bei Dretskes Beispiel zu bleiben, warum ein Häftling kriminell geworden ist. Die Tatsache, dass der Zustand, der das Verhalten der Ameise verursacht, „tote Ameise" bedeutet, ist in solchen Erklärungen vollkommen irrelevant, um die kausale Rolle dieses Zustands zu erklären.

Verhaltenserklärungen ändern sich jedoch, wenn Lebewesen über die Fähigkeit zu Lernen verfügen (Dretske 1988, S. 96). Wie im letzten Abschnitt gesagt besteht Lernen darin, dass das Resultat eines Verhaltens die Wahrscheinlichkeit beeinflusst, mit der ein Lebewesen das gleiche Verhalten unter ähnlichen Umständen in Zukunft an den Tag legt. Wenn ein Verhalten zu einem gewünschten Resultat führt, steigt die Wahrscheinlichkeit, dass dieses Verhalten in Zukunft unter ähnlichen Umständen wiederholt wird. Ist das Ergebnis dagegen unerwünscht ist, sinkt diese Wahrscheinlichkeit. Wenn zum Beispiel eine Ratte eine Futterbelohnung bekommt nachdem sie beim Aufleuchten eines roten Lichts auf eine Taste gedrückt hat, steigt die Wahrscheinlichkeit, dass sie

38 Wie bereits diskutiert ist das nur die Hälfte des Gehalts dieser Repräsentation, da sie auch motivationalen Gehalt tragen muss. Der Einfachheit wegen beziehe ich mich jedoch bei diesem Beispiel lediglich auf den informationalen Gehalt.

in Zukunft eine Taste drücken wird, wenn ein rotes Licht aufleuchtet und wenn sie Hunger hat (vgl. Roth 1996, S. 2095). Dazu muss die Ratte in der Lage sein, die Umstände, unter denen ihr Verhalten zu einer Futterbelohnung geführt hat, anhand bestimmter Merkmale (das rote Licht) zu identifizieren, und muss ihr Verhalten von der Wahrnehmung dieser Merkmale abhängig machen. Dretske spricht davon, dass demnach eine Neuorganisation des Mechanismus´ stattfindet, der der Übersetzung von Wahrnehmungszuständen in Verhalten zugrunde liegt: Während die Ratte vor dem Lernen auf die Taste gedrückt hat, *als* das rote Licht leuchtete, drückt sie danach auf die Taste, *weil* das rote Licht leuchtet (Dretske 1988, S. 102). Durch das positive Ergebnis wird der Wahrnehmungszustand als Ursache für dasjenige Verhalten rekrutiert, das zu dem gewünschten Ergebnis (der Futterbelohnung) geführt hat, wenn das Ergebnis in Zukunft gewünscht wird. Die Wahrnehmung dieser Merkmale bekommt dadurch Dretske zufolge die Funktion, Informationen über geeignete Bedingungen zu tragen, unter denen ein bestimmtes Verhalten zu einem gewünschten Resultat führt und wird so zu einer Repräsentation geeigneter Bedingungen für dieses Verhalten (Dretske 1988, S. 102). Eine Ratte, die beim Aufleuchten eines roten Lichts auf eine Taste drückt, nachdem das Drücken der Taste in der Vergangenheit mit Futter belohnt wurde, drückt auf die Taste, weil sie die Bedingungen identifiziert hat, unter denen das Drücken der Taste mit Futter belohnt wird. Die Wahrnehmung des roten Lichts verursacht demnach das Verhalten aufgrund der Tatsache, dass das rote Licht als geeignete Umstände repräsentiert wird, unter denen dieses Verhalten zu einem gewünschten Resultat führt: Der Gehalt der Repräsentation *erklärt* die kausale Rolle die diese Repräsentation in der Produktion des folgenden Verhaltens spielt (Dretske 1988, S. 102, Dretske 2005, S. 221 – 22).

Nur wenn die kausale Rolle einer Repräsentation durch Erfahrung geformt wird, erklärt der Gehalt der Repräsentation, warum sie dieses Verhalten (und nicht ein anderes oder gar kein Verhalten) verursacht. Wenn Lernen eine Voraussetzung dafür ist, dass der Gehalt von Repräsentationen explanatorisch relevant für Verhalten wird und Überzeugungen dadurch charakterisiert sind, dass ihr Gehalt explanatorisch relevant ist – dass sie ein bestimmtes Verhalten verursachen, *weil sie etwas bestimmtes bedeuten* – dann können nur Lebewesen, deren Verhalten durch Erfahrung geformt wird über Überzeugungen verfügen. Mit anderen Worten ist Lernen eine notwendige Voraussetzung dafür, um über Überzeugungen und Wünsche verfügen zu können. Wir können zwar auch bei Lebewesen, deren Verhalten genetisch determiniert ist, davon sprechen, dass ihrem Verhalten Repräsentationen ursächlich zugrunde liegen, dass diese Repräsentationen einen Gehalt haben und in manchen Fällen vielleicht auch davon, dass diese Repräsentationen über etwas ähnliches wie eine Anpassungsrichtung verfügen. Da jedoch der Gehalt ihrer Repräsentationen gänzlich irrelevant dafür ist, welches Verhalten sie verursachen, unterscheiden sich diese Repräsentationen wesentlich von Überzeugungen und Wünschen. Wenn jedoch die ihrem Verhalten zugrunde liegenden Repräsentationen keine Überzeugungen sind, dann spricht auch die Rigidität ihres Verhaltens – die Tatsache, dass sie auf die gleichen Reize immer auf dieselbe Weise reagieren[39] – nicht dagegen, dass Überzeugungen und Wünsche eine hinreichende Bedingung für innovatives Verhalten sind.

Überdies plausibilisiert die Tatsache, dass instrumentelles Lernen eine Voraussetzung für Überzeugungen und Wünsche darstellt, die Hypothese, dass Lebewesen, die über Überzeugungen und Wünsche verfügen, alles mitbringen, was für innovatives Verhalten benötigt wird. Verhalten, dass nicht zu einem gewünschten Ergebnis führt, kann zugunsten anderer Verhaltensweisen ersetzt werden, bis eine davon das gewünschte Ergebnis hervorbringt.[40] Informationale Zustände können auf neue Weisen mit motivationalen Zuständen kombiniert werden. Dadurch, so scheint es, können Lebewesen alte Probleme auf neue Weisen lösen lernen (wenn diese zu einem besseren Ergebnis führen), genauso wie sie in der Lage sind, gänzlich neue Probleme zu lösen.

3.3 Die Evolution von Überzeugungen

Instrumentelles Lernen ist also eine notwendige Bedingung um über Überzeugungen verfügen zu können. Die Repräsentationen von Lebewesen, deren Verhaltensdispositionen genetisch festverdrahtet sind (wie komplex die zugrunde liegende Informationsverarbeitung auch sein mag) unterscheiden sich daher fundamental von Überzeugungen, weshalb die Starrheit des Verhaltens solcher Lebewesen nicht gegen die Annahme spricht, dass Überzeugungen und Wünsche eine hinreichende Grundlage für innovatives Verhalten sind, und ein Lebewesen zu einem rationalen Lebewesen machen. Aber ist instrumentelles Lernen auch hinreichend für Überzeugungen? Und wenn ja: Ist instrumentelles Lernen (und damit Überzeugungen) tatsächlich eine hinreichende Grundlage für innovatives Verhalten? Dretske (2005, S. 222) zumindest verortet genau dort, wo Lebewesen zu lernen beginnen, den Anfang von Überzeugungen oder zu-

39 Das gilt für Lebewesen, deren Verhalten genetisch determiniert ist, unabhängig davon, ob die Reaktion an einen einzelnen oder mehrere Reize gekoppelt ist (vgl. Kap. 3.2.2).

40 Es gibt dabei mehrere Möglichkeiten, wie das geschehen kann. Die einfachste ist sicherlich die Methode Versuch und Irrtum, bei der ein Verhalten mehr oder weniger willkürlich durch ein anderes ersetzt wird, bis sich eine Methode als zielführend erweist.

mindest von überzeugungsartigen Zuständen. Neben der Tatsache, dass durch Lernen der Gehalt explanatorisch relevant für die kausale Rolle einer Repräsentation ist, scheinen Repräsentationen durch Lernen auch ihren informationalen Charakter – ihre Geist-auf-Welt Ausrichtung – zu bekommen. Zunächst dürfen Wahrnehmungszustände nicht starr an spezifische Verhaltensreaktionen gekoppelt sein, um überhaupt Lernen zu ermöglichen, da nur so eine Reorganisation ihrer kausalen Rolle möglich ist. Wenn ein Lebewesen einen Zustand der Welt nicht in irgendeinem Sinn unabhängig davon, wie es sich verhalten soll, wahrnehmen kann, kann es die Wahrnehmung dieses Zustands nicht in Zukunft mit einem anderen Verhalten verknüpfen, als in der Vergangenheit. Wie in Kapitel 3.2.2 gesehen ist das allein jedoch nicht hinreichend dafür, dass ein Zustand zu einem rein informationalen Zustand (einer Überzeugung) wird. Dazu muss der Zustand überdies mit verschiedenen motivationalen Zuständen kombinierbar sein und eine Reihe verschiedener Verhalten verursachen können. Instrumentelles Lernen scheint auch dafür hinreichend zu sein, da nichts offensichtlich dagegen spricht, dass ein Lebewesen ein und dieselbe Situation sowohl als geeignete Umstände für Verhalten A repräsentieren kann, wenn es über einen motivationalen Zustand m1 verfügt, als auch als geeignete Umstände für ein Verhalten B, wenn es über einen anderen motivationalen Zustand m2 verfügt. Je mehr verschiedene Verhaltensweisen es gibt, für die ein solcher Zustand relevant ist, desto weniger ist er an ein spezifisches Verhalten gekoppelt und desto stärker wird sein Charakter rein informational (vgl. Sterelny 2003, S. 29). Die Eigenschaft von spezifischen Verhaltensreaktionen entkoppelt zu sein und die Eigenschaft für viele verschiedene Verhaltensweisen relevant zu sein scheinen durch Lernen zwei Seiten derselben Medaille zu sein.

Wie sich jedoch zeigen wird, stimmt das nur von einer Seite aus betrachtet. Zwar ist es richtig, dass Zustände in dem Maße, in dem sie für verschiedene Verhaltensweisen Relevanz gewinnen, von spezifischen Verhaltensweisen entkoppelt werden. Wenn also Lernen dazu führt, dass ein Zustand für viele verschiedene Verhaltensweisen relevant wird, führt Lernen gleichzeitig dazu, dass dieser Zustand die Funktion verliert, ein bestimmtes Verhalten zu verursachen. Aber die Tatsache, dass eine Voraussetzung von Lernen darin besteht, dass ein Lebewesen die Welt losgelöst von spezifischen Verhaltensreaktionen wahrnehmen kann, impliziert nicht, dass seine Wahrnehmungszustände Informationen tragen, die es für viele verschiedene Verhaltensweisen benutzen kann. Kim Sterelny (2003) zufolge liegt das darin begründet, dass instrumentelles Lernen verschiedene evolutionäre Ursachen haben kann.[41] Im Folgenden werde ich Sterelnys Theorie der Evolution von Überzeugungen diskutieren, die auch ein besseres Verständnis der Evolution von instrumentellem Lernen ermöglicht. Ein besseres Verständnis davon, unter welchen Umständen Lebewesen die Fähigkeit zu instrumentellem Lernen entwickeln, gibt Aufschluss darüber, wie sich diese Fähigkeit darauf auswirkt, wie Lebewesen die Welt repräsentieren, was das für deren Fähigkeit zu innovativem Verhalten bedeutet und schließlich, ob manche nicht-menschliche Tiere rationale Lebewesen sind.

3.3.1 Das Informationsproblem

Alle Lebewesen sind in der Lage, auf die eine oder andere Weise wichtige Merkmale ihrer Umwelt (etwa in Bezug auf Nahrung, zum Schutz vor Jägern, zur Orientierung im Raum oder zur Suche nach geeigneten Partnern) zu erkennen, und angemessen auf diese Informationen zu reagieren (Sterelny 2003, S. 11). Dabei scheint auf den ersten Blick die Fähigkeit, Informationen aus früheren Verhalten benutzen zu können (aus Erfahrung zu lernen, in jedem Fall von Vorteil zu sein. Lernen produziert jedoch auch Kosten und kann sich daher nur entwickeln, wenn diese Kosten durch einen entsprechenden Nutzen eingefangen werden. Zum einen kann das Kosten-Nutzen-Verhältnis durch die Biologie von Lebewesen bestimmt sein, wie Staddon argumentiert (Staddon 1983, S. 395, zitiert nach Dretske 1988, S. 104):

> Most animals are small and do not live long; flies, fleas, bugs, nematodes, and similar modest creatures comprise most of the fauna of the planet. A small, brief animal has little reason to evolve much learning ability. Because it is small, it can have little of the complex neural apparatus needed; because it is short-lived, it has little time to *exploit* what it learns. Life is a tradeoff between spending time and energy learning new things, and exploiting things already known.

Viele Lebewesen sind also nicht nur zu klein, um die kognitive Architektur zu entwickeln, die für Lernen benötigt wird, sie leben auch nicht lange genug, um durch einen späteren Nutzen von Gelerntem profitieren zu können.

Neben der Biologie ist die Umwelt ein entscheidender Faktor dafür, wie das Kosten-Nutzen-Verhältnis von Lernen ausfällt. Die Herausforderung wichtige Merkmale der Umwelt zu erkennen – das *Informationsproblem* – ist in verschie-

---

41 Mit einer evolutionären Ursache sind hier die Bedingungen gemeint, unter denen die natürliche Selektion eine Eigenschaft bevorzugt.

denen Umwelten unterschiedlich anspruchsvoll. In manchen Umwelten können wichtige Merkmale mittels spezifischer Reize zuverlässig identifiziert werden: Wenn zum Beispiel das einzige, das in einem Ameisenbau nach Ölsäure riecht, tote Ameisen sind, dann können tote Ameisen anhand des Geruchs von Ölsäure erkannt werden. Umwelten, in denen wichtige Informationen anhand eines einzelnen Reizes aufgespürt werden können, nennt Sterelny *informational transparent*, da wichtige Informationen an der Oberfläche direkt zugänglich sind (Sterelny 2003, S. 20). Kognitive Systeme, die Merkmale ihrer Umwelt durch spezifische Reize erkennen, bezeichnet Sterelny als *Detektionssysteme* (detection systems) (Sterelny 2003, S. 14). In Umwelten, in denen spezifische Reize gute Indikatoren dafür sind, was zu tun ist, bevorzugt die natürliche Selektion die Evolution von stereotypem Verhalten gegenüber Flexibilität. Wenn das Detektieren eines einzelnen Reizes ein guter Indikator dafür ist, dass ein bestimmtes Verhalten von Vorteil ist, sind Fehler selten. Kognitive Systeme dagegen, die Merkmale anhand mehrerer Reize identifizieren, zeigen zwar eine gewisse Flexibilität hinsichtlich spezifischer Reize, sind jedoch eine kostspielige Alternative. Das Verhalten kann in solchen Umwelten kaum optimiert werden, und überdies entsteht mit größerer Flexibilität die Möglichkeit Fehler zu begehen.[42] Ein komplexerer Mechanismus könnte zwar zum Beispiel in der Lage sein zu erkennen, dass eine Ameise, die nach Ölsäure riecht, nicht tot ist, wenn sie sich noch bewegt, aber da kein biologischer Mechanismus perfekt ist, würde er auch manche toten Ameisen fälschlicherweise als nicht-tot oder manche lebendige als tot erkennen. Die Schlichtheit kognitiver Systeme, die Merkmale ihrer Umwelt anhand einzelner Reize detektieren, ist in informational transparenten Umwelten also komplexeren kognitiven Mechanismen überlegen.

Aber nicht alle Umwelten sind informational transparent. Häufig gibt es keinen einzelnen Reiz, der zuverlässig anzeigt, ob etwas zum Beispiel essbar oder gefährlich ist. Sind kleine rote Beeren das einzig essbare in der Umwelt eines Organismus, ist ein Mechanismus, der sensitiv für kleine rote Beeren ist, ein gutes System um Nahrung zu finden. Wenn jedoch die Hälfte aller roten Beeren in der Umgebung giftig ist, dann führt dieser Mechanismus zu fatalen Fehlern. Ähnliches gilt, wenn es nur sehr wenige rote Beeren, aber viele essbare gelbe Beeren gibt, da in diesem Fall gute Nahrung nicht erkannt wird. Sterelny charakterisiert solche Umwelten als *informational durchscheinend* (translucent)

42 In welchem Maße stereotypes Verhalten optimiert werden kann hängt offensichtlich davon ab, wie transparent die Umwelt in Bezug auf wichtige Merkmale ist: Im Idealfall (wenn es eine eins-zu-eins Relation zwischen Reiz und einer bestimmten Information gibt) ist ein stereotypes Verhalten schon optimal.

im Gegensatz zu transparent, da einzelne Reize zwar Hinweise, aber keine perfekten Indikatoren mehr für wichtige Ressourcen sind (Sterelny 2003, S. 21). Wenn die Beziehung zwischen einem spezifischen Reiz und einem wichtigen Merkmal der Umwelt eins-zu-viele ist, sind kognitive Systeme, die auf die Wahrnehmung dieses Reizes mit stereotypem Verhalten reagieren, wenig adaptiv: Sie produzieren zu viele Fehler (Sterelny 2003, S. 23). In solchen Umwelten stehen Lebewesen Sterelny zufolge unter dem Druck, die für sie wichtigen Merkmale ihrer Umgebung durch die Integration mehrerer Informationen aufzuspüren. Wenn zum Beispiel Form und Farbe roter Beeren keine hinreichenden Indikatoren dafür sind, ob Beeren essbar sind, könnte der Geruch ein nützlicher Hinweis sein, um giftige von essbaren Beeren zu unterscheiden. Die Fähigkeit, wichtige Merkmale der Umwelt, die nicht perfekt mit spezifischen Reizen korreliert sind, durch die Integration mehrerer Informationen zu identifizieren, nennt Sterelny *robustes Aufspüren* (robust tracking) und kognitive Systeme, die über diese Fähigkeit verfügen nennt er *Aufspürsysteme* (tracking systems) (Sterelny 2003, S. 17). Das Problem, wichtige Informationen, etwa über Ressourcen und Feinde, finden zu können, führt also in Umwelten, in denen solche Informationen nicht zuverlässig mit spezifischen Reizen korreliert sind, dazu, dass Lebewesen die Fähigkeit entwickeln, diese Ressourcen durch die Integration vieler verschiedener Informationen ausfindig zu machen. Die Fähigkeit, wichtige Merkmale durch die Integration mehrerer Informationen ausfindig zu machen, impliziert eine Entkopplung des Verhaltens von einzelnen Reizen und daher eine Zunahme der Flexibilität des Verhaltens hinsichtlich der Repräsentationen, die durch einzelne Reize verursacht werden.[43] Robustes Aufspüren an sich impliziert noch nicht die Fähigkeit zu Lernen, da auch angeborene Verhaltensdispositionen darin bestehen können, dass ein bestimmtes Verhalten nur dann ausgelöst wird, wenn verschiedene Dinge gleichzeitig detektiert werden (vgl. Kap. 3.2.2). Die natürliche Selektion kann Lebewesen jedoch nur dann erfolgreich mit solchen Verhaltensdispositionen ausstatten, wenn das Verhältnis zwischen Reizen und dem, wofür sie ein Indikator sind, über lange Zeit stabil ist. In Umwelten dagegen, die sich wandeln und in denen

---

43 Die Fähigkeit, verschiedene Informationen zu nutzen ist nicht dasselbe wie die Fähigkeit verschiedene Informationen zu integrieren: Einige Lebewesen verfügen über redundante Detektionssysteme: Sie haben zwar mehrere Möglichkeiten, wichtige Merkmale zu erkennen, benutzen jedoch niemals verschiedene Informationen gleichzeitig, sondern wechseln von einem Kanal auf den nächsten, wenn Informationen auf dem einen Kanal nicht zugänglich sind. Einem Beispiel von Dennett (1998) zufolge trifft das aus Schlangen zu, die ihre Beute mittels taktiler, visueller und olfaktorischer Reize erkennen können, aber nicht in der Lag sind, Informationen aus verschiedenen Kanälen zu integrieren.

zum Beispiel neue Nahrung oder neue Feinde erkannt werden müssen, ist die Fähigkeit, aus früheren Erfahrungen lernen zu können, Merkmale in Zukunft besser zu identifizieren, offensichtlich von Vorteil. In solchen Umwelten kann sich die Fähigkeit zu lernen entwickeln.[44]

3.3.2 Das Reaktionsproblem

Das Informationsproblem, das darin besteht, wichtige Merkmale der Umwelt identifizieren zu können, kann also dazu führen, dass Lebewesen die Fähigkeit entwickeln, ihre Wahrnehmung spezifischer Reize von ihren Verhaltensreaktionen zu entkoppeln. Unter bestimmten Bedingungen (Intransparenz durch Instabilität) kann die natürliche Selektion Lebewesen nicht mehr mit zuverlässigen angeborenen Verhaltensdispositionen ausstatten, und Lebewesen, die lernen können wichtige Merkmale in Zukunft noch zuverlässiger aufzuspüren, sind ihren Artgenossen gegenüber klar im Vorteil. Das Auffinden wichtiger Informationen ist jedoch nicht der einzige Grund, warum Lebewesen die Fähigkeit entwickelt haben, Zustände der Umwelt unabhängig von spezifischen Verhaltensreaktionen zu repräsentieren. Eine wichtige Rolle spielt das damit verwandte Reaktionsproblem (Sterelny 2003, S. 35). Unabhängig davon, ob es leicht oder schwer ist, wichtige Merkmale der Umwelt zu erkennen, kann es mehr oder weniger kompliziert sein, mit einem angemessenen Verhalten darauf zu reagieren. Wie bereits gesagt sind in manchen Umwelten stereotype Reaktionen auf das Detektieren oder Aufspüren von Vorteil. In Umwelten dagegen, in denen das Detektieren oder Aufspüren einzelner Informationen nicht hinreichend dafür ist, zu bestimmen, welche Verhaltensreaktion adaptiv ist, bevorzugt die natürliche Selektion Lebewesen, die ihr Verhalten abhängig davon wählen, was sonst noch der Fall ist. Sterelny illustriert das am Beispiel des Verhältnisses von Jäger und Beute (Sterelny 2003, S. 34). Einen Feind (durch detektieren oder aufspüren) zu erkennen kann zum Beispiel recht einfach sein, während es gleichzeitig kompliziert sein kann, zu bestimmen, wie man sich verhalten soll, wenn man einen Feind identifiziert hat. Wie ein Lebewesen auf die Wahrnehmung eines Feindes optimalerweise reagiert, ist zum einen abhängig von der Gefahr, die von diesem Feind ausgeht, sowie zum anderen von den

44 Das gilt natürlich nur für Lebewesen, für die diese Entwicklung innerhalb ihrer Reichweite liegt. Lebewesen die kognitiv zu einfach sind (wie zum Beispiel Fliegen oder Läuse) werden auch unter schwierigen Umweltbedingungen nicht die Fähigkeit zu instrumentellem Lernen entwickeln.

Kosten, wenn es diese Gefahr falsch einschätzt. Die Gefahr ist jedoch in vielen Fällen nicht konstant. Zum Beispiel jagen Hyänen an manchen Tagen Gazellen und an anderen Tagen andere Beute (Kruuk 1972). Gazellen, die beim Anblick von Hyänen immer mit Flucht reagieren, tun dies in vielen Fällen, ohne dass tatsächlich eine Gefahr für sie besteht, zu dem Preis, wertvolle Futterstellen aufzugeben. Viele Arten haben daher die Fähigkeit entwickelt, dass Risiko, das von potenziellen Feinden ausgeht, dadurch besser einzuschätzen, dass sie andere relevante Informationen in ihre Entscheidung miteinbeziehen. Zum Beispiel kann die Entfernung, in der ein Feind gesichtet wird, ein Indikator dafür sein, ob die beste Reaktion in Flucht, Verteidigung oder erhöhter Wachsamkeit besteht. Wenn das Reaktionsproblem kompliziert ist, bevorzugt die natürliche Selektion kognitive Systeme, die Zustände der Welt unabhängig von spezifischen Reaktionen repräsentieren und die diese Informationen für eine Vielzahl verschiedener Verhaltensreaktionen benutzen können (Sterelny 2003, S. 35). Wie schon beim Informationsproblem impliziert das nicht die Fähigkeit zu Lernen, da Lebewesen auch hier mit komplexen angeborenen Verhaltensdispositionen ausgestattet sein können. Aber auch hier ist offensichtlich, dass mit zunehmender Schärfe des Reaktionsproblems die Fähigkeit zu Lernen an Nutzen gewinnt, da dadurch die Reaktionen, die nicht optimal waren in Zukunft vermieden werden können und gleichzeitig die Bandbreite der Verhaltensweisen, für die eine Repräsentation relevant ist, erweitert werden kann.

3.3.3 Lernen, Überzeugung und Innovation

Sowohl das Problem wichtige Merkmale der Umwelt zu identifizieren als auch das Problem, auf diese Informationen angemessen zu reagieren, kann also dazu führen, dass Lebewesen die Fähigkeit entwickeln, Informationen über die Welt zunehmend unabhängig von spezifischen Verhaltensreaktionen zu repräsentieren. Ebenso können beide Herausforderungen dazu beitragen, dass die natürliche Selektion die Evolution von Lernen vorantreibt. Sterelny zufolge hat die Zunahme der kognitiven Anforderungen, die diese Probleme an ein Lebewesen stellen, in beiden Fällen dieselbe Ursache: biologische Feindseligkeit, wie sie zum Beispiel das Verhältnis von Jäger und Beute charakterisiert (Sterelny 2003). Eine wirksame Strategie vieler Lebewesen gegen Feinde besteht zum Beispiel darin, diese durch ihr Äußeres zu täuschen: Viele Tiere haben ihr Äußeres ihrer Umwelt angepasst und sind dadurch für potenzielle Feinde nur schwer zu entdecken. Alaskahasen tarnen sich in schneebedeckten Winterlandschaften mit einem weißen und im Sommer mit einem braunen Fell (Best & Henry 1990). Andere Tiere wie Schmetterlinge, Schlangen oder Fische schrecken Jäger durch

Mimikry[45] ab, indem sie in ihrem Äußeren die grellen Farben giftiger oder ungenießbarer verwandter Arten nachahmen (Wickler 1971). Jäger nutzen Tarnfarben, um sich unbemerkt ihrer Beute zu nähern, oder Beutetiere sogar anzulocken. Anglerfische tun beides gleichzeitig: Während sie mit ihrer Angel mit anhängendem Köder ihre Beute anlocken, sind sie durch ihr Äußeres, das kaum von bewachsenen Steinen oder Korallen unterscheidbar ist, sowohl für ihre Beute als auch für andere Jäger kaum sichtbar (Pietsch & Kenaley 2007).[46] Wie Sterelny sagt, trübt diese Art der „Täuschung" die epistemische Umwelt derjenigen, die getäuscht werden und macht sie informational intransparent: Die Tiere müssen lernen, Jäger oder Beute anhand mehrerer Kriterien robust aufzuspüren (Sterelny 2003, S. 25). Dasselbe gilt im Prinzip für das Reaktionsproblem. Das Reaktionsproblem wird umso anspruchsvoller, je weniger eindeutig die Umwelt hinsichtlich bestimmter Dinge ist. Anders als das Informationsproblem besteht es jedoch nicht darin, Dinge zu identifizieren, sondern zu entscheiden, wie man reagiert, nachdem man sie identifiziert hat. Da die Herausforderungen der physikalischen Umwelt oft über lange Zeiträume stabil sind und daher die Evolution stereotyper Verhaltensreaktionen als Anpassung ermöglichen, ist auch das Reaktionsproblem gegenüber den Herausforderungen der physikalischen Umwelt verhältnismäßig gering. Dagegen führt auch hier biologische Feindseligkeit dazu, dass es für ein Lebewesen weniger eindeutig wird, welche Reaktion in einer bestimmten Situation die beste ist. Abhängig davon wie unberechenbar die biologische Umwelt ist (zum Beispiel wie schwer es ist, die Gefahr einzuschätzen, die von einem gesichteten Feind ausgeht) müssen Lebewesen in der Lage sein, Informationen für eine zunehmend größere Anzahl an Reaktionen benutzen zu können.[47]

Obwohl also sowohl Informationsproblem als auch Reaktionsproblem (wenn sie anspruchsvoll werden) durchaus eine gemeinsame Ursache haben können (biologische Feindseligkeit), handelt es sich jedoch, wie Sterelny be-

---

45 Von Mimikry spricht man, wenn eine Art ihr Äußeres dem einer anderen anpasst. Das kann zum Schutz vor Feinden geschehen, etwa wenn eine nicht-giftige Art das Äußere einer verwandten giftigen Art annimmt, oder zur Jagd, wenn Jäger ihre Beute durch ihr Äußeres anlocken. In diesem Fall spricht man von *Peckhamscher* oder *aggressiver Mimikry*.

46 Weibliche Tiefseeanglerfische haben am Ende des sogenannten Köders ein Leuchtorgan entwickelt, das in der Dunkelheit der Tiefsee als Attrappe für die Biolumineszenz anderer Lebewesen wie von Leuchtkrebsen dient (vgl. Pietsch & Kenaley 2007).

47 Wenn Lebewesen miteinander konkurrieren, verändert überdies jede Anpassung einer Art die selektive Umwelt einer anderen Art, wodurch es zu einem Rückkopplungseffekt kommen kann, den es bei Anpassungen an die physikalische Umwelt nicht gibt. Daher auch die im Alltag gebräuchliche Rede von *biologischem Wettrüsten*.

tont, um unterschiedliche Probleme (Sterelny 2003, S. 34 – 37). Das Informationsproblem führt dazu, dass Lebewesen anspruchsvolle Strategien entwickeln, um Merkmale aufzuspüren. Das Reaktionsproblem führt dazu, dass sie Informationen für eine zunehmend größere Menge an Verhalten verwenden können. Da das Reaktionsproblem und das Informationsproblem sich für Lebewesen unterschiedlich stark stellen können, können bei einem Lebewesen auch die beiden dafür benötigten Fähigkeiten unterschiedlich stark ausgeprägt sein. Die Fähigkeit, wichtige Merkmale aufspüren zu können, impliziert daher auch nicht in jedem Fall eine Zunahme der Bandbreite möglicher Verhalten, mit denen ein Lebewesen auf eine Information reagieren kann. Im Extremfall kann ein Lebewesen sehr geschickt viele Hinweise der Umwelt integrieren, um zum Beispiel Feinde, Nahrung oder Partner aufzuspüren, aber nur über eine einzige Verhaltensreaktion verfügen, wenn es einmal etwas aufgespürt hat, wie Sterelny am Beispiel des Nestschutzverhaltens der schon in Kapitel 2 erwähnten Regenpfeifer illustriert (Sterelny 2003, S. 27). Diese reagieren auf Feinde, die sich ihrem Nest nähern, mit dem folgenden Ablenkungsmanöver: Sie entfernen sich für den Angreifer sichtbar weg vom Nest und stellen dabei einen scheinbar gebrochenen Flügel zur Schau, der sie als leichtes Opfer erscheinen lässt. Wenn sie den Angreifer auf diese Weise weit genug von ihrem Nest und ihrem Nachwuchs weggelockt haben, fliegen sie davon. Carolyn Ristau (1991) hat in vielen Feldstudien beobachtet, dass Regenpfeifer dabei nicht einzelnen Hinweisen folgen, sondern viele verschiedene Hinweise in ihre Bewertung eines Lebewesens als gefährlich oder harmlos mit einfließen lassen. Sie achten dabei zum Beispiel auf die Größe des sich nähernden Lebewesens oder auf die Aufmerksamkeit, die dieser an ihrem Nest zeigt und können überdies auch ihre früheren Erfahrungen mit ihm berücksichtigen: Wenn ein Lebewesen, das in der Vergangenheit als gefährlich eingestuft wurde, sich als ungefährlich entpuppt hat, verzichten sie bei zukünftigen Treffen auf ihr Ablenkungsmanöver (Ristau 1991). Trotz ihrer Fähigkeit, Feinde durch die Integration verschiedener Informationen zu identifizieren, weist die Zurschaustellung eines scheinbar gebrochenen Flügels jedoch alle Anzeichen von stereotypem Verhalten auf: Es ist universell[48] (das heißt in der ganzen Art verbreitet) und es wird nicht mit anderen Ablenkungsmanövern variiert. Überdies finden wir im Verhaltensrepertoire des Regenpfeifers keine weiteren Verhalten, die diesem an scheinbarer Raffinesse nahe kom-

---

48 Universalität spricht umso mehr dafür, dass es sich nur um scheinbar flexibles, in Wirklichkeit jedoch um angeborenes Verhalten handelt, je komplexer das Verhalten ist, da es mit zunehmender Komplexität immer unwahrscheinlicher wird, dass alle Regenpfeifer den „Trick“ selbst herausgefunden haben.

men. Der Unterschied zum stereotypen Verhalten der Ameise, die ihre toten Artgenossen aus dem Nest trägt, liegt zum einen darin, dass die Auslösebedingungen komplexer sind, da sie nicht in einem einzelnen Reiz bestehen, sondern durch die Integration verschiedener Informationen ausgelöst werden (wie bei den bereits diskutierten *Bedürftigen* oder Wählern) und zum anderen darin, dass ihr Verhalten sensitiv für Erfahrungen ist und sie lernen können, Angreifer von ungefährlichen Lebewesen besser zu unterscheiden. Anders als bei *Bedürftigen* oder Wählern spielt daher der Gehalt ihrer Repräsentationen (das etwas ein Feind ist) genau wie bei Überzeugungen eine explanatorische Rolle für ihr Verhalten. Da Regenpfeifer jedoch immer auf die gleiche, stereotype Weise auf Feinde reagieren, können sie Feinde scheinbar nicht unabhängig davon repräsentieren, wie sie sich verhalten sollen. Anders als Überzeugungen sind ihre Repräsentationen daher eben nicht rein informational, sondern haben überdies imperativen Gehalt. Sie können ihr Wissen benutzen, um besser zwischen Feinden und nicht-Feinden zu unterscheiden, nicht jedoch, um auf verschiedene Weisen mit Feinden umzugehen oder diese Information auf eine andere Weise für eine größere Bandbreite von Verhalten zu benutzen. Sterelny spricht daher auch in diesen Fällen von Pushmi-Pullyu Repräsentationen (Sterelny 2003, S. 29). Die Zunahme an Flexibilität, die ein Lebewesen durch die Fähigkeit Merkmale aufzuspüren bekommt, besteht daher nur hinsichtlich spezifischer Reize, nicht jedoch hinsichtlich der Repräsentation der Merkmale, die durch die Integration verschiedener Informationen aufgespürt werden. Eine so eingeschränkte Flexibilität ist jedoch offensichtlich auch dann nicht hinreichend für innovatives Verhalten, wenn Lebewesen über die Fähigkeit zu Lernen verfügen, da diese Fähigkeit nicht dazu beiträgt, dass Lebewesen neue Dinge tun können (Probleme auf eine neue Weise lösen können), sondern nur, dass sie dieselben Dinge unter anderen Umständen tun können.

3.3.4 Rationale Lebewesen

Wie die letzten Abschnitte gezeigt haben, kann die Fähigkeit zu Lernen als Anpassung an verschiedene Umweltbedingungen verstanden werden: Als Reaktion auf das Problem Informationen aufzuspüren oder als Reaktion auf das Problem, wie man auf Informationen reagieren sollte. Die Art und Weise, wie Lebewesen ihre Umwelt repräsentieren und was sie lernen können ist dabei abhängig davon, wie diese Probleme sich ihnen stellen.[49] Das Beispiel des Regenpfeifers verdeutlicht dabei verschiedene Dinge. Zum einen trägt die Fähigkeit zu Lernen nicht in jedem Fall zur Innovationsfähigkeit eines Lebewesens bei. Regenpfeifer können nicht lernen neue Probleme zu lösen, sie können lediglich lernen, die Auslösebedingungen für eine angeborene Verhaltensdisposition besser zu identifizieren. Aus demselben Grund ist Lernen auch nicht hinreichend für Überzeugungen, obwohl durch Lernen der Gehalt von Repräsentationen explanatorisch relevant wird. Wenn Überzeugungen rein informationale Zustände ohne motivationalen Gehalt sind, dann ist es essentiell für das Haben von Überzeugungen, dass Informationen über die Umwelt nicht nur unabhängig von spezifischen Verhaltensreaktionen repräsentiert werden können, sondern auch, dass sie für die Produktion einer ganzen Reihe verschiedener Verhalten relevant sind. Dabei stellt sich die Frage, ab wann genau eine Repräsentation zu einem rein informationalen Zustand wird. Sterelny zufolge ist das erst dann der Fall, wenn sie für potenziell unendlich viele Verhaltensweisen zur Verfügung steht, da sie erst dann ihren motivationalen Gehalt vollständig verloren hat (Sterelny 2003, S. 50; vgl. auch Papineau 2007b, S. 88). Die Tatsache, dass Lebewesen nur über Überzeugungen verfügen, wenn sie lernen können, Zustände der Welt unabhängig von spezifischem Verhalten und als relevant für eine potenziell unendlich große Menge verschiedener Verhaltensreaktionen repräsentieren zu können, bindet Überzeugungen direkt an die Fähigkeit zu innovativem Verhalten. Nur Lebewesen, die lernen können, dass Informationen für die Lösung vieler verschiedener Probleme relevant sind und die diese Informationen flexibel benutzen können, um zum Beispiel neue Probleme überhaupt oder alte Probleme auf eine neue Weise zu lösen, können daher über Überzeugungen verfügen. Die Fähigkeit zu innovativem Verhalten ist eine notwendige Bedingung für Überzeugungen und Überzeugungen daher ein hinreichendes Kriterium für rationale Lebewesen.

Menschen sind sicherlich (nicht zuletzt ihrer Sprache wegen)[50] in der Lage, die Welt auf diese Weise zu repräsentieren. Bei nicht-menschlichen Tieren ist das jedoch alles andere als offensichtlich. Sie verfügen im Vergleich zum Menschen über ein deutlich geringeres Maß an Verhaltensflexibilität, was dagegen spricht, dass sie die Welt vollkommen losgelöst von Verhalten repräsentieren

---

49 Genaugenommen ist das abhängig davon, wie diese Probleme sich ihren Vorfahren gestellt haben.

50 Ein abstraktes Repräsentationssystem wie Sprache scheint zumindest hinreichend dafür (vgl. Sterelny 2003), es ist jedoch nicht offensichtlich, dass es auch notwendig ist. Immerhin setzt die Evolution der Sprachfähigkeit Repräsentationen, die auf diese Weise entkoppelt sind, bereits voraus.

können. Sterelnys Sicht der Evolution von Überzeugungen legt jedoch nahe, dass es keine klare Linie zwischen Überzeugungen und unflexiblen Pushmi-Pullyu Repräsentationen gibt. Vielmehr begreift er die Evolution von Überzeugungen als „das Ergebnis einer zunehmenden Flexibilität, die Lebewesen im Umgang mit Informationen entwickeln" (Sterelny 2003, S. 34, meine Übersetzung). Repräsentationen werden umso überzeugungsartiger, je mehr ein Lebewesen in der Lage ist, zu lernen, die Informationen, die es über Zustände der Welt repräsentiert für viele verschiedene Verhaltensweisen zu benutzen. Der Übergang von Pushmi-Pullyu Repräsentationen zu Überzeugungen ist daher fließend. Natürlich können wir (und vielleicht sollten wir das auch aus irgendeinem Grund) den Ausdruck Überzeugungen ausschließlich für die Repräsentationen reservieren, die jeglichen motivationalen Gehalt verloren haben. Aber Überzeugungen scheinen dann eine zu anspruchsvolle Bedingung für innovatives Verhalten zu sein. Warum sollten nicht auch Lebewesen, die lernen können Zustände der Welt als relevant für eine beschränkte Menge verschiedener Verhaltensreaktionen zu repräsentieren, in der Lage sein, diese Informationen zu benutzen, um neue Probleme oder alte Probleme auf eine neue Weise zu lösen? Überzeugungen sind diesem Bild zufolge zwar hinreichend, nicht jedoch notwendig für innovatives Verhalten. Trotzdem unterscheidet sich offensichtlich das Potenzial verschiedener Lebewesens zu innovativem Verhalten, abhängig davon, wie überzeugungsartig ihre Repräsentationen sind. Je überzeugungsartiger die Zustände eines Lebewesens sind (je mehr verschiedene Verhaltensweisen sie informieren können), desto weniger beschränkt ist die Menge möglicher neuer Verhaltensweisen. Lebewesen mit Überzeugungen haben daher ein größeres Potenzial um Innovationen hervorzubringen, als Lebewesen mit bloß überzeugungsartigen Zuständen.

Für die Beurteilung von Lebewesen als rationale Lebewesen ergibt sich dadurch folgendes Dilemma: Das Konzept *rationale Lebewesen* soll Lebewesen bezeichnen, die die kognitiven Voraussetzungen für innovatives Verhalten erfüllen und damit zu einer Erklärung der Unterschiede zwischen Mitgliedern verschiedener Arten hinsichtlich dieser Fähigkeit beitragen. So gesehen besteht das Kriterium für rationale Lebewesen in einer kognitiven Architektur, die die Welt unabhängig von spezifischen Verhaltensreaktionen repräsentiert und lernen kann, Informationen über Zustände der Welt für viele verschiedene Verhaltensweisen zu verwenden. Es macht jedoch einen Unterschied, *wie sehr* Lebewesen die Welt von Verhalten entkoppelt repräsentieren können. Je überzeugungsartiger die Repräsentationen eines Lebewesens sind, desto größer ist dessen Potenzial zu innovativem Verhalten. Die Tatsache, dass ein Lebewesen ein rationales Lebewesen ist, wäre demnach zwar explanatorisch relevant, um Lebewesen, die sich innovativ verhalten können, von solchen abzugrenzen, die nicht über diese Fähigkeit verfügen. Sie wäre jedoch völlig irrelevant, um zu erklären, warum manche Lebewesen über ein viel größeres Potenzial zu innovativem Verhalten verfügen als andere. Die Kriterien für rationale Lebewesen so niedrig anzusetzen, dass alle Lebewesen sie erfüllen, die über die Fähigkeit zu innovativem Verhalten verfügen, würde demnach wichtige Unterschiede zwischen Mitgliedern verschiedener Arten verdecken. Da das Konzept *rationale Lebewesen* jedoch gerade zu einer Erklärung dieser Unterschiede beitragen soll, scheint das wenig sinnvoll.

Eine andere Möglichkeit besteht darin, Lebewesen erst dann als rationale Lebewesen zu bezeichnen, wenn sie über Überzeugungen verfügen. Überzeugungen sind von Verhalten vollkommen entkoppelte und rein informationale Zustände und damit relevant für eine potenziell unendlich große Menge verschiedener Verhaltensweisen. In dieser Hinsicht kann das Potenzial eines Lebewesens zu innovativem Verhalten nicht mehr erweitert werden. Außerdem spricht vieles dafür, dass Menschen (mögliche und wirkliche) Zustände der Welt tatsächlich mit echten Überzeugungen repräsentieren können. Während die Tatsache, dass dadurch wichtige *Unterschiede* (hinsichtlich ihres Potenzials zu Innovationen) zwischen Lebewesen verdeckt werden, dagegen spricht, die Kriterien für rationale Lebewesen tief anzusetzen (dort, wo sich die erste Flexibilität entwickelt), werden wichtige *Gemeinsamkeiten* verdeckt, wenn wir die Kriterien zu hoch ansetzen. Überzeugungen sind nur graduell stärker entkoppelt als bloß überzeugungsartige Zustände, wohingegen die Beurteilung von Lebewesen als rationale oder nicht-rationale Lebewesen einen fundamentalen Unterschied suggeriert. Ebenso scheint auch jede Grenze, die zwischen den beiden Extremen (zwischen schwach entkoppelten Repräsentationen und Überzeugungen) gezogen wird, willkürlich. Die beste Möglichkeit, um beiden Seiten gerecht zu werden (um also Unterschiede aufzuzeigen ohne Gemeinsamkeiten zu verdecken), besteht daher darin, davon zu sprechen, dass ein-rationales-Lebewesen-sein eine Eigenschaft ist, über die Lebewesen mehr oder weniger verfügen können.

Es gibt jedoch noch einen weiteren Grund, warum wir ein-rationales-Lebewesen-sein als eine Eigenschaft auffassen sollten, über die ein Lebewesen mehr oder weniger verfügen kann. Sterelnys Theorie der Evolution von Überzeugungen zufolge entwickelt sich die Fähigkeit Zustände der Welt zunehmend unabhängig von Verhalten zu repräsentieren als Reaktion auf spezifische Herausforderungen der Umwelt. Dass diese Herausforderungen für verschiedene Lebewesen unterschiedlich anspruchsvoll sind, erklärt die Unterschiede zwischen Mitgliedern verschiedener Arten bezüglich ihrer Fähigkeit des flexiblen Gebrauchs von Informationen für verschiedene Verhaltensweisen. Wie Sterelny (2003, S.20 – 24) jedoch argumentiert ist auch die Umwelt ein und desselben

Lebewesens hinsichtlich des Drucks, ihr mit Flexibilität zu begegnen, typischerweise heterogen. Das bedeutet, dass sich das Informationsproblem und das Reaktionsproblem nicht nur für verschiedene Lebewesen, sondern auch für ein und dasselbe Lebewesen in verschiedenen Bereichen unterschiedlich stark stellen. So können Lebewesen zum Beispiel lernen, *bestimmte* Merkmale aufzuspüren, während sie *andere* Merkmale bloß detektieren, da ihre Umwelt nur in Bezug auf den einen, nicht jedoch in Bezug auf den anderen Bereich informational transparent ist. Regenpfeifer können viele Informationen integrieren, um Feinde aufzuspüren, aber das impliziert nicht, dass sie viele Informationen integrieren können, um geeignete Paarungspartner zu identifizieren. Ebenso können Lebewesen in der Lage sein zu lernen, auf manche Informationen mit einem großen Repertoire an verschiedenen Verhaltensweisen zu reagieren, während ihre Reaktionen auf andere Informationen vollkommen stereotyp sind. Dasselbe gilt für die Fähigkeit zu lernen: Lebewesen könnten in der Lage sein, in bestimmten Bereichen ihr Verhalten abhängig davon zu bestimmen, zu welchen Resultaten dieses Verhalten in der Vergangenheit geführt hat, während ihre Verhaltensdispositionen in anderen Bereichen angeboren und rigide sind. Als Folge davon können manche Lebewesen in manchen Bereiche sehr innovativ mit ihrer Umwelt interagieren, in anderen dagegen nicht. Dementsprechend sind Lebewesen nicht nur mehr oder weniger rationale Lebewesen abhängig davon, wie sehr sie die Welt von spezifischen Verhalten entkoppelt repräsentieren und was sie mit diesen Repräsentationen tun können (für welche Verhaltensweisen sie diese benutzen können), sondern sie können auch in Bezug auf verschiedene Bereiche ihrer Welt zu einem unterschiedlichen Grad ein rationales Lebewesen sein.

3.4 Zusammenfassung

Ausgangspunkt der Untersuchung war die kognitive Architektur, die es dem Menschen ermöglicht, flexibel und innovativ mit seiner Umwelt zu interagieren: Die Fähigkeit, Zustände der Welt auf der einen, sowie Bedürfnisse, Wünsche und Ziele auf der anderen Seite unabhängig von einander zu repräsentieren (Kap. 3.1). Im Anschluss wurde gezeigt, dass wir Verhaltenserklärungen, in denen solche Zustände (Überzeugungen und Wünsche) eine Rolle spielen, nicht auf Lebewesen anwenden können, deren Verhaltensdispositionen angeboren und rigide sind (Kap. 3.2). Zwar kann man auch bei diesen Lebewesen davon sprechen, dass ihrem Verhalten Repräsentationen ursächlich zugrunde liegen, aber diese Repräsentationen unterscheiden sich von Überzeugungen in verschiedener Hinsicht. In den meisten Fällen besteht ihre Funktion ausschließlich darin, ein einziges Verhalten auszulösen, weshalb es sich um Pushmi-Pullyu Repräsentationen handelt, die, anders als Überzeugungen, über eine doppelte Anpassungsrichtung verfügen (Kap. 3.2.1 & Kap. 3.2.2). In manchen anderen Fällen kann man zwar davon sprechen, dass auch Lebewesen deren Verhaltensdispositionen angeboren und rigide sind, über etwas ähnliches wie eine Anpassungsrichtung verfügen, aber diese Repräsentationen (wie auch die zuvor besprochenen Pushmi-Pullyu Repräsentationen) unterscheiden sich von Überzeugungen und Wünschen wesentlich dadurch, dass ihr Gehalt für das Verhalten, das sie verursachen, explanatorisch vollkommen irrelevant ist (Kap. 3.2.3). Die Tatsache, dass der Gehalt von Überzeugungen deren kausale Rolle erklärt, macht die Fähigkeit zu instrumentellem Lernen zu einer Voraussetzung für Überzeugungen und verlinkt die Fähigkeit, die Welt durch Überzeugungen zu repräsentieren, zumindest *prima facie* mit der Fähigkeit zu innovativem Verhalten. Die Auseinandersetzung mit Sterelnys Theorie der Evolution von Überzeugungen hat jedoch gezeigt, dass sowohl das, *was* Lebewesen zu lernen in der Lage sind, sowie *das Ausmaß*, in dem Lernen zu ihrer Fähigkeit zu innovativem Verhalten beiträgt, abhängig davon ist, als Reaktion auf welchen Selektionsdruck sich die Fähigkeit zu lernen entwickelt hat (Kap. 3.3). Lernen kann sowohl die Funktion haben, wichtige Merkmale der Umwelt besser identifizieren zu können (Kap. 3.3.1) als auch die Funktion, besser auf wichtige Merkmale reagieren zu können, nachdem man sie identifiziert hat (Kap. 3.3.2) und die beiden Funktionen können auseinander fallen (Kap. 3.3.3). Mit zunehmender Fähigkeit eines Lebewesens Zustände der Welt als relevant für viele verschiedene Verhalten zu repräsentieren, wird der Gehalt ihrer Repräsentationen rein informational und dadurch zunehmend überzeugungsartiger, und nur dann, wenn Lebewesen die Welt auf diese Weise repräsentieren, können sie auch lernen Probleme innovativ zu lösen. Sterelnys Theorie macht überdies deutlich, dass es problematisch ist, die Eigenschaft *ein-rationales-Lebewesen-sein* als Eigenschaft aufzufassen, über die ein Lebewesen entweder verfügt oder nicht verfügt (Kap. 3.3.4). Die Bezeichnung *rationale Lebewesen* für alle Lebewesen zu verwenden, die zu innovativem Verhalten fähig sind, verdeckt große Unterschiede bezüglich des innovativen Potenzials zwischen verschiedenen Arten. Die Bezeichnung *rationale Lebewesen* nur für Lebewesen zu reservieren, die über Überzeugungen verfügen, scheint dagegen willkürlich und verdeckt wichtige Gemeinsamkeiten. Überdies können Lebewesen verschiedene Bereiche ihrer Welt unterschiedlich stark entkoppelt repräsentieren und in manchen Bereichen Informationen sehr flexibel nutzen während ihr Verhalten in anderen vollkommen unflexibel ist. Wenn wir in dem hier verwendeten Sinn von rationalen Lebewesen sprechen, sollten wir die Eigenschaft ein-rationales-Lebewesen-sein daher als eine graduelle Eigenschaft auffassen, über die unterschiedliche Lebewesen mehr oder weniger verfügen, abhängig davon, wie entkoppelt sie Zustände der Welt repräsentieren können und wie flexibel sie diese Informationen für viele verschiedene Verhaltensweisen benutzen können.

4 Ökologische Rationalität

4.1 Rationale Lebewesen und minimale Rationalität

Der Ausdruck Rationalität kennt viele Verwendungsweisen. Die Konzeption rationaler Lebewesen, die im letzten Kapitel erarbeitet wurde, ist eine Stipulation, die nicht mit anderen Rationalitätskonzeptionen konkurriert, da sie eine explanatorische Funktion hat, die sich von der anderer Rationalitätskonzeptionen unterscheidet: Sie zielt darauf ab, die kognitive Architektur auszubuchstabieren, über die ein Lebewesen verfügen muss, um flexibel mit seiner Umwelt interagieren zu können. Mit dieser unterschiedlichen Funktion schließt sie nicht nahtlos an andere Konzeptionen an, weist jedoch eine hinreichende Ähnlichkeit zu manchen Verwendungen des Ausdrucks „Rationalität" auf, um guten Gewissens als Rationalität bezeichnet zu werden. Verschiedene Rationalitätskonzeptionen haben gemein, dass sie Verhalten hinsichtlich eines bestimmten Ziels als rational oder irrational bewerten. Man spricht dabei häufig von *Nutzenmaximierung*, wobei das Ziel, hinsichtlich dessen ein Verhalten bewertet wird, als der Nutzen aufgefasst wird, und ein Verhalten als mehr oder weniger rational bewertet wird, abhängig davon, wie sehr das Verhalten zum Erreichen dieses Ziels (zur Maximierung dieses Nutzens) beiträgt (Kacelnik 2006). Verschiedene Rationalitätsauffassungen unterscheiden sich jedoch in mehrerer Hinsicht fundamental. Ein sehr allgemeines Kriterium, hinsichtlich dessen sie sich unterscheiden, besteht darin, dass sie Verhalten in Bezug auf *verschiedene Ziele* bewerten (verschiedene Dinge als Nutzen auffassen). Manche Theorien fassen den Nutzen, hinsichtlich dessen ein Verhalten bewertet wird, als konstante Größe auf. In der Biologie etwa ist die Rede von Rationalität zwar nicht sehr gebräuchlich, aber wenn man von einem Verhalten als *biologisch rational* spricht, bewertet man damit das Verhalten eines Lebewesens in Hinsicht darauf, wie es zu dessen Gesamtfitness[51] beiträgt (vgl. Kacelnik 2006, S. 91). Ein anderes Beispiel ist die Idee des Ökonomen Amartya Sen, der vorgeschlagen hat, die Rationalität von Verhalten danach zu bewerten, wie dieses Verhalten entweder zum eigenen Glück oder auch zum Glück der ganzen Menschheit beiträgt (Sen 1977, vgl. Kacelnik 2006). In der Philosophie (und manchmal in der Psychologie) dagegen wird der Nutzen, der in Bezug auf ein Verhalten bewertet wird, häufig nicht als

---

51 Die Gesamtfitness eines Lebewesens ist grob gesprochen dessen biologischer Erfolg. Sie wird in der Summe der eigenen Nachkommen und der Nachkommen biologisch verwandter Lebewesen gemessen (vgl. auch Kap. 8.3.2).

konstante Größe aufgefasst. Vielmehr wird Verhalten in Bezug auf die Ziele bewertet, die ein Lebewesen selbst mit seinem Verhalten erreichen möchte, worin auch immer diese Ziele bestehen. Fred Dretske veranschaulicht diesen Punkt am Beispiel eines Terroristen, der einen Bus in die Luft sprengen möchte. Obwohl wir sicher nicht die Auffassung des Terroristen teilen, dass das Sprengen eines Busses ein erstrebenswertes Ziel ist, können wir das Verhalten des Terroristen in Bezug darauf bewerten, wie gut es geeignet ist, zum Erreichen dieses Ziels beizutragen (vgl. Dretske 2005, S. 215).

Obwohl also Rationalität, wie sie in der Philosophie häufig verstanden wird, in dieser Hinsicht ein breiterer Begriff ist (weil Verhalten nicht in Hinsicht auf ein bestimmtes, sondern auf alle möglichen Ziele bewertet werden kann), handelt es sich dabei in einer wichtigen Hinsicht um eine viel engere Auffassung davon, was es bedeutet, rational zu sein (Dretske 2005). Aus der Perspektive der Biologie (oder auch der Perspektive Sens) können wir das Verhalten jedes Lebewesens als rational oder irrational bewerten, abhängig davon nämlich, wie es zu dessen Fitness oder dessen Glück beiträgt.[52] Kacelnik spricht bei solchen Auffassungen von *Verhaltensrationalität*, weil es sich bei dem, was bewertet wird, um Verhalten handelt, unabhängig davon, wie es zustande gekommen ist (Kacelnik 2006, S. 91). Um dagegen das Verhalten eines Lebewesens hinsichtlich dessen, was es selbst damit beabsichtigt, bewerten zu können, muss dieses Lebewesen überhaupt in der Lage sein, irgendetwas zu beabsichtigen oder, wie Dretske sagt, es muss das, was es tut, aus Gründen tun: Es muss Überzeugungen (oder zumindest überzeugungsartige Zustände) darüber haben, wie es dieses Ziel erreichen kann (Dretske 2005).[53] Dieser Auffassung zufolge kann ein Verhalten also nur dann rational sein, wenn es auf eine bestimmte Weise zustande gekommen ist, bzw. wenn ihm die richtige Art kognitiver Prozesse zugrunde liegt, weshalb Kacelnik in diesem Fall von *Prozessrationalität* spricht (Kacelnik 2006, S. 89).[54] Wie im letzten Kapitel gesehen, können wir ein

---

52 Vielleicht schließt auch diese Rationalitätskonzeption manche Lebewesen aus, nämlich die, die nicht glücklich sein können. Wenn man jedoch „Glück" durch „Wohlergehen" ersetzt ist sie genauso weit wie biologische Rationalität.

53 Diese Zustände können im einfachsten Fall darin bestehen, dass ein Lebewesen Umstände identifiziert, in denen ein bestimmtes Verhalten zu einem gewünschten Resultat führt (vgl. Kap. 3.2.3).

54 Genaugenommen wird Verhalten dabei in der Regel nicht selbst als der Träger von Rationalität aufgefasst, sondern die ihm zugrunde liegenden Prozesse. Die Rationalität dieser Prozesse spiegelt sich lediglich in dem Verhalten wieder, das durch diese Prozesse verursacht wird. Der Einfachheit wegen werde ich jedoch weiterhin von Verhalten als Träger der Rationalität sprechen.

Verhalten nur dann durch Überzeugungen und Wünsche erklären (was für Dretske dasselbe ist, wie durch Gründe, vgl. Dretske 2005, S. 222), wenn das, was ein Lebewesen glaubt und will (der Gehalt seiner Repräsentationen) erklärt, warum dessen Repräsentationen ein bestimmtes Verhalten (und nicht ein anderes oder gar keines) verursachen (vgl. Kap. 3). Eine Voraussetzung dafür besteht darin, dass Lebewesen über die Fähigkeit zu Lernen verfügen. Da viele Lebewesen nicht über diese Fähigkeit verfügen, können wir also (anders als bei biologischer Rationalität) in diesem philosophischen Sinn nur das Verhalten derjenigen Lebewesen in Bezug auf Rationalität bewerten, die über eine entsprechende kognitive Architektur verfügen und die Welt mit überzeugungsartigen Zuständen repräsentieren. Das Verhalten von Lebewesen dagegen, die diese Voraussetzungen nicht erfüllen (wie zum Beispiel Ameisen oder Frösche), ist nicht einfach irrational, sondern es kann überhaupt nicht in Bezug auf Rationalität bewertet werden.

Dagegen sind Dretske zufolge Lebewesen, die über eine entsprechende kognitive Architektur verfügen, auch nicht automatisch rational (Dretske 2005, S. 216). Die Tatsache, dass der Gehalt ihrer Repräsentationen ihr Verhalten erklärt, macht sie lediglich zu der Art von Lebewesen, deren Verhalten in Bezug auf Rationalität beurteilt werden kann. Dretske spricht daher von *minimaler Rationalität*: Über die entsprechende kognitive Architektur zu verfügen ist eine hinreichende Bedingung dafür, um in Bezug auf Rationalität bewertet zu werden (um rational im Gegensatz zu nicht-rational zu sein), nicht jedoch für eine positive Bewertung als rational im Gegensatz zu irrational.

Die Konzeption rationaler Lebewesen, die im letzten Kapitel erarbeitet wurde, ist stark an Dretskes Idee minimaler Rationalität angelehnt, sie ist jedoch nicht mit ihr identisch. So spielt Lernen für beide Konzeptionen eine zentrale Rolle, allerdings aus verschiedenen Gründen. Dretske verfolgt das Ziel die kognitive Architektur auszubuchstabieren, die benötigt wird, um aus Gründen zu handeln. Lernen ist aus seiner Sicht ein Kriterium für minimale Rationalität, weil aus Gründen zu handeln bedeutet, dass der Gehalt der Zustände, die Verhalten verursachen, eine explanatorische Rolle spielt und der Gehalt von Repräsentationen erst dadurch explanatorisch relevant wird, dass ihre kausale Rolle durch Lernen geformt wird (und nicht angeboren ist) (Dretske 1988, S. 95 - 98, vgl. auch Kap. 3.2.3.2). Dretske greift also rationale Prozesse über ein wesentliches Merkmal von Überzeugungen heraus und landet so bei Lernen. Die Konzeption rationaler Lebewesen, die im letzten Kapitel erarbeitet wurde, zielt dagegen auf die repräsentationalen Voraussetzungen für die Fähigkeit zu innovativem (oder zumindest flexiblem) Verhalten. Lernen spielt dafür offensichtlich eine zentrale Rolle, da Lebewesen, die nicht Lernen können (deren Verhaltensdispositionen genetisch determiniert sind) Probleme niemals auf eine andere (und daher auch nicht auf eine neue) Weise lösen können als in der Vergangenheit. Die im letzten Kapitel vorgestellte Konzeption rationaler Lebewesen identifiziert daher Überzeugungen und Wünsche als Kriterien für rationale Lebewesen, *weil* Überzeugungen und Wünsche die Fähigkeit zu Lernen implizieren. Überdies wurde argumentiert, dass Überzeugungen und Wünsche nicht nur generell die Fähigkeit zu lernen implizieren, sondern darüber hinaus die Fähigkeit durch Lernen Informationen für eine Vielzahl verschiedener Verhalten zu benutzen. Da die Eigenschaft mancher Repräsentationen, explanatorisch relevant zu sein, dafür zwar notwendig, nicht jedoch hinreichend ist (vgl. Kap. 3.3), besteht ein weiterer, tiefergehender Unterschied zwischen den beiden Konzeptionen darin, dass nicht alle Lebewesen, die minimal rational sind, auch rationale Lebewesen sind, aber alle rationalen Lebewesen minimal rational sein müssen. Jede Art zu lernen führt dazu, dass der Gehalt von Repräsentationen explanatorisch relevant wird, und das, was getan wird, in diesem Sinn aus Gründen getan wird. Wie sich jedoch gezeigt hat, schließt das nicht aus, dass Repräsentationen eng an bestimmte Verhaltensweisen gebunden sind und daher nicht für weitere Verhaltensweisen zur Verfügung stehen, wie es für innovatives Verhalten benötigt wird (vgl. Kap. 3.3). Der Regenpfeifer ist ein Beispiel für ein minimal rationales Lebewesen im Sinne Dretskes (er zeigt sein Ablenkungsmanöver, *weil* er etwas als Feind identifiziert hat), das kein rationales Lebewesen im hier verwendeten Sinn von Rationalität ist, da er Informationen nicht benutzen kann, um neues Verhalten zu produzieren.[55]

Trotz dieser Unterschiede gibt es jedoch eine wichtige Gemeinsamkeit zwischen Dretskes minimaler Rationalität und der hier verwendeten Idee rationaler Lebewesen: Beide formulieren nur eine notwendige und keine hinreichende Bedingung für *echte* Rationalität. So wie Dretskes Idee zielt auch das Konzept rationaler Lebewesen nicht darauf ab, Rationalität im Gegensatz zu Irrationalität zu erklären, sondern vielmehr darauf, die kognitiven Bedingungen auszubuchstabieren, die Lebewesen erfüllen müssen, um überhaupt in Bezug auf ihre Rationalität bewertet werden zu können. Ebenso wenig wie Lebewesen sich irrational verhalten können, die nicht minimal rational sind, können sie irrational sein, wenn sie keine rationalen Lebewesen sind. Während etwas aus Gründen tun nicht impliziert, dass es aus guten Gründen getan wird (Dretske 2005; S. 215), impliziert die Fähigkeit flexibel und innovativ mit der Umwelt zu interagieren nicht, dass man das erfolgreich tut. Ein rationales Lebewesen kann theoretisch in der Lage sein, Informationen flexibel für viele verschiedene Verhalten

---

55 Das gilt zumindest für dieses eine Verhalten, möglicherweise sind Regenpfeifer in der Lage, in anderen Bereichen flexibler mit Informationen umzugehen.

einzusetzen und es kann mit vielen verschiedenen Strategien versuchen ein Problem zu lösen, ohne jemals eine gute Lösung zu finden. Eine in Überzeugungen und Wünsche ausdifferenzierte kognitive Architektur kann Informationen auf verschiedene Weisen verarbeiten und manche sind erfolgreicher als andere. Gerade diese Informationsverarbeitung – die Übersetzung von Überzeugungen und Wünschen in Verhalten – stellt die Art von Prozess dar, die gewöhnlich bewertet wird, wenn wir ein Verhalten als rational oder irrational bewerten. Aus der Perspektive anderer Rationalitätsauffassungen mag es viele Faktoren geben, die in eine solche Bewertung miteinfließen. Hinsichtlich der hier diskutierten Frage jedoch ist es in erster Linie von Interesse, welche Prozesse einen erfolgreichen Umgang mit der Umwelt ermöglichen, wenn dieser nicht durch angeborene Verhaltensdispositionen determiniert ist.[56]

In diesem und dem nächsten Kapitel soll daher untersucht werden, welche Informationsverarbeitung der Übersetzung von Überzeugungen und Wünschen in Verhalten beim Menschen zugrunde liegt und ob (und wenn ja worin) sie sich von den Entscheidungsprozessen nicht-menschlicher Tiere unterscheidet. In diesem Kapitel werde ich zunächst eine Rationalitätsauffassung, die in der Philosophie verbreitet ist, die sogenannte *Standardansicht von Rationalität,* vorstellen (Kap. 4.2). Diese Konzeption ist zwar zunächst eine normative, wird jedoch manchmal auch so verstanden, dass sie beschreibt, wie Menschen tatsächlich Entscheidungen treffen und Probleme lösen. Diese deskriptive Interpretation der Standardansicht wurde von Seiten der Psychologie wiederholt als nicht angemessen kritisiert. Manche Psychologen bewerten demnach den Menschen als irrational (Kap. 4.3). Das wirft jedoch die Frage auf, wie Menschen trotzdem so erfolgreich mit ihrer Umwelt interagieren können. In Kapitel 4.4 werde ich eine Antwort von Gerd Gigerenzer diskutieren, demzufolge die Interpretation des Menschen als irrational verdeckt, dass die Entscheidungsprozesse des Menschen sehr gut funktionieren, obwohl sie nicht den Anforderungen der Standardansicht genügen, weshalb wir unsere Normen von Rationalität überdenken sollten.

4.2 Die Standardansicht der Rationalität

Viele Tiere sind in der Lage, Probleme zu lösen, für die sie nicht von der natürlichen Selektion programmiert wurden. Wie das letzte Kapitel gezeigt hat, sind

56 Wobei *erfolgreich* hier eben nicht biologisch erfolgreich meint, sondern sich darauf bezieht, wie sehr diese Prozesse dazu beitragen, die eigenen Ziele zu verwirklichen.

Menschen sicherlich nicht die einzigen Lebewesen, die wir als rationale Lebewesen bezeichnen können. Viele Lebewesen können lernen, ihre Verhaltensreaktionen effektiver an ihre Umwelt anzupassen und zumindest einige können lernen mit einer gewissen Bandbreite verschiedener, nicht-stereotyper Reaktionen auf ihre Umwelt zu reagieren und Informationen für verschiedene Verhaltensreaktionen einzusetzen.[57] Aber ihre Flexibilität im Umgang mit Informationen scheint im Vergleich zum Menschen sehr beschränkt: Die Art und Weise, auf die sie die Welt repräsentieren, birgt ein geringeres Potenzial für innovatives Verhalten, weshalb sie zu einem anderen Grad rationale Lebewesen sind. Überdies hat das letzte Kapitel gezeigt, dass Lebewesen Informationen in manchen Bereichen ihrer Umwelt flexibler repräsentieren können als in anderen. Das könnte die Ursache dafür sein, dass viele nicht-menschliche Tiere in manchen Bereichen recht clevere Problemlösungsstrategien demonstrieren, diese jedoch, anders als Menschen, offensichtlich nicht auf andere Fälle übertragen können (Bermúdez 2006, S. 129). Viele sehen jedoch den Unterschied zwischen den Prozessen, die dem Verhalten von Tieren und dem von Menschen zugrunde liegen, nicht nur darin, dass Menschen die Welt stärker von Verhalten entkoppelt repräsentieren als Tiere, sondern vor allem darin, dass die Informationsverarbeitung, die der Übersetzung von Repräsentationen in Verhalten zugrunde liegt, beim Menschen eine andere ist. Eine verbreitete Auffassung über den menschlichen Geist besteht darin, dass die psychologischen Übergänge von einer Überzeugung zu einer anderen Überzeugung die logischen oder wahrscheinlichkeitstheoretischen Beziehungen zwischen Propositionen abbilden (Gigerenzer & Selten 2001; Samuels & Stich 2004).[58] Ein wesentliches Merkmal logischer Inferenzen besteht darin, dass sie *gehaltsblind* und dadurch *bereichsunspezifisch* sind. Wenn wir also eine bestimmte Inferenz verstehen, dann tun wir das dieser Auffassung zufolge, weil wir eine bestimmte formale Struktur durchschauen, also etwa, dass, wenn alle Menschen sterblich sind und Sokrates ein Mensch ist, auch Sokrates sterblich sein muss. Dieses Verstehen der formalen Struktur einer Inferenz kann mit allen möglichen Gehalten gefüllt werden. Da die erfolgreiche Anwendung solcher Inferenzen unabhängig vom Gehalt ist und nur ein Verständnis der formalen Struktur voraussetzt, sollte es jemandem, der in einer Situation erfolgreich eine solche Inferenz anwendet, möglich sein, sie auch in anderen, formal identischen Fällen anzuwenden. So würde man

---

57 Ein gutes Beispiel dafür ist die Fähigkeit von Schimpansen, den *Floating-Peanut Task* zu lösen. Das Beispiel wird in Kapitel 5.3.1 ausführlich diskutiert.

58 Im Fall von Verhalten: die Übergänge von Überzeugungen über Zustände der Welt zu Überzeugungen darüber was getan werden kann oder muss, die dann zu Verhalten führen.

eigentlich erwarten, dass jemand, der in einem Fall scheinbar so etwas wie z.B. einen Schluss auf ein ausgeschlossenes Drittes vollzieht, diese Fähigkeit auch bei anderen Problemen an den Tag legt. In manchen Fällen scheint auch das Verhalten von Tieren am besten dadurch erklärt zu werden, dass sie über die Fähigkeit, solche Inferenzen ziehen zu können, verfügen. Die Tatsache jedoch, dass es Tieren scheinbar nicht oder nur sehr beschränkt gelingt, erfolgreiche Problemlösungsstrategien von einer auf eine andere Situationen zu übertragen, spricht dafür, dass ihre Inferenzen eben nicht durch diesen formalen Charakter gekennzeichnet und daher nicht gehaltsblind und bereichsunspezifisch sind. Ihre Lösungen für Probleme scheinen an die spezifischen Probleme gebunden und daher ungeeignet zu sein, um auf andere Probleme übertragen zu werden. Das was Tiere tun, wenn sie ein Problem lösen, würde demnach nur im Ergebnis dem ähneln was wir tun, wenn wir einen Schluss ziehen.[59]

Logische oder probabilistische Schlüsse sind jedoch neben ihrer formalen Natur noch durch eine weitere wichtige Eigenschaft charakterisiert, nämlich durch ihr Verhältnis zu Wahrheit. Deduktive Schlüsse sind wahrheitserhaltend, dass heißt sie garantieren die Wahrheit der Konklusion, wenn die Prämissen, von denen man ausgeht, wahr sind. Induktive Schlüsse machen die Wahrheit der Konklusion zumindest wahrscheinlich. Diese Verbindung zur Wahrheit macht logische Schlüsse zu einem wertvollen Instrument für das Lösen von Problemen. Wenn wir vor einem Problem oder einer Entscheidung stehen und über eine Lösung nachdenken, dann suchen wir nach einer optimalen Strategie und nur wenn unsere Überzeugungen darüber, wie wir dieses Problem am besten lösen können, wahr sind, haben wir Aussicht auf Erfolg (vgl. Papineau 2007a). Die Verbindung logischer Schlüsse zu Wahrheit macht logisches Schließen zu einem guten Werkzeug zur Nutzenmaximierung, was auch immer wir anstreben. Es ist daher kein Wunder, dass gemäß dem, was Edward Stein die *Standardansicht von Rationalität* nennt, rationales Denken eben darin besteht, in Übereinstimmung mit den Schlussprinzipien der Logik, Wahrscheinlichkeitstheorie und Entscheidungstheorie zu urteilen (Stein 1996). Wir sollten wahre Überzeugungen anstreben, weil Entscheidungen die sich auf wahre Überzeugungen stützen, zu erfolgreichem Verhalten führen, und in Übereinstimmung mit Logik und Wahrscheinlichkeitstheorie zu urteilen ist ein gutes Mittel dazu. Die Standardansicht von Rationalität ist zunächst lediglich eine normative Theorie: eine Auffassung darüber, wie wir denken oder Entscheidun-

59 Bermúdez (2006) glaubt, dass eine mögliche Erklärung für diesen Mangel bei Tieren ihr Mangel an Sprache sein könnte: Logische Junktoren können ihm zufolge nur sprachlich repräsentiert werden, und Tiere haben keine Sprache.

gen treffen *sollten*. Mit ihr wird jedoch häufig (explizit oder implizit) die Annahme verbunden, dass sie überdies auch beschreibt, was Menschen tatsächlich tun – dass also Menschen, wenn sie gute Entscheidungen treffen, dies auf der Grundlage solcher Inferenzen tun, die die Gesetze der Logik oder der Wahrscheinlichkeitstheorie widerspiegeln (Gigerenzer 2006, S. 116 - 117).

Wenn es also stimmt, dass Menschen gemäß der Standardansicht rational sind, nicht-menschliche Tiere jedoch nicht, dann unterscheiden sich menschliche Entscheidungsmechanismen nicht nur von denen nicht-menschlicher Tiere, sie sind auch besser geeignet um erfolgreiche Entscheidungen zu treffen. Diese Sicht legt daher (neben der Tatsache, dass Menschen graduell rationalere Lebewesen sind als nicht-menschliche Tiere, vgl. Kap. 3) eine weitere Erklärung dafür nahe, dass wir bei nicht-menschlichen Tieren nicht einmal ansatzweise etwas finden, was der bemerkenswerten Fähigkeit des Menschen zum Lösen von Problemen gleicht. Während Tiere beim Lösen von Problemen auf bereichsspezifische Entscheidungsmechanismen zurückgreifen, führen die Prozesse, die menschlichem Verhalten zugrunde liegen, durch ihre Wahrheitszuträglichkeit zu besseren Entscheidungen. Bessere Entscheidungen führen dazu, dass sie ihre Ziele besser verwirklichen können. Überdies führt die Gehaltsblindheit (und die damit verbundene Bereichsunspezifizität) logischer Schlüsse dazu, dass Lösungen, die für bestimmte Probleme gefunden werden, auf neue Probleme übertragen werden können und ermöglicht damit größere Flexibilität. Das wirft zum einen die Frage auf, wie wir die Rationalität nicht-menschlicher Tiere bewerten sollen. Wenn sie rationale Lebewesen sind (und ihr Verhalten damit hinsichtlich seiner Rationalität bewertet werden kann) aber nicht die Kriterien der Standardansicht erfüllen, müssten wir sie eigentlich als irrational bewerten. Andererseits scheint es seltsam, sie als irrational zu bewerten, wenn rationales Verhalten generell außerhalb ihrer Möglichkeiten liegt. Man müsste vielleicht davon sprechen, dass sie in einem anderen Sinn rational sind. Die Frage der Bewertung ist jedoch zunächst nur zweitrangig. Viel wichtiger ist die Frage, ob dieses Bild überhaupt korrekt ist. Die Ansicht, dass Tiere keine logischen Schlüsse ziehen können ist weitverbreitet (vgl. z. B. Bermúdez 2006), aber das einzige was hier bisher dazu gesagt wurde ist, dass ihre Unfähigkeit, Problemlösungen auf andere Bereiche zu übertragen, dafür spricht. Viel weniger diskutiert ist jedoch die Frage, ob die Standardansicht von Rationalität im Falle des Menschen deskriptiv angemessen ist. Stimmt es überhaupt, dass menschliche Entscheidungsfindungsprozesse typischerweise die Gesetze der Logik und der Wahrscheinlichkeitstheorie widerspiegeln? Wenn sich herausstellen sollte, dass selbst Menschen den Anforderungen der Standardansicht nicht entsprechen, kann Rationalität eben doch keine Rolle in einer Erklärung dafür spielen, dass menschliche Innovationsfähigkeit sich so sehr (sowohl in Qualität als auch

Quantität) von der nicht-menschlicher Tiere unterscheidet. Dieser Frage soll im Rest dieses Kapitels nachgegangen werden.

4.3 Wie rational sind Menschen

4.3.1 Abweichungen von der Standardansicht

Mit der Auffassung, dass menschliche Rationalität wesentlich durch gehaltsunspezifische, auf Wahrheit zielende Prozesse konstituiert wird, sind zwei Kriterien formuliert, an denen sich Problemlösungsstrategien nicht-menschlicher Tiere messen müssen, wenn sie im selben Sinn als rational gelten sollen. Wie schon erwähnt, wurde vor allem vom ersten Kriterium, der Gehaltsunspezifizität, behauptet, dass Tiere es nicht erfüllen und dass sie folglich zumindest nicht im gleichen Sinne rational sind. Allerdings wird dabei nicht nur behauptet, dass Tiere dieses Kriterium nicht erfüllen, sondern auch, dass Menschen es erfüllen (vgl. Gigerenzer 2006, S. 118). Doch gerade diese zweite Annahme wurde Anfang der 1970er Jahre von den Psychologen Amos Tversky und Daniel Kahneman in Frage gestellt (Tversky & Kahneman 1974). Tversky & Kahneman zufolge sind Entscheidungssituationen im Alltag häufig durch unvollständige Informationen gekennzeichnet. Menschen müssen in vielen Fällen Entscheidungen auf der Grundlage ihrer Einschätzung davon treffen, wie wahrscheinlich bestimmte Dinge sind. Gemäß der Standardansicht von Rationalität tun sie das mit Inferenzen, welche die Gesetze der Logik und der Wahrscheinlichkeitstheorie widerspiegeln. Die Psychologen konstruierten daher eine Reihe verschiedener Tests, um die Fähigkeit des Menschen zu probabilistischem Denken zu untersuchen. Eine der wohl bekanntesten Aufgaben ist das sogenannte *Linda-Problem*. Dabei werden die Testsubjekte aufgefordert, auf der Grundlage der Beschreibung einer Person Linda zu urteilen, welche weitere Beschreibung wahrscheinlicher auf Linda zutrifft (Tversky & Kahneman 1982, meine Übersetzung):

> Linda ist 31 Jahre, alleinstehend, offen und sehr intelligent. Sie hat Philosophie studiert. Als Studentin war sie sehr interessiert an Fragen zur Diskriminierung und zu sozialer Gerechtigkeit und hat außerdem an Anti-Kernkraft Demonstrationen teilgenommen. Was ist wahrscheinlicher:
>
> Linda ist eine Bankschalterangestellte.
>
> Linda ist eine Bankschalterangestellte und sie ist aktive Feministin.

Aus der Perspektive der Wahrscheinlichkeitstheorie handelt es sich dabei um ein nur wenig kompliziertes Problem. Die Richtige Antwort ist a), da eine Konjunktion nicht wahrscheinlicher sein kann als ihre Konjunkte, und a) ein Konjunkt der Konjunktion b) ist. Das Linda-Problem ist nur eine Aufgabe von vielen ähnlichen Aufgaben, die Menschen gemäß der (deskriptiven) Standardansicht eigentlich nicht vor größere Probleme stellen sollten. Umso verwunderlicher ist jedoch die Tatsache, dass die große Mehrheit der Probanden Probleme mit dieser Art von Fragen hat (ca. 90% wählen *b* als richtige Antwort) und nur eine kleine Minderheit den Test richtig beantwortet (Papineau 2007a, S. 42). Mittlerweile gibt es eine umfangreiche psychologische Literatur zum Linda-Fall sowie zu ähnlichen Problemen, die diese Ergebnisse bestätigt. Dabei hat sich gezeigt, dass nicht nur Probanden in der möglicherweise ungewohnten Testsituation in Bezug auf wirklichkeitsfremde, abstrakte Fragen schwache Wahrscheinlichkeitsrechner sind, sondern auch die Menschen, die es eigentlich von Berufs wegen besser können müssten. So kommen zum Beispiel Gigerenzer et al. (2007, S. 55) zu dem Ergebnis, dass Ärzte häufig sehr schlecht darin sind, auf der Grundlage von Tests die Wahrscheinlichkeit zu bestimmen, mit der ein Patient eine Krankheit hat. In einer Studie bestand die Aufgabe darin, die Wahrscheinlichkeit zu bestimmen, mit der eine Frau an Brustkrebs erkrankt ist, wenn das Ergebnis einer durchgeführten Mammographie positiv ausfällt. Dazu bekamen die Ärzte Informationen über die allgemeine Wahrscheinlichkeit, mit der eine Frau an Brustkrebs erkrankt (die sogenannte Basisrate, hier: 1%), sowie Angaben über die Sensitivität des Tests (die Wahrscheinlichkeit, mit der der Test einen vorhandenen Brustkrebs erkennt, 90%) und Angaben über die Wahrscheinlichkeit falsch-positiver Ergebnisse (die Wahrscheinlichkeit mit der ein Test positiv ausfällt, obwohl kein Brustkrebs vorhanden ist, 9%). Im Anschluss bekamen sie vier mögliche Antworten, von denen überdies in manchen Versuchen die richtige sogar mit einem leicht veränderten Zeilenabstand hervorgehoben wurde. Die große Mehrzahl der Ärzte überschätzte die Wahrscheinlichkeit massiv (90% statt der richtigen 10%), einige unterschätzen die Wahrscheinlichkeit stark (sie tippten 1%) und nur ca. 21% der getesteten Ärzte (weniger als man erwarten würde, wenn alle ihre Antwort nach dem Zufallsprinzip gewählt hätten) gaben die korrekte Antwort.[60] Es ist sicherlich ein überraschendes (und

60 Die Tendenz der Probanden, in diesem Fall die Wahrscheinlichkeit so stark zu überschätzen, wird dabei dadurch erklärt, dass sie die sogenannte Basisrate (in diesem Beispiel die allgemeine Wahrscheinlichkeit mit der Frauen Brustkrebs haben) vernachlässigen. Man spricht dabei von *Basisratenfehler*, oder im englischen von *base rate neglect*. Die Basisrate beeinflusst wesentlich, wie sich Sensitivität und falsch-positiv Rate auf die Wahrscheinlichkeit auswirken.

beunruhigendes) Ergebnis, dass Ärzte nicht in der Lage sind, die Ergebnisse der Tests, die sie jeden Tag durchführen, akkurat zu interpretieren. Aber Wahrscheinlichkeitsrechnungen sind eben kompliziert und die Ergebnisse der Psychologie legen (anders als die Standardansicht von Rationalität) nahe, dass Menschen nicht besonders gut darin sind.

Aber Menschen haben nicht nur Probleme damit, Wahrscheinlichkeiten zu berechnen. Vieles deutet darauf hin, dass schon verhältnismäßig einfache logische Probleme sie vor große Herausforderungen stellen. 1966 entwickelte der Psychologe Peter Wason das sogenannte *Vier-Karten-Problem*, das auch als *Wason selection task* bezeichnet wird (Wason 1966). Dieser Test gilt als einer der in diesem Bereich der Psychologie am häufigsten untersuchten und wurde unzählige Male in ähnlicher Form reproduziert. Die Probanden müssen folgende Frage beantworten (Papineau 2007, S. 42, meine Übersetzung, Hervorhebung im Original):

> Die Karten in einem Kartenspiel haben jeweils eine Zahl auf der einen Seite und einen Buchstaben auf der anderen. Die folgenden Karten werden aufgedeckt. Welche der Karten muss man wenden, um zu überprüfen, *ob jeder Vokal eine gerade Zahl auf der anderen Seite hat*?

T 4 3 E

Die am häufigsten gegebene Antwort ist die, dass die Karten |4| und |e| gewendet werden müssen. Sie ist jedoch falsch. Denn die Regel kann nur getestet werden, indem man diejenigen Fälle überprüft, die die Regel verletzen können und die Karte |4| kann nichts zur Überprüfung dieser Regel beitragen. Denn wenn sich ein Vokal auf der anderen Seite der Karte befindet, bestätigt diese Karte die Regel, wenn sie jedoch einen Konsonanten zeigt, verstößt sie nicht gegen sie. Schließlich impliziert die Regel („jeder Vokal hat eine gerade Zahl auf der anderen Seite“) nicht, dass jede gerade Zahl einen Vokal auf der anderen Seite zeigt. Die Richtige Antwort ist daher |3| und |e|, da die Regel nur verletzt wird, wenn eine ungerade Zahl (hier:|3|) einen Vokal oder wenn ein Vokal (hier:|e|) eine ungerade Zahl auf der anderen Seite hat. Nur ca. 10% der getesteten Personen beantworten diese Frage korrekt (Wason & Shapiro 1971). Interessanterweise sahen die Ergebnisse jedoch ganz anders aus, wenn das formal identische Prob-

---

Je geringer die Anzahl aller Frauen mit Brustkrebs ist, desto mehr fallen Falsch-positive ins Gewicht (vgl. Tversky & Kahneman 1982).

lem auf eine andere Weise formuliert wurde, wie im folgenden Fall (Gigerenzer 2006, S. 123, meine Übersetzung):

> In einer Bar gilt das Gesetz, dass Gäste unter 18 Jahren keinen Alkohol trinken dürfen. Die Karten in einem Kartenspiel zeigen jeweils das Alter eines Barbesuchers auf der einen Seite und das Getränk, dass er bestellt hat, auf der anderen Seite. Die folgenden Karten werden aufgedeckt. Welche der Karten muss man wenden, um zu überprüfen, ob das Gesetz gebrochen wird?

21	BIER	SAFT	16

Bei dieser Formulierung schnitten die Probanden sehr gut ab und gaben mehrheitlich die richtige Antwort (Die Karten |Bier| und |16| müssen umgedreht werden). Zu dem gleichen Ergebnis kamen eine Reihe anderer Studien, in denen Probanden mit formal identischen aber inhaltlich verschiedenen Problemen getestet wurden (Gigerenzer 2006, S 121 - 124.).

4.3.2 Heuristiken und kognitive Verzerrungen

Wie lassen sich diese Ergebnisse erklären? Wie kann es sein, dass Menschen formal identische Probleme mit unterschiedlichem Erfolg lösen, wenn doch die zugrunde liegenden Denkprozesse in logischen Inferenzen bestehen, die durch Gehaltsblindheit und Bereichsunspezifizität charakterisiert sind? Wenn Menschen beim Lösen formal identischer Probleme zu unterschiedlichen Ergebnissen kommen, spricht vieles dafür, dass sie eben nicht die formale Struktur des Problems durchschaut haben. Die unterschiedlichen Ergebnisse bei verschiedenen Varianten des Vier-Karten-Problems legen nahe, dass die Probleme nicht auf die gleiche Art und Weise gelöst wurden. Der jeweilige Gehalt scheint eine entscheidende Rolle dafür zu spielen, auf welche Weise ein Problem gelöst wird. Während also das Linda-Problem und das ursprüngliche Vier-Karten-Problem zeigen, dass Menschen nicht besonders gut darin sind, logische oder probabilistische Probleme zu lösen, sprechen Fälle wie der zuletzt diskutierte dafür, dass sie nicht nur mäßige logische (und probabilistische) Denker sind, die Fehler machen, sondern dass das, was sie tun (die Art und Weise wie sie denken), sich fundamentaler von dem Ideal der Standardansicht von Rationalität unterscheidet. Kahneman und Tversky schreiben dazu Folgendes (Kahneman & Tversky 1973, S. 48 zitiert nach Samuels & Stich 2004, S. 286):

> Many of the instances in which our judgments and decisions deviate from appropriate norms of rationality are explained by the fact that, in making these judgments and decisions, people rely on heuristics [...] which sometimes yield reasonable judgments and sometimes lead to severe and systematic errors.

Kahneman und Tversky zufolge sprechen die Ergebnisse der diskutierten psychologischen Studien dafür, dass Menschen in vielen Fällen ihre Entscheidungen und Urteile nicht auf der Basis logischer Schlüsse fällen, sondern auf einfache Heuristiken zurückgreifen. Die Strategie einer Heuristik besteht ihrer Auffassung zufolge grob gesprochen darin, dass eine schwierige Frage durch eine andere, einfachere Frage ersetzt wird (vgl. Kahneman 2012, S. 98). So erklären sie die Ergebnisse der Studien zum Linda-Problem dadurch, dass Menschen nicht die Frage beantworten, welche Beschreibung auf Linda wahrscheinlicher zutrifft, sondern die Frage, welche Beschreibung von Linda besser dem Prototyp der Person entspricht, der in der Frage beschrieben wurde. Diese Frage ist viel einfacher zu beantworten, da Prototypikalität eben darin besteht, wie einfach uns die Kategorisierung fällt (vgl. Fodor 1998, S. 89 ff). Da es sich dabei jedoch offensichtlich um verschiedene Fragen handelt, produziert diese Heuristik systematisch Fehler, nämlich dann, wenn Prototypikalität und Wahrscheinlichkeit auseinanderfallen (wie im Linda-Fall). Die Tatsache, dass eine Antwort auf eine bestimmte Frage uns wie eine angemessene Antwort auf eine ganz andere Frage erscheint, nennt man auch *kognitive Verzerrung* (cognitive bias). Die eben erwähnte sogenannte *Repräsentativitätsheuristik* (vgl. Tversky & Kahneman 1982) ist dabei nicht die einzige Quelle kognitiver Verzerrung unseres Denkens. Tversky und Kahneman fanden zum Beispiel heraus, dass unsere Urteile in vielen Fällen unbewusst von Umgebungsinformationen beeinflusst werden. So schätzten die Teilnehmer einer Studie die Anzahl der afrikanischen Mitgliedsstaaten der UN abhängig davon, welche Zahl sie zuvor an einem Rouletterad drehten: diejenigen, die die Zahl 10 drehten, schätzten die Anzahl afrikanischer Mitgliedsstaaten im Durchschnitt auf 25, diejenigen bei denen das Roulette die 65 zeigte, schätzten die Anzahl auf 45 (Tversky & Kahneman 1982). Tversky und Kahneman sprechen dabei von der *Ankerheuristik*: Das Ergebnis des Roulettes hat einen mentalen Anker gesetzt, von dem ausgehend die Zahl in einem bestimmten Rahmen nach oben oder unten korrigiert wurde (Tversky & Kahneman 1974). Während die Repräsentativitätsheuristik ein Beispiel dafür ist, wie der Gehalt eines Problems die Art und Weise, wie wir es lösen beeinflusst, zeigt die Ankerheuristik, dass sogar von dem Problem vollkommen unabhängige (und daher für eine Lösung irrelevante) externe Faktoren unsere Urteile beeinflussen. Unbewusste Anker sind dabei nur *ein* externer Einfluss von vielen, die unsere Einschätzung der Welt verzerren können. Ein anderer wichtiger Einfluss ist Wunschdenken. Ein Beispiel dafür sind die auf den *Spielerfehlschluss* (gambler´s fallacy) und den *Glückliche-Hand Fehlschluss* (hot hand fallacy) gestützten Intuitionen im Glücksspiel. Der Spielerfehlschluss besteht darin zu glauben, dass die Wahrscheinlichkeit eines zufälligen Ereignisses zunimmt, wenn dieses zuvor lange Zeit nicht eingetreten ist. Dieser Fehler wird zum Beispiel von einem Spieler begangen, der beim Roulette sein Geld auf Rot setzt, weil in den letzten 10 Spielen Schwarz gefallen ist. Der Glaube an eine glückliche Hand besteht darin, dass die Tatsache, dass man eine Reihe von Spielen gewonnen hat, die Wahrscheinlichkeit erhöht, mit der man weiter gewinnen wird. Wie Gigerenzer und Brighton feststellen, handelt es sich dabei nicht nur um unterschiedliche, sondern sogar um gegensätzliche Intuitionen (Gigerenzer & Brighton 2009, S. 126):

> The gambler's fallacy and the hot hand fallacy are opposite intuitions: After a series of n similar events, the probability of the opposite event increases (gambler's fallacy), and after a series of similar events, the probability for same event increases (hot hand fallacy).

Während ein Spieler also glauben kann, dass die Wahrscheinlichkeit, weiter zu verlieren, dadurch gesunken ist, dass er die letzten Spiele verloren hat (Spielerfehlschluss), kann ein anderer Spieler glauben, dass die Wahrscheinlichkeit das nächste Spiel zu gewinnen dadurch gestiegen ist, dass er die vorhergehenden Spiele gewonnen hat (Glückliche-Hand Fehlschluss). Die vollkommen gegensätzlichen Intuitionen darüber, wie Ereignisse in der Vergangenheit die Wahrscheinlichkeit des Eintretens eines zufälligen Ereignisses in der Zukunft beeinflussen, sind dabei offensichtlich von dem Wunsch des Spielers zu gewinnen getrieben, und es ist durchaus vorstellbar, dass derselbe Spieler dieselbe Situation zu verschiedenen Zeitpunkten unterschiedlich bewertet, abhängig davon, wie das Spiel für ihn bisher verlief.[61]

---

61 Für beide Fehler wurden auch andere Erklärungen vorgeschlagen. Der Spielerfehlschluss etwa kann durchaus auf einer Verwechslung von statistischer Wahrscheinlichkeit und Einzelwahrscheinlichkeit beruhen (Tversky & Kahneman 1974). Ebenso ist für den glückliche-Hand-Fehlschluss im Kontext des Sports schon vorgeschlagen worden, dass ihm die Annahme zugrunde liegt, dass ein Spieler, der gerade getroffen hat, einen psychologischen Vorteil genießt, etwa durch höheres Selbstvertrauen(vgl. Gilovich, Tversky & Vallone 1985). Diese Annahme hat sich jedoch nicht bestätigt. Trotz allem scheint es sich dabei eher um einen logischen Schluss zu handeln, der auf falschen (aber nicht unbedingt absurden) Prämissen beruht, als um Wunschdenken. Im Kontext des Glücksspiels scheint mir der Fall jedoch anders zu liegen, da tatsächlich ein und dieselbe Situation unterschiedlich bewertet wird, abhängig davon, in welcher Situation man sich selbst befindet. Das ist umso verwunderlicher, als viele Leute wissen, dass die beste Strategie zu einer Gewinnchance führt, die 50% nicht übersteigen kann.

Die psychologische Forschung seit Mitte der 1970er Jahre hat gezeigt, dass Repräsentativität, Anker und Wunschdenken nur drei Beispiele aus einer langen Liste von Faktoren sind, die unser Denken beeinflussen (für eine Übersicht vgl. Krueger & Funder 2004). All diese Heuristiken unterscheiden sich von logischen Inferenzen vor allem dadurch, dass sie keine formale Beziehung zur Wahrheit aufweisen, da sie relevante Informationen ignorieren und irrelevante Informationen berücksichtigen. Während logische Inferenzen unabhängig vom Gehalt von wahren Prämissen zu wahren Konklusionen führen, können Heuristiken zwar in manchen Situationen zu guten Ergebnissen führen, produzieren jedoch in anderen Situationen systematisch Fehler und scheinen daher nur schlecht zur Nutzenmaximierung geeignet. Selbst jedoch in den Fällen, in denen eine Heuristik (aus dieser Perspektive zufällig) zu einem erfolgreichen Ergebnis führt, tut sie das anders, als von den Normen der Standardansicht von Rationalität gefordert. Unser Denken weicht daher nicht nur in den Fällen von den Normen der Rationalität ab, in denen wir zu einem falschen Ergebnis kommen, sondern in allen Fällen, in denen wir Heuristiken benutzen, inklusive der Fälle, in denen wir Heuristiken erfolgreich anwenden. Ausgehend von der Standardansicht von Rationalität zeigen die experimentellen Befunde daher für Kahneman und Tversky, dass der Mensch lange nicht so rational ist, wie es seinem Selbstverständnis entspricht.

4.4 Ökologische Rationalität

4.4.1 Problematische Idealisierungen der Standardansicht

Erkenntnisse der psychologischen Forschung sprechen also dafür, dass die Entscheidungen und die Urteile die Menschen treffen, gemessen an den Normen der Standardansicht von Rationalität, oft nicht rational sind. Der Standardansicht von Rationalität zufolge sind Entscheidungs- und Schlussprozesse dann rational, wenn sie die Gesetze der Logik, Wahrscheinlichkeits- und Entscheidungstheorie widerspiegeln. Gigerenzer spricht dabei von gehaltsblinden Normen: Ein Gesetz der Logik oder der Wahrscheinlichkeitstheorie wird als gehaltsblinde Norm für ein Problem benutzt, wenn die rationale Lösung unabhängig von seinem Gehalt festgelegt ist (Gigerenzer 2006, S. 121). So ist z.B. die Wahrheitstafel der materialen Implikation *wenn p dann q* unabhängig vom Gehalt der möglichen ps und qs durch die Syntax festgelegt. Die im letzten Abschnitt diskutierten Tests legen nahe, dass Menschen diesen Normen häufig nicht gerecht werden. Formal identische Probleme werden unterschiedlich gelöst, abhängig vom Gehalt der Probleme selbst, oder sogar von vollkommen irrelevanten Umständen der Umgebung. Gigerenzer zufolge ist es jedoch kein Wunder, das Menschen den Normen der Standardansicht nicht gerecht werden, da diese in verschiedener Hinsicht auf idealisierten Annahmen über die Bedingungen beruht, unter denen Menschen Entscheidungen treffen und Urteile fällen (Gigerenzer 2006, S. 128 - 129). *Zum einen* setzt die Suche nach einer optimalen Strategie für die Lösung eines Problems voraus, dass Subjekte über alle relevanten Informationen verfügen. Menschen sind jedoch nicht allwissend. In vielen Fällen verfügen sie nicht über die benötigten Informationen, sondern müssen sich diese erst beschaffen. Dieses Vorhaben bedeutet in manchen Fällen einen ungeheuren Zeitaufwand, der nicht immer realisierbar ist. Noch gravierender ist jedoch die Tatsache, dass die Frage, worin die beste Strategie besteht, häufig von Informationen abhängt, die prinzipiell nicht zugänglich sind (zum Beispiel davon, wie sich andere entscheiden werden). In jedem Fall führt ein solcher Mangel an Informationen zu Unsicherheit: Die Informationen über die ein Lebewesen verfügt, implizieren nicht mehr die beste Strategie, sondern ermöglichen es bestenfalls, die wahrscheinlich beste Strategie zu erschließen. Entscheidungen die auf unsicheren Informationen beruhen sind daher selbst dann fehleranfällig, wenn die der Entscheidung zugrunde liegenden Prozesse perfekt funktionieren, da auch unwahrscheinliche Ereignisse manchmal eintreten. *Zum anderen* setzt die Standardansicht voraus, dass wir über die nötigen computationalen Fähigkeiten verfügen, um all die Informationen, wenn sie uns zur Verfügung stehen würden, zu verarbeiten. Es gibt jedoch berechtigte Zweifel daran, dass das menschliche Gehirn in jedem Fall zu einer optimalen Verarbeitung im Sinne der Standardansicht in der Lage ist. Mit zunehmender Komplexität eines Problems steigen die kognitiven Anforderungen, es zu verarbeiten. Christopher Cherniak (1984) zeigt zum Beispiel, dass schon logisch relativ wenig anspruchsvolle Probleme, wie zum Beispiel die Konsistenz atomarer Sätze zu überprüfen, mit jedem neuen Satz so sehr an Komplexität zunehmen, dass diese Aufgabe schon nach wenigen Sätzen offensichtlich die Möglichkeiten jedes Menschen übersteigt.[62] Unsere kognitive Beschränktheit macht uns anfäl-

62 Die Konsistenz zweier (n) Sätze zu überprüfen ist einfach, da eine entsprechende Wahrheitstafel nur über 4 (2^n) Zeilen verfügt. Da sich die Anzahl der Zeilen jedoch exponentiell entwickelt, verfügen Wahrheitstafeln schon nach wenigen Sätzen über sehr viele Zeilen. Cherniak geht in seinem Beispiel von einer Menge von 138 Sätzen aus (Cherniak 1984, S. 755-56, aus Kornblith 2002, S. 129). Ausgehend von der Annahme, dass man jede Zeile einer Wahrheitstafel für ein solches Problem in der Zeit prüfen könnte, die ein Lichtstrahl benötigt um eine Entfernung zurückzulegen, die dem Durchmesser eines Protons entspricht (sicherlich eine wohlmeinende Idealisierung), berechnet Cherniak die Dauer einer Konsistenzprüfung auf 20 Milliarden Jahre.

lig für Fehler. Zusammen mit der Unsicherheit durch mangelnde Informationen stellen uns daher viele Entscheidungssituationen vor Herausforderungen, denen wir Slovic et al. zufolge im Sinne der Standardansicht nicht gewachsen sind (1976, S. 174, zitiert nach Samuels & Stich 2004, S. 286):

> It appears that people lack the correct programs for many important judgmental tasks. We have not had the opportunity to evolve an intellect capable of dealing conceptually with uncertainty.

Wenn Entscheidungssituationen typischerweise durch Unsicherheit charakterisiert sind und Menschen die kognitive Ausstattung fehlt, um mit Unsicherheit im Sinne der Standardansicht umzugehen (nämlich solche Probleme in Übereinstimmung mit der Wahrscheinlichkeitstheorie zu lösen), sind Heuristiken also nicht nur (aus der Perspektive der Standardansicht) Fehler, die uns manchmal im Alltag unterlaufen, sondern die einzige mögliche Art für uns, mit Problemen umzugehen und Entscheidungen zu treffen. Die Diskrepanz zwischen den Annahmen der Standardansicht und den Bedingungen der wirklichen Welt impliziert zunächst, dass wir die normative Standardansicht nicht deskriptiv verstehen sollten. Der hohe Grad an Idealisierung macht die Standardansicht zu einem schlechten Modell dafür, wie wir tatsächlich Entscheidungen treffen. Trotzdem kommen Menschen offensichtlich gut mit ihrer Umwelt zurecht. Den Gebrauch von Heuristiken als kognitive Verzerrung zu beurteilen, wie Kahneman und Tversky es tun, betont jedoch nur, wie sich Heuristiken in negativer Hinsicht von logischen Inferenzen unterscheiden. Es stellt sich daher die Frage, wie es uns möglich ist, erfolgreich mit unserer Welt zurecht zu kommen.

4.4.2 Der adaptive Wert von Heuristiken

Um besser zu verstehen, wie unser Geist tatsächlich funktioniert, müssen wir ihn Gigerenzer zufolge aus einer evolutionären Perspektive betrachten: als Werkzeug, das von der natürlichen Selektion geformt wurde, um uns einen erfolgreichen Umgang mit der Welt angesichts der Herausforderungen, vor die uns diese stellt, zu ermöglichen (Gigerenzer & Selten 2001; Gigerenzer 2006). Dabei beruft sich Gigerenzer auf die in der evolutionären Psychologie vertretene Meinung, dass die natürliche Selektion nur spezifische Lösungen für die spezifischen Probleme, mit denen wir konfrontiert werden, produzieren kann (Schulz 2011, S. 17). Dieser *Theorie der massiven Modularität* zufolge besteht der Geist aus verschiedenen unabhängigen Modulen, die „von der natürlichen Selektion in der evolutionären Geschichte unserer Spezies [erfunden wurden], um adaptive Vorteile in unserer natürlichen Umwelt zu produzieren“ (Cosmides & Tooby 1995, S. xiii), meine Übersetzung). Während die Standardansicht unseren Geist mit seinen bereichsunspezifischen Entscheidungsprozessen als Allzweckwerkzeug beschreibt, vergleicht die Theorie der massiven Modularität unseren Geist mit einem Schweizer Taschenmesser, das über verschiedene Werkzeuge verfügt, die *designed*[63] wurden, um spezifische Probleme zu lösen. Dieses Design hängt zum Teil davon ab, welches Problem zu lösen ihre Funktion ist, weshalb sich verschiedene Werkzeuge voneinander unterscheiden. Aber alle Werkzeuge haben gewisse Gemeinsamkeiten, die von den allgemeinen Anforderungen, vor die uns die reale Welt stellt, bestimmt werden. Wahre Überzeugungen sind generell ein gutes Mittel zur Nutzenmaximierung, weshalb erfolgreiche Entscheidungsprozesse auch in der realen Welt wie von der Standardansicht gefordert eine Verbindung zur *Wahrheit* aufweisen müssen. Aber wie zuvor gesehen sind unsere Entscheidungsprozesse aus verschiedenen Gründen fehleranfällig. Wie Sterelny (2003, S. 28) in einem anderen Kontext verdeutlicht, sind Fehler jedoch nicht immer gleich kostspielig. Ein Vogel, der zum Beispiel ein Kuckucksei nicht erkennt und Energie in die Aufzucht eines Lebewesens steckt, mit dem er nicht verwandt ist, begeht unter Umständen einen geringeren Fehler, als einer, der fälschlicherweise ein eigenes Ei für ein Kuckucksei hält und es aus dem Nest stößt. Noch deutlicher sind die Konsequenzen für eine Gazelle, die einmal zu wenig Gefahr erkennt und gefressen wird, wesentlich gravierender, als wenn sie einmal zu oft Gefahr erkennt und unnötigerweise flieht. Erfolgreiche Entscheidungsprozesse zielen daher nicht notwendigerweise neutral auf objektiv wahre Antworten, sondern können sensitiv für die eigenen Ziele sein und diese Perspektive in Entscheidungen mit einfließen lassen (vgl. dazu auch McKay & Dennett 2009). Ein Entscheidungsprozess, der sich einem Problem aus einer bestimmten Perspektive nähert, kann dem Zweck dienen, die symmetrische Fehlerwahrscheinlichkeit logischen Schließens zugunsten einer asymmetrischen zu verschieben. Ein geringerer Grad an Wahrheitszuträglichkeit muss also nicht von Nachteil sein, wenn dadurch die Wahrscheinlichkeit sehr kostspieliger Fehler minimiert wird. Gute Entscheidungsprozesse zielen demnach auf Wahrheit in diesem pragmatischen Sinn.

Aber auch pragmatische Wahrheit ist nicht der einzige Parameter, an dem sich der Erfolg eines Entscheidungsprozesses in der realen Welt misst. Zum einen spielt *Zeit* eine wichtige Rolle. Wir benötigen Zeit um die größtmögliche Anzahl an Informationen zu gewinnen und wir benötigen Zeit um diese Infor-

63 Vgl. Kap. 2, FN 3.

mationen im Sinne der Standardansicht zu prozessieren. In vielen Fällen haben wir die dazu benötigte Zeit jedoch nicht. Wie gesehen kann der Zeitaufwand der sowohl für die Suche nach Informationen als auch für das logische Verarbeiten dieser Informationen benötigt wird, unsere Möglichkeiten bei weitem übersteigen. Viel wichtiger jedoch ist, dass selbst dann, wenn der Zeitaufwand theoretisch möglich ist, er nicht immer gerechtfertigt ist. Viele Entscheidungen müssen unter Zeitdruck getroffen werden und andere sind nicht wichtig genug, um einen so hohen Zeitaufwand zu lohnen. Entscheidungsprozesse müssen also nicht nur auf Wahrheit gerichtet sein, sondern Ergebnisse in einem bestimmten Zeitrahmen liefern (Gigerenzer 2006, S. 129). Der zweite Parameter besteht in einer bestimmten Form der *Sparsamkeit*, die in der Menge an Informationen besteht, die ein Mechanismus benötigt, um eine Lösung für ein Problem zu finden, sowie in den benötigten kognitiven Ressourcen (ich werde den Ausdruck Sparsamkeit im Rest dieses Kapitels in diesem Sinn verwenden) (Gigerenzer 2006, S. 129). Sowohl das Zeitproblem als auch die prinzipielle Unzugänglichkeit mancher Informationen können dazu führen, dass Entscheidungen auf der Grundlage unvollständiger Informationen getroffen werden müssen. Je weniger Informationen ein Entscheidungsprozess daher benötigt, desto besser. Dasselbe gilt für die kognitiven Ressourcen, die benötigt werden, um Informationen auszuwerten. Je weniger Ressourcen dafür benötigt werden, desto mehr stehen für andere Aufgaben zur Verfügung (vgl. Schulz 2011). Gute Entscheidungsprozesse müssen daher gemessen an der Anforderungen der realen Welt in kurzer Zeit unter möglichst geringem Einsatz kognitiver Ressourcen und mit wenigen Informationen gute Ergebnisse produzieren.

Die Anforderungen für erfolgreiche Entscheidungsprozesse unterscheiden sich also von den Normen der Standardansicht. Zwar ist Wahrheit auch wichtig, um sich in der wirklichen Welt zurechtzufinden, aber es müssen auch eine Reihe anderer Faktoren berücksichtigt werden, die die Wahrheitszuträglichkeit unserer Entscheidungsprozesse verringern können. Gute Entscheidungen müssen mit wenigen Informationen in kurzer Zeit getroffen werden. Gemessen an diesen Anforderungen ist daher manchmal eine aus der Perspektive der Standardansicht zweitbeste Strategie, die auf der Grundlage weniger Informationen schnell zustande kommt und katastrophale Fehler unwahrscheinlich macht, der Suche nach einer optimalen Strategie vorzuziehen. Vor diesem Hintergrund schneiden Heuristiken wesentlich besser ab, als von Kahneman und Tversky nahegelegt, da sie wesentlich durch einfache Suchregeln, einfache Stoppregeln und einfache Entscheidungsregeln charakterisiert sind (Gigerenzer & Selten, 2001, S. 8). Einfache Suchregeln bestehen darin, nicht alle relevanten Informationen zu berücksichtigen, einfache Stoppregeln geben vor, dass die Suche nach weiteren Informationen ab einem leicht bestimmbaren Grenzwert eingestellt wird, und einfache Schlussregeln bestehen nicht in einer optimalen Auswertung der Informationen im Sinne der Logik und Wahrscheinlichkeitstheorie, sondern in mehr oder weniger ungenauen und kognitiv wenig anspruchsvollen Faustregeln (vgl. Schulz 2011). Ein gutes Beispiel dafür ist die sogenannte *Take the Best* Heuristik. Angewendet wird sie beim Vergleich zweier Dinge hinsichtlich einer Eigenschaft. Die Kriterien für das Vorliegen der Eigenschaft werden nacheinander geprüft. Wenn beide Objekte das erste Kriterium gleich gut erfüllen, wird das nächste Kriterium geprüft. Sobald ein Objekt ein Kriterium besser erfüllt als das andere, ist die Suche beendet und es werden keine weiteren Kriterien geprüft (vgl. Gigerenzer 2006, S. 125). Take the Best ist nur eine von vielen Heuristiken aus der Familie der sogenannten *one reason decision making* Heuristiken, deren Gebrauch beim Menschen durch viele Studien nachgewiesen ist (vgl. Gigerenzer & Todd 1999). Gigerenzer betont jedoch, dass Heuristiken nicht nur schnell und sparsam sind, sondern oft sehr gute Ergebnisse produzieren. In einem Experiment sollten Studenten den Ausgang vergangener Basketballspiele anhand zweier Kriterien vorhersagen: die Anzahl der Spiele, die die Mannschaften in dieser Saison jeweils gewonnen hatten und der Halbzeitstand (Gigerenzer 2008). Zum einen zeigte dieses Experiment, dass die Probanden tatsächlich die take the best Heuristik angewendet hatten: Wenn sich die beiden Mannschaften hinsichtlich der Anzahl gewonnener Spiele merklich unterschieden, tippte die Mehrheit der Probanden, dass die Mannschaft mit mehr Siegen auch in diesem Spiel gewinnen würde und ignorierte das Halbzeitergebnis. Wenn dagegen das erste Kriterium die beiden Mannschaften nicht deutlich unterschied, wählten sie die Mannschaft, die zur Halbzeit in Führung lag. Die Auswertung zeigte jedoch vor allem, dass die Take the best Heuristik nicht nur gut beschreibt, wie Menschen viele Entscheidungen treffen, sondern auch erstaunlich gute Vorhersagen ermöglicht: Die Vorhersagen auf der Grundlage der take the best Heuristik waren in 78% der Fälle korrekt. Ebenso sind die Diagnosen von Ärzten, die sich bei einem Verdacht auf Herzinfarkt auf lediglich drei Kriterien verlassen, genauso zuverlässig, wie die von Ärzten, die ihre Diagnose auf der Grundlage von 50 Kriterien und einer Formel, wie diese gegeneinander zu gewichten sind, erstellen (Gigerenzer & Brighton 2009).

Natürlich leugnen Kahneman und Tversky nicht, dass Heuristiken manchmal erfolgreich sein können. Sie bewerten sie jedoch trotzdem als irrational, weil Heuristiken keine formale Beziehung zur Wahrheit aufweisen und daher zu systematischen Fehlern führen (vgl. Gigerenzer 2006, S. 118). Take the best etwa funktioniert nicht, wenn das erste Kriterium, das geprüft wird, nur auf ein Objekt zutrifft, aber wenig aussagekräftig ist, während alle anderen Kriterien, die nicht mehr berücksichtigt werden, aussagekräftiger sind und für das andere Objekt sprechen. Allerdings impliziert die Tatsache, dass Heuristiken keine formale Beziehung zur Wahrheit aufweisen, nicht, dass sie überhaupt keine Beziehung zur Wahrheit aufweisen. Gigerenzer betont, dass Heuristiken ein Produkt der Umwelt sind, in der sie sich entwickeln: Sie können genetisch kodiert oder durch Erfahrung erlernt sein (Gigerenzer & Gaissmeier 2011). In jedem Fall sollten wir sie als Anpassung an spezifische Probleme in bestimmten Umwelten begreifen. Dass sie an eine bestimmte Umwelt angepasst sind, bedeutet, dass ihre Funktionsweise für diese Umwelt optimiert wurde und sie in diesen Umwelten schnell und sparsam gute Ergebnisse produzieren. Dazu machen sie sich die informationale Struktur dieser Umwelt zunutze: Sie können Korrelationen zwischen bestimmten Informationen berücksichtigen, die zwar kontingent, in dieser Umwelt aber stabil sind (Gigerenzer & Gaissmeier 2011). Wenn ich zum Beispiel Immanuel Kant zum Nachbarn habe, der jeden Nachmittag um Punkt vier Uhr seinen Spaziergang macht, kann ich daraus, dass mein Nachbar sein Haus zum Spaziergang verlässt, auf die Uhrzeit schließen. Ebenso ersetzen Heuristiken komplizierte, kognitiv aufwändige und zeitintensive Inferenzen durch einfache Faustregeln, die die spezifische informationale Struktur ihrer Umwelt ausbeuten. Die sogenannte *Rekognitionsheuristik* zum Beispiel ermöglicht es uns, anhand eines einzigen Kriteriums, unserer Wiedererkennung, zu entscheiden, welches von zwei Objekten einen höheren Wert bezüglich eines Kriteriums aufweist (Gigerenzer 2006, S. 124; vgl. auch Gigerenzer & Gaissmaier 2011). Wenn es zum Beispiel eine Korrelation gibt zwischen der Wahrscheinlichkeit, mit der ich einen Tennisspieler kenne, und seinem Erfolg als Tennisspieler, kann ich diese Korrelation nutzen, um den Ausgang von Tennisspielen vorherzusagen: Anstatt eine Menge von Informationen (wie die momentane Weltranglistenposition, die Form der letzten Wochen usw.) ihrer Aussagekraft nach zu beurteilen, gegeneinander zu gewichten und auszuwerten, kann ich gute Prognosen treffen, in dem ich auf den Spieler tippe, dessen Namen ich kenne oder (wenn ich beide kenne) dessen Name ich schneller erkenne. Es ist genau diese Eigenschaft von Heuristiken (sich die informationale Struktur der Umwelt zunutze zu machen), wodurch sie schneller und sparsamer sind als logische Verfahren, wie sie die Standardansicht vorschlägt, und dabei trotzdem gute Ergebnisse liefern können. Die gleiche Eigenschaft macht sie jedoch auch ungeeignet, um Probleme in Umwelten zu lösen, die sich stark von denen unterscheiden, durch die sie geformt wurden. Die informationale Struktur, die sich eine Heuristik in einer Umwelt als Abkürzung zunutze macht, führt in anders strukturierten Umwelten in die Irre. Der Schluss vom Spazierengehen meines Nachbarn auf die Uhrzeit funktioniert nicht mehr, wenn ich einen neuen Nachbarn bekomme. Ebenso kann die Rekognitionsheuristik nicht benutzt werden, wenn es keine Korrelation zwischen meinem Erkennen und einem bestimmten infrage stehenden Kriterium gibt. Sie kann eine gute Methode sein, um zu entscheiden, ob Britney Spears oder Gillian Welch mehr Platten verkauft haben (Britney Spears), aber eine schlechte, um zu entscheiden, wer von beiden zum Beispiel intelligenter ist.

Auch Gigerenzer räumt also ein, dass Heuristiken uns manchmal in die Irre führen. Aber anders als Tversky und Kahneman, die betonen, dass Heuristiken systematisch zu falschen Überzeugungen führen, betont Gigerenzer, dass sie ebenso systematisch zu richtigen Überzeugungen führen, nämlich dann, wenn sie in den Umwelten eingesetzt werden, in denen sie geformt und für die sie optimiert wurden. Wie Kahneman und Tversky bewertet auch Gigerenzer Heuristiken als irrational, wenn wir sie an den Normen der Standardansicht messen. Aber neben seiner Kritik der Standardansicht als deskriptiv falsch, argumentiert er überdies, dass die Standardansicht auch normativ unangemessen ist (Gigerenzer 2006; 2008). Optimale Entscheidungsprozesse sollten wir Gigerenzer zufolge daran messen, wie gut sie sich dazu eignen, unsere Ziele zu verwirklichen. Die Standardansicht begeht dabei die schon erwähnten folgenden Fehler: Zum einen geht sie von idealen Bedingungen aus, die weit von denen entfernt sind, unter denen wir in der wirklichen Welt Entscheidungen treffen müssen. Die Normen, die sie formuliert, können daher gar nicht von uns erfüllt werden (Gigerenzer 2006, S. 116). Dem scheint der Gedanke zugrunde zu liegen, dass Sollen Können impliziert. Zum anderen betrachtet die Standardansicht Ziele zu isoliert und blendet den Kontext anderer Interessen aus, weshalb Wahrheitszuträglichkeit für sie eine so große Rolle spielt. Tatsächlich ist für uns jedoch auch Zeit und Sparsamkeit relevant. Gigerenzer zufolge besteht eine rationale Strategie demnach aus einem optimalen Mix aus Wahrheit im Sinne unserer pragmatischen Ziele, Sparsamkeit und Geschwindigkeit (Gigerenzer 2006, S. 128 – 129). Dieser optimale Mix ist natürlich nicht in jedem Fall gleich, sondern hängt sowohl von der Art von Problem oder Entscheidung ab, als auch von dem Zeitdruck, unter dem sie getroffen werden muss. Heuristiken stellen in der Regel einen solchen Mix dar: Sie kommen mit wenigen Informationen aus und sind einfach und daher schnell zu berechnen. Ist es also rational, sich zum Beispiel bei der Diagnose von Herzinfarkten auf einen einzelnen Hinweis zu verlassen? Diese Frage ist Gigerenzer zufolge falsch gestellt. Richtig gestellt müsste die Frage heißen: *Wann* bzw. *wo* ist es rational, sich auf einen einzelnen Hinweis bei der Diagnose von Herzinfarkten zu verlassen? Anders formuliert kann man fragen, wie eine Umwelt beschaffen sein muss, dass eine gegebene Heuristik rational ist. Da Heuristiken sich bestimmte Begebenheiten der Umwelt zunutze machen, um schnell und effektiv zu sein, hängt der Erfolg jeder Heuristik von der Umwelt ab, in der sie eingesetzt wird. Eine Heuristik kann in einer bestimmten Umwelt sehr erfolgreich sein, in einer anderen Umwelt jedoch systematisch zu falschen Ergebnissen führen. Demnach lässt sich Gigerenzer zufolge auch die Rationalität einer bestimmten Heuristik nicht unabhängig von der Umwelt, in der sie eingesetzt wird, bestimmen. Da dieser Auffassung zufolge nicht nur ein Prozess, sondern ein Prozess in einer bestimmten Umwelt hinsichtlich seiner Rationalität bewertet wird, spricht er auch von *ökologischer Rationalität* (Gigerenzer 2006, S. 123).

Die normative Kritik Gigerenzers ist nicht ganz unproblematisch. Man kann sich fragen, wie der Schritt von der deskriptiven Kritik zur normativen Kritik gerechtfertigt wird. Begeht Gigerenzer hier einen naturalistischen Fehlschluss? Beide Kritikpunkte Gigerenzers an der Standardansicht von Rationalität haben zumindest *prima facie* eine hohe Plausibilität. Gute Entscheidungsprozesse sind solche, die uns erfolgreiche Entscheidungen ermöglichen, und was sie zu erfolgreichen Prozessen macht, hängt davon ab, welche Anforderungen die reale Welt an sie stellt. Die Frage, wie wir Entscheidungen treffen *sollten*, sollte nicht vollkommen unabhängig davon sein, wie wir Entscheidungen treffen *können*.

Diese Frage ist sicherlich interessant und es gäbe eine Menge mehr dazu zu sagen, im Kontext dieser Arbeit kann sie jedoch vernachlässigt werden. Die zentrale Frage dieses Kapitels ist die, ob Menschen sich durch ihre Entscheidungsprozesse von nicht-menschlichen Tieren unterscheiden. Zunächst gilt es an dieser Stelle eine allgemeine Beobachtung festzuhalten, die an die erkenntnistheoretische und methodologische Diskussion des zweiten Kapitels anschließt. Wenn wir daran interessiert sind, ob Tiere über ähnliche Fähigkeiten verfügen wie der Mensch, dann können wir nicht nur den Fehler begehen, ihnen Fähigkeiten zuzuschreiben, über die sie nicht verfügen, oder Fähigkeiten abzusprechen, die sie tatsächlich haben, sondern wir können auch den Fehler machen, uns darin zu täuschen, über welche Fähigkeiten der Mensch verfügt. Cameron Buckner (2012) spricht in solchen Fällen von *Anthropofabulationen*. Denn wenn unserer Untersuchung der kognitiven Fähigkeiten nicht-menschlicher Tiere sich an idealisierten oder überzogenen Vorstellungen der Fähigkeiten des Menschen orientiert und wir feststellen, dass Tiere (auch) nicht über diese Fähigkeiten verfügen, dann haben wir nicht viel gewonnen. Aber wie sieht es mit einer realistischeren Einschätzung menschlicher Entscheidungsprozesse aus, wie sie in diesem Kapitel diskutiert wurde? Verfügen Tiere über ähnliche Fähigkeiten wie der Mensch?

Viele Tiere verhalten sich manchmal, *als ob* sie ihren Nutzen im Sinne der Standardansicht von Rationalität maximieren würden. Ameisen können bei der Begutachtung möglicher Nester sehr schnell und genau bestimmen, ob ein Nest den Größenanforderungen der Kolonie entspricht oder nicht (Mallon & Franks 2000; Mugford et al. 2001). Eichhörnchen adoptieren manchmal verwandte Jungtiere, aber nur dann, wenn es nach Hamiltons Regel (Hamilton 1964, vgl. Kap. 8) ihre Gesamtfitness erhöht (Gorrell et al. 2010). Die Entscheidungen von

Vögeln, von einem Ort zum nächsten entweder zu fliegen oder zu hüpfen, maximiert ihren Nutzen, Energie zu sparen (Kacelnik 2006). Viele Tiere sind in der Lage die Kraft von Konkurrenten zuverlässig einzuschätzen und können dadurch gefährliche Auseinandersetzungen, in denen sie verlieren und sich verletzen würden, vermeiden (Stamp-Dawkins 1996, S.46 ff). In all diesen Fällen entspricht das, was die Tiere tun, erstaunlich exakt dem, was sie tun würden, wenn sie Informationen gemäß der Standardansicht auswerten würden. Aber alle diese Verhalten können auch durch die Anwendung einfacher Heuristiken erklärt werden. Die kognitive Schlichtheit mancher dieser Tiere spricht genauso dafür, dass diese Erklärungen bessere Erklärungen darstellen, wie die Tatsache, dass sie Fähigkeiten, die sie in einer Situation scheinbar zeigen, in einer anderen Situation nicht abrufen können. Wie sich jedoch gezeigt hat, gilt das nicht nur für nicht-menschliche Tiere. Erkenntnisse der Psychologie sprechen dafür, dass auch Entscheidungen des Menschen nicht durch bereichsunspezifische Prozesse verursacht werden, die die Gesetze der Logik und Wahrscheinlichkeitstheorie widerspiegeln. Das wirft die Frage auf, wie wir überhaupt erfolgreich mit unserer Umwelt zurecht kommen können. Gigerenzers Theorie ökologischer Rationalität bietet eine zunächst plausible Antwort: Unsere Entscheidungsprozesse sind für die Umwelt optimiert, in der wir uns normalerweise bewegen. Indem sie die informationale Struktur der Umwelt ausbeuten, können sie schnell und sparsam gute, wenn auch nicht immer perfekte Entscheidungen produzieren. Wenn also die Art und Weise wie Menschen denken, Probleme lösen und Entscheidungen treffen tatsächlich mit dem Konzept der ökologische Rationalität gut beschrieben ist, dann können wir die einmalige Innovationsfähigkeit des Menschen nicht dadurch erklären, dass sich seine Informationsverarbeitung wesentlich von der anderer Tiere unterscheidet. Natürlich impliziert die These, dass sowohl Menschen als auch nicht-menschliche Tiere Heuristiken benutzen um Entscheidungen zu treffen nicht, dass sie *dieselben* Heuristiken benutzen. Sicherlich unterscheiden sich viele Heuristiken des Menschen von denen nicht-menschlicher Tiere, auch wenn es wohl manche Gemeinsamkeiten gibt. Aber auch wenn die Heuristiken, die wir Menschen benutzen, ein viel größeres Potenzial dazu haben, Innovationen hervorzubringen, kann man von einem eher graduellen als prinzipiellen Unterschied sprechen, da sie viele Gemeinsamkeiten mit den Entscheidungsmechanismen nichtmenschlicher Tiere aufweisen: Sie sind von der Umwelt für das Lösen spezifischer Probleme geformt und beuten die informationale Struktur dieser Umwelt aus, um schnell und sparsam gute Ergebnisse zu liefern.

Ökologisches Rationalität ist ein guter Kandidat, um viele menschliche Entscheidungsprozesse zu erklären. David Papineau wirft jedoch die Frage auf, ob sie geeignet ist, *alles* menschliche Denken zu erklären (Papineau 2007a). Denn wenn es stimmt, dass wir ausschließlich schnelle und unsaubere Faustregeln benutzen, gibt es ein explanatorisches Problem: Wie können wir erklären, dass wir in manchen Fällen doch sehr viel Zeit für die Suche nach Informationen und sehr viel Zeit für das Berechnen dieser Informationen aufbringen? Und wie können wir erklären, dass wir manchmal so unglaublich exakt sind? Oder wie es Papineau salopp formuliert: „Wenn wir so dumm sind, wie kommt es dann, dass wir einen Mann auf den Mond schicken konnten?" (Papineau 2007a, S. 43-44). Dieser Frage soll im nächsten Kapitel nachgegangen werden.

5 Theoretische Rationalität

5.1 Das explanatorische Problem ökologischer Rationalität

In Kapitel 3 wurde diskutiert, über welche kognitiven Voraussetzungen ein Lebewesen verfügen muss, um flexibel und innovativ mit seiner Umwelt interagieren zu können: Sie müssen die Welt von spezifischen Verhaltensreaktionen entkoppelt repräsentieren, und diese Informationen müssen für eine Vielzahl verschiedener Verhalten zur Verfügung stehen. Die Repräsentation der Welt durch Überzeugungen erfüllt diese Voraussetzung, da es sich bei Überzeugungen um rein informationale Zustände handelt, die relevant für eine potenziell unendlich große Menge verschiedener Verhaltensweisen sind (vgl. Kap. 3). Es spricht jedoch vieles dafür, dass auch zumindest manche nicht-menschliche Tiere die Welt hinreichend entkoppelt repräsentieren können, um Probleme innovativ zu lösen, auch wenn ihre Repräsentationen nicht in dem gleichen Maße entkoppelt sind wie Überzeugungen des Menschen. Dieser Unterschied in der Flexibilität im Umgang mit Informationen kann zumindest zum Teil erklären, warum nicht-menschliche Tiere über ein geringeres Potenzial verfügen, um Probleme innovativ zu lösen. Da es sich dabei jedoch um einen graduellen Unterschied handelt, sollten wir die Eigenschaft des Menschen, ein rationales Lebewesen zu sein, nicht als anthropologische Grenze auffassen.

Die Fähigkeit, die Welt von spezifischen Verhaltensreaktionen entkoppelt zu repräsentieren, sagt jedoch nur etwas über den Verhaltensspielraum auf, den Repräsentationen einem Lebewesen ermöglichen, nicht jedoch darüber, wie sie diesen Spielraum nutzen. Mit anderen Worten sagt sie nichts darüber aus, *wie* diese Repräsentationen zu unserem Verhalten beitragen und impliziert daher auch keinen erfolgreichen Umgang mit der Umwelt. Eine weitere Möglichkeit, wie wir erklären können, dass Menschen in einem viel größeren Maße in der Lage sind, Probleme innovativ zu lösen, könnte darin bestehen, dass die Informationsverarbeitung, die der Übersetzung von Repräsentationen in Verhalten zugrunde liegt, beim Menschen eine andere, effektivere ist als bei nicht-menschlichen Tieren. Tatsächlich ist die Vorstellung, dass sich diese Prozesse bei Menschen und Tieren nicht nur graduell unterscheiden, sondern es sich dabei um fundamental verschiedene Arten von Prozessen handelt, weitverbreitet. Das Denken des Menschen erfüllt dieser Auffassung zufolge die Normen der

Standardansicht von Rationalität, das Denken der Tiere dagegen nicht.[64] Gemäß der Standardansicht ist es rational, in Übereinstimmung mit den Gesetzen der Logik, Entscheidungs- und Wahrscheinlichkeitstheorie zu urteilen. Wenn unser Denken von der Standardansicht gut beschrieben ist, spiegelt sich die formale Natur logischer Inferenzen darin wider, dass unsere Entscheidungsprozesse gehaltsblind sind und auf Wahrheit zielen. Die Gehaltsblindheit macht sie unabhängig von der Umwelt, in der sie eingesetzt werden, zu einem guten Mittel, um zu wahren Überzeugungen zu kommen, und wahre Überzeugungen sind der beste Weg zur Nutzenmaximierung. Die Entscheidungsprozesse nichtmenschlicher Tiere fassen wir dagegen häufig ganz anders auf. Vieles spricht dafür, dass es sich dabei um von der natürlichen Selektion geformte spezifische Lösungen für spezifische praktische Probleme handelt. Diese unterscheiden sich von den rationalen Prozessen des Menschen dadurch, dass sie domänenspezifisch sind und nicht auf Wahrheit, sondern auf praktischen Erfolg zielen. Diesem Bild zufolge gibt es einen fundamentalen Unterschied zwischen dem Denken von Menschen und nicht-menschlichen Tieren, der überdies explanatorisch von großer Relevanz wäre. Die Wahrheitszuträglichkeit logischer Inferenzen könnte erklären, warum Menschen besonders gut darin sind, Probleme zu lösen, während die Tatsache, dass das Denken von Tieren auf praktischen Erfolg gerichtet ist, ein Grund für die beschränkte Innovationsfähigkeit nichtmenschlicher Tiere sein könnte. Überdies ermöglicht die Gehaltsblindheit logischer Inferenzen, dass Lösungen, die einmal gefunden wurden, auf andere Probleme übertragen werden können, während die Bereichsspezifizität tierischer Entscheidungsprozesse ihre diesbezüglich eingeschränkten Fähigkeiten erklären könnte.

Diese Alltagssicht kann jedoch von zwei Seiten angegriffen werden: Man kann argumentieren, dass menschliches Denken durch die Standardansicht schlecht beschrieben ist, oder man kann argumentieren, dass das Denken von Tieren durch diese Sicht schlecht beschrieben ist. Im letzten Kapitel wurde der ersten Frage nachgegangen. Vor allem von der Psychologie wird die Standardansicht als deskriptiv angemessenes Modell menschlichen Denkens in Frage gestellt. Dabei wird sowohl die Auffassung angegriffen, dass die Art und Weise wie wir denken und schlussfolgern die Gesetze der Logik und Wahrscheinlichkeitstheorie widerspiegelt, als auch, dass wir ausschließlich das Ziel verfolgen, wahre Überzeugungen zu bekommen. Während manche Psychologen wie Kahneman und Tversky die Ergebnisse einer Vielzahl von Experimenten dahin-

64 Mit Denken bezeichne ich die Informationsverarbeitung, die der Übersetzung von Repräsentationen in Verhalten zugrunde liegt.

gehend interpretieren, dass Menschen in vielen Fällen irrational sind (weil sie nicht den Anforderungen der Standardansicht genügen) entwirft Gigerenzer ein positiveres Bild des menschlichen Geistes. Ihm zufolge begeht die normative Standardansicht zum einen den Fehler stark idealisierte und daher für den Menschen unerfüllbare Normen zu postulieren, und sie verkennt zum anderen, wozu der Mensch seinen Geist benötigt. Aus einer evolutionären Perspektive müssen unsere Entscheidungsprozesse nicht nur wahrheitszuträglich sein, sondern auch schnell und sparsam. Wenn wir die Rationalität unseres Denkens jedoch an diesen Parametern messen, schneiden unsere Entscheidungsprozesse gar nicht schlecht ab. Indem sie sich kontingente Korrelationen der informationalen Struktur der Umwelt, in der sie sich entwickelt haben, zunutze machen, können sie schneller und sparsamer Ergebnisse liefern als logische Inferenzen, auch wenn diese Ergebnisse nicht immer perfekt sind. Aus Gigerenzers Sicht ist jedoch ein Prozess, der in Bezug auf Wahrheit nur die zweitbeste Strategie zum Ergebnis hat, in vielen Fällen einem perfekt wahrheitszuträglichen Prozess vorzuziehen, nämlich dann, wenn er mit weniger Informationen schnell zu einem guten Ergebnis kommt und daher sparsamer ist in Bezug auf die Beschaffung von Informationen, sowie in Bezug auf die Zeit, die zum Berechnen der Informationen benötigt wird.[65] Gigerenzers Theorie der ökologischen Rationalität bietet also eine Erklärung dafür an, wie Menschen so erfolgreich sein können, obwohl ihr Geist nicht den Anforderungen der Standardansicht von Rationalität genügt. Das Bild der ökologischen Rationalität gleicht jedoch stark dem, das wir zuvor vom Denken der Tiere gezeichnet haben: Heuristiken sind spezielle Lösungen für spezielle Probleme, die sich nicht auf andere Probleme oder Bereiche übertragen lassen. Der Gebrauch von Heuristiken spricht auch dafür, dass unser Geist kein Allzweckwerkzeug ist, sondern besser durch das Bild eines Schweizer Taschenmessers beschrieben wird, so wie es die These der massiven Modularität formuliert. Dieser Sicht zufolge gibt es keinen wirklichen Graben zwischen menschlichem und nicht-menschlichem Denken, auf dessen einer Seite Denken formal, gehaltsblind und wahrheitszuträglich ist, während es auf der anderen Seite in bereichsspezifischen und auf praktischen Erfolg zielenden Prozessen besteht.

Wenn man die stärkste Variante ökologischer Rationalität vertritt, wird menschliches Denken durch den Gebrauch von Heuristiken – schneller und

---

65 Wie im letzten Kapitel gesehen, müssen Heuristiken nicht in jedem Fall zu schlechteren Ergebnissen führen. Aber die Wahrheitszuträglichkeit bemisst sich an der Gesamtheit der Ergebnisse, die ein Prozess produziert. Da Heuristiken nur in manchen Umwelten gute Ergebnisse produzieren, sind sie insgesamt weniger zuverlässig, auch wenn sie andere Vorteile haben.

schmutziger Faustregeln – vollständig beschrieben. Papineau argumentiert jedoch, dass die Theorie, so stark vertreten, über ihr Ziel hinausschießt und deskriptiv falsch sein muss: Wenn alles menschliche Denken und Schlussfolgern auf Faustregeln beruhen würde, die auf einen optimalen Mix aus Wahrheit, Sparsamkeit und Zeit zielen, könnten wir in Unterfangen, die auf Wahrheit zielen und ein Höchstmaß an Präzision erfordern, nicht erfolgreich sein (Papineau 2007a, S. 43). Zu solchen Unterfangen gehört beispielsweise die Philosophie, in der man sich nicht damit begnügt, Antworten auf Fragen zu finden, die gemessen an der Zeit, die man zum Beantworten benötigt, nicht schlecht sind. Vielmehr scheint die Zeit, die zur Beantwortung philosophischer Fragen benötigt wird, keine zentrale Rolle zu spielen. Das einzige Kriterium, wonach eine Antwort bewertet wird, ist Wahrheit. Wenn man in dieser Hinsicht die Geschichte der Philosophie nicht als Erfolgsgeschichte versteht, dann zeigt sie zumindest, dass Menschen manchmal die *Motivation* haben, Wahrheit unabhängig von Sparsamkeits- und Zeitüberlegungen zu verfolgen. Aber natürlich sind Menschen manchmal nicht nur motiviert, die Wahrheit in diesem Sinn zu verfolgen, sie sind in vielen Fällen auch erfolgreich. So wären zum Beispiel wissenschaftlicher Fortschritt und viele technologische Errungenschaften einfach undenkbar, wenn die zugrundeliegenden Berechnungen aus der Anwendung schneller und ungenauer Faustregeln resultierten. Die Theorie der ökologischen Rationalität stellt uns demnach vor ein explanatorisches Problem, das Papineau salopp folgendermaßen formuliert: "Wenn wir so dumm sind, wie konnten wir dann einen Menschen zum Mond schicken?" (Papineau 2007a, S. 44, meine Übersetzung).

Ökologische Rationalität scheint also ein gutes Modell für einen Großteil menschlichen Denkens zu sein, kann aber nicht alles Denken hinreichend erklären. In diesem Kapitel werde ich Papineaus Vorschlag dafür diskutieren, womit diese Erklärung ergänzt werden muss. Papineau verteidigt zwei Thesen: Zum einen macht er einen Vorschlag, über welche Fähigkeiten der Mensch verfügen muss, um das explanatorische Problem zu vermeiden. Über diese Fähigkeiten zu verfügen, bezeichnet Papineau als *theoretische Rationalität*. Zum anderen argumentiert er, dass *nur* der Mensch über diese Fähigkeiten verfügt. Dieser Sicht zufolge gibt es doch einen Graben zwischen dem Denken von Menschen und dem von Tieren: Menschen sind nicht nur ökologisch rational, sondern verfügen auch über theoretische Rationalität. Im Rest des Kapitels werde ich zunächst auf Papineaus Lösung des explanatorischen Problems eingehen (Kap. 5.2) und im Anschluss diskutieren, ob wir theoretische Rationalität tatsächlich als einen fundamentalen Unterschied – als eine anthropologische Grenze – auffassen sollten (Kap. 5.3 und Kap. 5.4).

5.2 Theoretische Rationalität

Das explanatorische Problem besteht also darin, dass wir nicht erklären können, wie Menschen mit schnellen und sparsamen Faustregeln in manchen Fällen ein hohes Maß an Präzision erreichen können. Sowohl die Fokussierung von Kahneman und Tversky auf Fehler, als auch die Umdeutung dieser Fehler von Gigerenzer als ökologisch rational vernachlässigen die Tatsache, dass fast alle Menschen lernen können, logische Probleme wie das Linda-Problem oder den Vier-Karten-Test besser zu lösen. Diese Verbesserung besteht Papineau zufolge nicht darin, einfach die richtigen Antworten zu lernen, sondern vielmehr darin, dass wir verstehen können, warum unsere Antworten falsch waren und dass wir dieses Wissen in zukünftigen Testsituationen berücksichtigen können (Papineau 2007a, S. 57 – 58, meine Hervorhebung):

> Humans are quite capable of improving their performance in such puzzles if they prepare themselves appropriately. And the appropriate preparation is obvious enough. We can simply *set ourselves to be more reliable sources of true belief*. That is, we can identify and analyse different kinds of problem situation, figure out which methods of belief-formation will actually deliver true answers in those situations, and then set ourselves to practise these reliable methods. In this way we can "transcend" the "fast and frugal" modes of thought bequeathed to us by evolution. These "heuristics" or "modules" may work fine in a certain range of situations, or when speed is of the essence, but we can do much better when we want to make sure that we get the right answers, and are prepared to expend a significant amount of intellectual time and energy in finding them.

Menschen können sich also manchmal in Papineaus Worten gezielt „zu zuverlässigeren Quellen wahrer Überzeugungen machen" (Papienau 2007a, S. 57, meine Übersetzung), als es durch die Verwendung schneller und sparsamer Heuristiken möglich ist. Sie sind in der Lage, Methoden zu identifizieren, die zuverlässiger zur Wahrheit führen als Heuristiken, und sie können Geschwindigkeit und Sparsamkeit zurückstellen und gezielt diese Methoden einsetzen, wenn viel auf dem Spiel steht. Diese Fähigkeit nennt Papineau *theoretische Rationalität* (Papineau 2007a, S. 69). Wie muss der menschliche Geist beschaffen sein, um über diese Fähigkeit zu verfügen? Wie bereits gesagt, fasst Papineau das explanatorische Problem nicht als eine generelle Kritik an der Theorie ökologischer Rationalität und dem dieser Theorie zugrunde liegenden Bild der Modularität unseres Geistes auf (Papineau 2007a, S. 69 – 73). Diese Theorie ist explanatorisch stark, wenn es darum geht, sowohl kognitive Verzerrungen als auch in vielen Fällen erfolgreiches Denken, Schließen und Problemlösen zu erklären (vgl. Kap. 4). Das explanatorische Problem der ökologischen Rationalität besteht also nicht in Bezug auf die Frage, ob die Theorie ökologischer Rationalität menschliches Denken angemessen beschreibt, sondern in Bezug auf die Frage, ob sie *alles* menschliche Denken angemessen beschreibt. Eine wichtige Anforderung für eine Theorie theoretischer Rationalität besteht demnach darin, dass sie dieses Bild ergänzt und nicht etwa ersetzt: Theoretische Rationalität muss mit der Modularität des Geistes vereinbar sein. Die zweite Anforderung für theoretische Rationalität besteht darin, dass sie etwas Bestimmtes leisten muss. Sie muss hinreichend dafür sein, dass wir uns manchmal zu zuverlässigeren Quellen wahrer Überzeugungen machen können. Beginnen wir mit dieser zweiten Anforderung. Wir wollen die Fähigkeit des Menschen erklären, Methoden zu entwickeln, die zuverlässig zur Wahrheit führen, und diese Methoden einsetzen zu können, wenn Exaktheit wichtiger ist als Zeit oder Sparsamkeit. Papineau glaubt, dass dazu zwei Fähigkeiten benötigt werden (Papineau 2007a, S. 61):

> [T]wo simple abilities would suffice for the enterprise of deliberately seeking out reliable belief-forming methods. First, humans need to be able to identify the end of truth. Secondly, they need to figure out how to achieve it. After all, what are reliable belief-forming methods, except an effective means to the end of truth?

Um theoretisch rational zu sein, müssen wir demnach in der Lage sein, Wahrheit als Ziel zu identifizieren, und wir müssen über die Fähigkeit zum Zweck-Mittel-Denken verfügen. Zusammengenommen ergibt das die Fähigkeit, die richtigen Mittel identifizieren zu können, um das Ziel Wahrheit zu erreichen. Das scheint plausibel, aber wie können diese Fähigkeiten mit der Modularität des menschlichen Geistes vereinbar sein? Eine naheliegende Lösung besteht darin, dass theoretische Rationalität selbst ein Modul ist – ein weiteres Werkzeug unseres Geistes, das von der natürlichen Selektion geformt wurde, um spezifische Arten von Problemen zu lösen. Dagegen vertritt Papineau die Ansicht, dass wir schon aus anderen Gründen über die Fähigkeiten verfügen, die theoretischer Rationalität zugrunde liegen (Papineau 2007a, S. 40). Theoretische Rationalität ist demnach ein sogenanntes *Spandrel*. Dieser Begriff wurde von Stephen Jay Gould und Richard Lewontin in die Evolutionsbiologie eingeführt und bezeichnet eine Fähigkeit, die zunächst als Nebenprodukt anderer Fähigkeiten entsteht, bevor sie selbst irgendwann adaptiv sein kann (Gould & Lewontin 1979). Ebenso kann auch theoretische Rationalität dieser Auffassung zufolge durchaus adaptiv sein, wenn wir einmal über sie verfügen (und es ist leicht zu sehen, worin der adaptive Vorteil liegt). Um jedoch die Evolution theoretischer Rationalität zu erklären, müssen wir erklären, worin der adaptive Nutzen der Fähigkeiten besteht, die ihr konstitutiv zugrunde liegen (vgl. dazu auch Papineau 2005).

Allgemeines Zweck-Mittel Denken

Für Zweck-Mittel-Denken scheint eine solche Erklärung wenig problematisch. Als Zweck-Mittel-Denken fasst Papineau die Fähigkeit auf, in Entscheidungssituationen die Konsequenzen verschiedener Optionen abzuwägen und sich für die Option zu entscheiden, die sich am besten für ein bestimmtes Ziel eignet (Papineau 2007b, S. 83). In einem sehr weiten Sinn kann man Zweck-Mittel-Denken überall dort verorten, wo Lebewesen über die Fähigkeit zum Lernen verfügen. In dem Moment, in dem die Verhaltensdispositionen eines Lebewesens nicht mehr genetisch determiniert sind, muss es über eine Informationsverarbeitung verfügen, die „entscheidet", mit welchem (von verschiedenen möglichen) Verhalten eine Repräsentation verknüpft wird. Wenn ein Lebewesen auf einen bestimmten Reiz mit einem Verhalten reagiert, weil dieses Verhalten in der Vergangenheit zu einem gewünschten Resultat geführt hat, könnte man davon sprechen, dass es dieses Verhalten gewählt hat, weil es glaubt, dass dieses Verhalten ein gutes Mittel ist, um erneut das gewünschte Resultat hervorzubringen.[66] Diese Art von Zweck-Mittel-Denken (wenn wir es so bezeichnen wollen) ist jedoch in einer wichtigen Hinsicht sehr beschränkt: Alles, was ein Lebewesen zum Lernen können muss, ist, zwei spezifische Dinge – ein Verhalten und ein Resultat – miteinander durch Assoziation zu verknüpfen. Das heißt, dass diese Art von Zweck-Mittel-Denken nur Ergebnisse für Probleme produzieren kann, die in der Vergangenheit bereits erfolgreich gelöst wurden. Um jedoch ein Zweck-Mittel-Denker in Papineaus Sinn zu sein, muss man zusätzlich etwas mehr erfassen: Man muss erfassen, welche Aspekte des Verhaltens für die Problemlösung relevant sind und warum (Papineau 2007b, S. 113). Erst ein solches Kausalitätsverständnis ermöglicht es einem Lebewesen zu erkennen, welche anderen Situationen oder Probleme die gleichen Verhaltensanforderungen stellen, oder inwiefern es das eigene Verhalten modifizieren muss, um in ähnlichen Situationen zum Erfolg zu kommen. Ein Verständnis von Kausalität führt zum einen dazu, dass Lebewesen schneller lernen, da sie mit jeder Problemlösung nicht nur ein einzelnes Problem gelöst haben, sondern alle Probleme, die sie als funktional identisch erkennen. Dagegen müssen Lebewesen, die nur über die Fähigkeit zu assoziativem Lernen verfügen, jedes Problem neu mit einem erfolgreichen Verhalten verknüpfen. Wichtiger noch ist jedoch, dass sich durch ein Verständnis von Kausalität die Weise, wie Lösungen gefunden werden, verändert. Ohne ein solches Verständnis sind Lebewesen auf Versuch und Irrtum angewiesen. Das benötigt zum einen Zeit und ist zum anderen auch nicht

66 Bei sehr einfachen Lebewesen ist das „glaubt" nicht im Sinne echter Überzeugungen zu verstehen, sondern im Sinne mehr oder weniger überzeugungsartiger Zustände (vgl. Kap. 3).

immer ohne Risiko. Ein Verständnis von Kausalität dagegen ermöglicht es einem Lebewesen, die Konsequenzen bestimmter Handlungen abzuschätzen, ohne diese Handlungen tatsächlich durchführen zu müssen (vgl. Papineau 2007b, S. 113). Lösungen für Probleme können so „im Kopf" gefunden werden. Papineau bezeichnet diese Art des Zweck-Mittel-Denkens auch als *allgemeines* Zweck-Mittel-Denken, da es auf der Repräsentation allgemeiner (kausaler) Informationen beruht (Papineau 2007b, S. 93). Die Fähigkeit zur Repräsentation allgemeiner kausaler Informationen stellt also eine überzeugende biologische Grundlage für die Fähigkeit zum allgemeinen Zweck-Mittel-Denken dar.[67]

Wahrheit als Ziel identifizieren

Was im Fall des allgemeinen Zweck-Mittel-Denkens relativ unproblematisch ist, scheint auf den ersten Blick jedoch wenig plausibel für die Fähigkeit, Wahrheit als Ziel zu identifizieren. Offensichtlich verfügen wir über diese Fähigkeit: Wir haben einen Begriff von Wahrheit und wir sind manchmal motiviert, Wahrheit zu erreichen. Aber wie könnte diese Fähigkeit eine biologische Adaption sein? Im Wesentlichen besteht sie aus zwei Komponenten, einem expliziten Verständnis von Wahrheit und einer Motivation, diese zu erreichen. Für die Frage, wie Menschen die Fähigkeit erworben haben, Wahrheit als Ziel zu identifizieren, ist dabei in erster Linie interessant, wie sie einen Begriff oder ein Verständnis von Wahrheit erlangen konnten. Die Frage nach der Motivation dagegen scheint das kleinere Problem zu sein. Zum einen vertritt Papineau die These, dass sich Zweck-Mittel-Denken unabhängig entwickelt hat (Papineau 2007b; S. 120 – 121). Wenn ein Lebewesen in der Lage ist, in Begriffen von Mittel und Zweck zu denken, sollte es zumindest theoretisch in der Lage sein, alles anzustreben oder *als Ziel zu identifizieren*, was es kennt. Warum ein Lebewesen das eine, nicht aber das andere anstrebt (also warum es zum Beispiel Wahrheit und nicht Falschheit anstrebt), liegt wohl daran, welchen Wert es einer Sache zuschreibt. Durch ein Verständnis von Wahrheit im Unterschied zu Falschheit (wahren Überzeugungen im Unterschied zu falschen Überzeugungen) wird der Wert von Wahrheit in vielen Situationen offensichtlich genug, um motiviert zu sein, Wahrheit zu erreichen. Zum anderen setzt die Fähigkeit, Wahrheit als Ziel zu identifizieren, ein Verständnis von Wahrheit klarerweise voraus, da man nur etwas anstreben kann, das man auch kennt. Die relevante Frage hier ist also, inwiefern ein *Verständnis von Wahrheit* eine biologische Adaption sein kann.

67 Für eine ausführlichere Verteidigung der Idee, dass es sich bei unserem Kausalitätsverständnis tatsächlich um eine Adaption handelt, vgl. Papineau 2007b, S. 119 – 126.

Diese Frage ist jedoch viel einfacher zu beantworten. Wahrheit ist Searle zufolge ein *metaintentionales Prädikat*, eine Eigenschaft also von Repräsentationen, die über eine Geist-auf-Welt-Anpassungsrichtung verfügen, wie sie Überzeugungen und zu einem gewissen Grad auch überzeugungsartige Zustände charakterisiert (Searle 1994, S. 212; vgl. auch Kap. 3). Wahre Überzeugungen sind sicherlich von Vorteil, um viele Probleme effektiv zu lösen. Dazu ist es jedoch meist nicht nötig, Wahrheit explizit *als* Wahrheit zu repräsentieren, sondern es reicht aus, Wahrheit zuverlässig zu erreichen. Ein Verständnis von Wahrheit muss daher nicht die Funktion haben, wahre Überzeugungen wahrscheinlicher zu machen. Eine plausiblere biologische Grundlage für ein Verständnis von Wahrheit sieht Papineau in unserer Fähigkeit, mentale Zustände unserer Mitmenschen zu verstehen – eine Fähigkeit, die man auch *eine Theorie des Geistes haben* (im Folgenden ToM[68]) nennt (Papineau 2007a, S. 61 - 62):

> Recent work on cognitive evolution suggests that acquiring a notion of truth may have been the easy part for our ancestors, by comparison with their best means to this end. This is because the notion of truth falls out of "understanding of mind", and there is plenty of independent reason to suppose that our ancestors evolved such an understanding of mind.

Dieser Sicht zufolge ist ein Verständnis von Wahrheit also nicht selbst eine biologische Adaption, sondern das Nebenprodukt einer ToM, der Fähigkeit, das Verhalten anderer zu erklären und zu antizipieren, indem wir ihnen Ziele (was sie mit ihrem Verhalten beabsichtigen) und Überzeugungen (wie diese Ziele zu verwirklichen sind) zuschreiben. Um einem anderen Überzeugungen zuschreiben zu können, muss man jedoch verstehen, dass es sich dabei um Zustände handelt, die die Welt richtig oder falsch repräsentieren können. Der adaptive Nutzen einer ToM besteht darin, dass Menschen sehr erfolgreich darin sind, Verhalten auf diese Weise zu erklären und zu antizipieren und damit erfolgreich mit anderen zu interagieren, auch wenn es nicht unumstritten ist, warum sie erfolgreich sind.[69]

---

68 ToM ist die Abkürzung des englischsprachigen Ausdrucks *Theory of Mind*, die dafür gebräuchlich ist.

69 Eine naheliegende Idee besteht darin, dass sie erfolgreich sind, weil sie die tatsächlichen Ursachen unseres Verhaltens erfassen (vgl. Sterelny 2003, S. 7). Diese Idee entspricht der in Kap. 3 diskutierten Auffassung. Manche Philosophen glauben jedoch, dass die Rede von Überzeugungen streng genommen falsch ist, weil es keine Zustände gibt, die diesen Begriffen korrespondieren (Stich 1979, S. 27). Aus dieser Perspektive sind Verhaltenserklärungen durch Überzeugungen und Wünsche nichts weiter als eine hilfreiche und alltagstaugliche Heuristik,

Sowohl für die Fähigkeit des allgemeinen Zweck-Mittel-Denkens als auch für die Fähigkeit, Wahrheit als Ziel zu identifizieren ist es plausibel anzunehmen, dass sie eine biologische Grundlage haben. Allgemeines Zweck-Mittel-Denken besteht in der Fähigkeit, allgemeine kausale Informationen zu repräsentieren. Ein Verständnis von Wahrheit entwickelt sich aus einem Verständnis mentaler Zustände wie Überzeugungen. Beide zusammen genommen sollen uns die Fähigkeit verleihen, gute (wahrheitszuträgliche) Methoden zu erkennen und einzusetzen, wenn ein hohes Maß an Exaktheit benötigt wird (Papineau 2007a, S. 61). Ein Lebewesen, das über diese Fähigkeiten verfügt, ist Papineau zufolge demnach theoretisch rational. Es gibt wenig Diskussion darüber, ob Menschen diese Kriterien für theoretische Rationalität erfüllen.[70] Dadurch kann Papineaus Theorie erklären, wie wir manchmal ein hohes Maß an Exaktheit an den Tag legen können, ohne dabei zu leugnen, dass ein Großteil unseres Denkens in der Anwendung schneller und sparsamer Heuristiken besteht: Die Fähigkeiten, die theoretische Rationalität konstituieren, sind ebenso spezifische Werkzeuge wie andere spezialisierte mentale Module, die zur Lösung bestimmter Probleme zum Einsatz kommen (Papineau 2007a, S. 70).

Aber Papineaus Theorie zielt nicht nur darauf ab zu erklären, wie Menschen einen Mann zum Mond schicken konnten. Sie soll auch erklären, warum Tiere dazu nicht in der Lage sind. Wenn Papineau richtig liegt, wäre theoretische Rationalität eine echte anthropologische Differenz. Im nächsten Abschnitt werde ich diskutieren, ob diese Position verteidigt werden kann.

5.3 Sind manche Tiere theoretisch rational?

Im letzten Abschnitt wurde Papineaus Lösung des explanatorischen Problems ökologischer Rationalität vorgestellt. Papineau argumentiert, dass Menschen über bestimmte Fähigkeiten verfügen, mit denen sie Methoden entwickeln können, die effektiver zu wahren Überzeugungen führen und dass sie diese Methoden gezielt einsetzen können, wenn Exaktheit wichtig ist: Sie sind theoretisch

die für diese Zwecke gut genug ist. Für Papineaus Argument spielt es letztlich keine Rolle, welche Auffassung die Richtige ist.

70 Es gibt Diskussion darüber, wie wir ein Verständnis mentaler Zustände, das hier als ToM bezeichnet wird, auffassen sollten, etwa als mehr oder weniger explizite Theorie über die mentalen Zustände anderer oder als Simulation (vgl. Davis & Stone 1995). Wie Papineau selbst bemerkt, ist das in diesem Kontext jedoch nicht relevant. Das einzig Wichtige in diesem Kontext ist, dass wir über ein Verständnis mentaler Zustände verfügen, ungeachtet dessen, wie wir dieses Verständnis nutzen, um Verhalten zu erklären oder zu antizipieren.

rational. Allerdings argumentiert er nicht nur, dass Menschen die Bedingungen für theoretische Rationalität erfüllen, sondern er vertritt auch die Ansicht, dass nicht-menschliche Tiere diese Kriterien *nicht* erfüllen (Papineau 2007a, S. 39). Diese These soll in den folgenden Abschnitten überprüft werden. Wie im letzten Abschnitt gesehen, wird theoretische Rationalität durch ein Verständnis von Kausalität sowie ein Verständnis mentaler Zustände konstituiert. Eine Antwort auf die Frage, ob theoretische Rationalität tatsächlich eine anthropologische Grenze darstellt, hängt demnach davon ab, ob es Tiere gibt, die über diese theoretischer Rationalität zugrunde liegenden Fähigkeiten verfügen. Ich werde nacheinander auf die beiden Fähigkeiten eingehen.

5.3.1 Was verstehen Tiere von Kausalität?

Papineaus Annahme, dass Tiere nicht über ein Verständnis von Kausalität verfügen, scheint zunächst verwunderlich, da es zumindest von einigen Arten bekannt ist, dass sie in ihrer natürlichen Umwelt Werkzeuge fertigen und benutzen. Schimpansen zum Beispiel fischen mit Stöckchen, sogenannten Ameisenangeln, nach Termiten und Ameisen. Dabei präparieren sie die Stöckchen auf verschiedene Art und Weise – zum Beispiel werden Blätter entfernt und die Oberfläche des Werkzeugs vergrößert, indem ein Ende aufgefächert wird – um damit optimale Ergebnisse zu erzielen (vgl. Boesch & Boesch 1990; Tomasello 1999, S. 22). Setzt ein solches Verhalten nicht ein Verständnis von Kausalität voraus? Wie im Kap. 2 gesehen, haben solche Beobachtungen jedoch einen entscheidenden Nachteil: Wenn wir ein solches Verhalten beobachten, können wir in der Regel nicht ausschließen, dass sie es auf eine Weise gelernt haben, die kein Kausalitätsverständnis erfordert (siehe dazu auch Kap. 6). Mit anderen Worten deuten solche Beobachtungen zwar auf möglicherweise vorhandene Fähigkeiten, um jedoch zwischen verschiedenen Erklärungen unterscheiden zu können, müssen wir weitere Untersuchungen anstellen. Die beste Möglichkeit das zu tun, besteht darin, zu untersuchen, wie diese Tiere bei physikalischen Tests unter kontrollierten Bedingungen abschneiden. Solche Tests funktionieren in der Regel so, dass ein Testsubjekt versucht, eine Belohnung, normalerweise ein Stück Futter, zu bekommen, welche jedoch nur dadurch zu erreichen ist, dass eine bestimmte Apparatur bedient oder ein Werkzeug auf die richtige Weise eingesetzt wird. Wenn das Tier die Aufgabe löst, gilt das als Hinweis darauf, dass es die funktionalen oder kausalen Eigenschaften der Aufgabe oder des Werkzeugs verstanden hat. Ein Problem dieser Methode besteht darin, dass Tiere in der Regel eine Trainingsphase durchlaufen, in der sie angelernt werden. Denn um auszuschließen, dass sie die Lösung für ein Problem bereits kennen, werden sie mit ihnen unbekannten Problemen konfrontiert und durch die Trainingsphase soll sichergestellt werden, dass sie verstehen, was von ihnen verlangt wird. Das Problematische daran ist, dass durch ein solches Training ein Verständnis der zugrunde liegenden physikalischen oder funktionalen Eigenschaften der Aufgaben nicht mehr notwendig ist, um den Test erfolgreich zu lösen, da die Tiere in dieser Zeit auch assoziativ lernen können, ein gewünschtes Resultat mit einem bestimmten Verhalten zu verknüpfen. Das stellt uns vor das in Kapitel 2 schon angesprochene Dilemma: Testsituationen in Labors sind künstliche Situationen, in denen es viele Gründe geben kann, warum ein Tier eine Aufgabe nicht lösen kann. Ohne ein Tier einer Trainingsphase zu unterziehen, um sicherzustellen, dass es eine Aufgabe überhaupt verstanden hat, können wir nur wenig daraus folgern, wenn es nicht in der Lage ist, die Aufgabe zu lösen. Wenn wir es dagegen trainieren, dann können wir nicht zwischen alternativen Erklärungen – zwischen assoziativem Lernen und einem Verständnis von Kausalität – unterscheiden. Wie im Kap. 2 gesehen, sind wir nicht ohne weiteres gerechtfertigt, die vermeintlich einfachere Erklärung (Lernen durch Assoziation willkürlicher Reize) zu bevorzugen. An dieser Stelle kann jedoch die bereits erwähnte Idee von Sober weiterhelfen, um zwischen alternativen Erklärungen entscheiden können (vgl. Kap. 2). Wir müssen weitere, sogenannte Kontrollversuche entwerfen, die nur mit einer der beiden Fähigkeiten gelöst werden können. Während assoziatives Lernen zu aufgabenspezifischen Lösungen führt, erlaubt nur ein Verständnis der funktionalen Struktur einer Aufgabe, dass die Lösung auf neue Probleme übertragen werden kann, die dieselbe funktionale Struktur aufweisen. Wenn ein Tier also die zugrunde liegende Kausalität eines Problems versteht, sollte es in der Lage sein, eine gelernte Lösung ohne weiteres Training auf funktional identische Probleme zu übertragen, wohingegen ein solcher Transfer bei assoziativem Lernen nicht vorhergesagt wird. Bei solchen Kontrollversuchen werden also z.B. nicht relevante Eigenschaften einer Aufgabe (wie Farbe oder Material von Apparat oder Werkzeug) verändert, um zu sehen, ob das Tier erkennt, dass die relevanten funktionalen Eigenschaften der Aufgabe noch dieselben sind und eine Lösung daher auch auf diese Aufgabe angewendet werden kann. Eine andere Möglichkeit besteht darin, bestimmte relevante funktionale Eigenschaften zu ändern, um zu sehen, ob das Tier erkennt, dass die zuvor gefundene Lösung bei diesem neuen Problem nicht funktioniert und es sein Verhalten modifizieren muss (vgl. Seed et al. 2006).

Der prominenteste Test in diesem Zusammenhang ist der sogenannte *Trap-Tube Task*. Eine Trap-Tube ist eine horizontale, transparente Röhre mit einer Falle auf der Unterseite (Abb. 1).

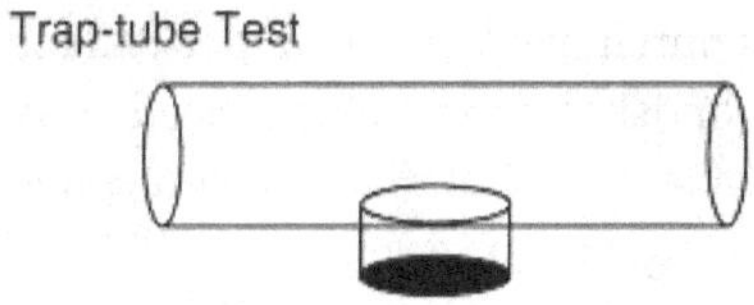

Abb.1: Original Trap-Tube (aus: Seed et al. 2006, S. 698)

Die Aufgabe des getesteten Tieres besteht darin, mit Hilfe eines Werkzeugs ein Stück Futter aus der Röhre zu schieben. Dabei muss es vermeiden, dass das Futter in die Falle fällt, da es von dort unerreichbar ist. Wenn also ein Stück Futter rechts von der Falle platziert wird, muss das Werkzeug, ein Stöckchen, von links in die Röhre eingeführt werden, um das Futter aus der Röhre zu schieben, da es von der anderen Seite eingeführt das Futter in die Falle schieben würde. Als Kontrollaufgabe, dass der Test nicht zufällig bestanden (oder zuvor durch Assoziation gelernt) wurde, benutzt man eine um 180° nach oben gedrehte Trap-Tube (Abb. 2):

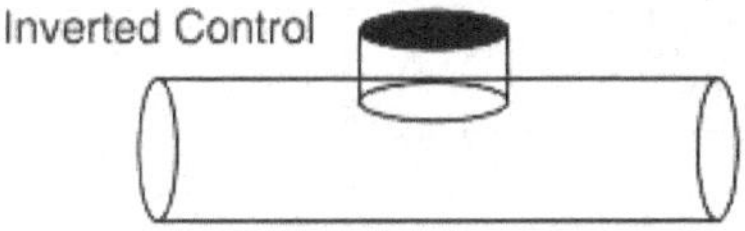

Abb. 2: Kontrollaufgabe (aus: Seed et al. 2006, S. 698)

Wenn ein getestetes Tier die funktionalen Eigenschaften der Falle versteht, so die Annahme, dann wird es die Falle im ersten Versuch vermeiden, nicht aber im Kontrollversuch, da die Falle, wenn sie nach oben gedreht ist, nicht mehr funktional ist. Tatsächlich können eine Reihe verschiedener Tiere den Trap-Tube Task erfolgreich lösen. Aber wie Seed et al. (2006) argumentieren, stellt das noch keinen überzeugenden Beleg für ein Verständnis der zugrunde liegenden Kausalität dar. Das Problem dabei ist jedoch weniger das mangelnde Verständnis der Tiere als vielmehr der Test selbst: Weder ist er hinreichend um ein Kausalitätsverständnis zu zeigen, noch scheint er dafür notwendig zu sein. Hinreichend ist er nicht, da er scheinbar auch durch eine einfache assoziative Regel, deren Verwendung kein Kausalitätsverständnis voraussetzt, gelöst werden kann (Silva et al. 2005; Seed et al. 2006). Andererseits scheint der Test auch nicht notwendig, das heißt, wir können aus verschiedenen Gründen auch nicht jedem Tier, das die Aufgabe nicht löst, jedes Kausalitätsverständnis absprechen. Eines der Probleme besteht darin, dass durch das Vermeiden der Falle in der Kontrollaufgabe keine zusätzlichen Aufwandskosten entstehen (Seed et al. 2006). Wenn also ein Tier in der Kontrollaufgabe weiterhin die Falle vermeidet, folgt daraus nicht, dass es nicht die Funktionalität der Falle verstanden hat. Ein weiteres Problem ergibt sich dadurch, dass die Anforderungen möglicherweise den getesteten Tieren aus anderen Gründen Probleme bereiten, wie zum Beispiel die Tatsache, dass die Aufgaben so entworfen waren, dass Testsubjekte Werkzeuge nur zum Schieben einsetzen konnten. Das scheint jedoch insbesondere für Menschenaffen eine unnatürliche Bewegung zu sein, die ihnen motorisch Schwierigkeiten bereitet und könnte daher das Ergebnis des Tests verzerren (Mulcahy & Call 2006). Um diesen Problemen zu begegnen wurde der ursprüngliche Trap-Tube Task in verschiedener Hinsicht modifiziert (Mulcahy and Call 2006; Seed et al. 2006). In einer Version von Seed et al. (2006) wurden acht Saatkrähen mit Hilfe eines modifizierten Trap-Tube Tasks getestet (Abb. 3).

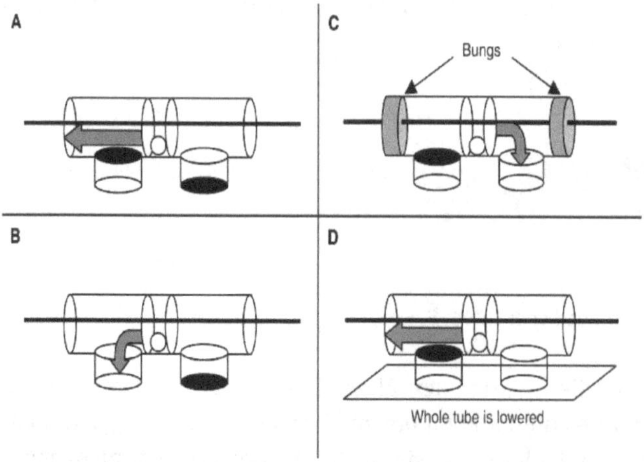

Abb.3: Modifizierter Trap-Tube Task (aus: Seed et al. 2006).

Der wesentliche Unterschied bestand in den Kontrollaufgaben, die so entworfen wurden, dass sie den Autoren zufolge einerseits nur durch ein Verständnis der funktionalen Eigenschaften der Apparatur gelöst werden konnten, und dass sie andererseits kein Wissen verschleiern, das die getesteten Tiere möglicherweise haben. Da Krähen von Natur aus keine werkzeugbenutzenden Tiere sind, war das Werkzeug bereits in die Apparatur integriert: ein Stöckchen mit zwei durchsichtigen Scheiben, zwischen denen das Futter platziert wurde. Das Futter konnte so durch Schieben oder Ziehen des Stöckchens in beide Richtungen bewegt werden. Der Pfeil in der Abbildung zeigt die Richtung, in die das Futter bei einem erfolgreichen Versuch bewegt werden muss. Zu Beginn des Tests wurden vier der Saatkrähen mit Aufgabe A und die anderen vier mit Aufgabe B vertraut gemacht. Im Anschluss daran sollte untersucht werden, ob die getesteten Tiere in der Lage sind, das Gelernte auf ein neues Problem, das auf denselben Prinzipien beruht, zu lösen. Das Ergebnis war, dass sieben der acht getesteten Vögel in der Lage waren, nach einer Trainingsphase die erste Aufgabe zu lösen. Diejenigen, die gelernt hatten Aufgabe A zu lösen wurden nun mit Aufgabe B konfrontiert, und diejenigen die Aufgabe B gelernt hatten, mit Aufgabe A. Allen sieben Vögeln, die gelernt hatten eine Aufgabe zu lösen, war es möglich, auch die jeweilige Kontrollaufgabe zu lösen. Die Kontrollaufgaben waren dabei so gestaltet, dass *nicht-funktionale Eigenschaften* derart variiert wurden, dass sie den Tieren keine Anhaltspunkte mehr gaben, an denen diese sich zur Lösung orientieren konnten. Die Autoren der Studie kommen zu dem Schluss, dass der unmittelbare Transfer einer Lösung auf eine neue Aufgabe, die auf denselben kausalen Prinzipien beruht, nahe legt, dass sich ein Verständnis der zugrunde liegenden kausalen Struktur der Aufgabe entwickelt hat (Seed et al. 2006). In anderen Worten schließen die Autoren der Studie, dass Saatkrähen über ein gewisses Verständnis von Kausalität verfügen.

Aber nicht nur Saatkrähen schneiden bei einem modifizierten Trap-Tube Task besser ab als bei der ursprünglichen Aufgabe. Mulcahy und Call (2006) führten ebenfalls eine Studie durch, die die Probleme des ursprünglichen Tests berücksichtigt. Anstelle von Saatkrähen waren ihre Testsubjekte Orang-Utans, Schimpansen, Bonobos und Gorillas. Da sie im ursprünglichen Testdesign das Problem vermuteten, dass Tiere nur deshalb so schlecht abschnitten, weil eine Lösung des Problems von den Tieren unnatürliche Bewegungen verlangte, wurde der neue Test derart konzipiert, dass die Tiere die Wahl hatten, das Futter entweder wie gehabt aus der Röhre zu schieben oder aber zu sich zu ziehen. In dieser Studie vermieden einige der Tiere die Falle immer nur dann, wenn sie funktional war (Mulcahy & Call 2006). Auch Mulcahy und Call kommen daher zu dem Ergebnis, dass die ursprünglichen Tests nicht aussagekräftig waren und wir zumindest bei Menschenaffen ein gewisses Kausalitätsverständnis beobachten können.

Noch beeindruckender zeigt der sogenannte *Floating-Peanut Task*, dass manche Tiere etwas von Kausalität verstehen (Tennie, Call & Tomasello 2010). Bei diesem Test werden die Tiere mit dem Problem konfrontiert, an eine Erdnuss zu kommen, die in einer Röhre steckt. Die Röhre ist jedoch zu tief, um die Nuss mit dem Finger zu erreichen und sie kann auch nicht einfach umgedreht werden, da sie an der Wand fixiert ist. Die einzige Lösung besteht darin, Wasser im Mund (das in einem anderen Zimmer zugänglich ist) an das Röhrchen zu tragen und dann hineinzuspucken, bis die Nuss auf dem Wasser nach oben treibt. In diesem Test werden die Tiere ohne vorherige Trainingsphase mit diesem Problem konfrontiert.[71] Anders als bei den vorherigen Tests wird hier also nicht die Transferfähigkeit von antrainiertem Wissen getestet, sondern vielmehr, ob manche Tiere die funktionalen Eigenschaften von Dingen, mit denen sie im Alltag zu tun haben, verstehen und dieses Wissen in neuen Situationen spontan einsetzen können. In verschiedenen Tests hat sich gezeigt, dass manche der getesteten Tiere tatsächlich dazu in der Lage sind (Tennie, Call & Tomasello 2010; vgl. auch Hanus et al. 2011). Überdies berichten die Autoren, dass die Tiere das Problem entweder im ersten Versuch lösten oder gar nicht. Das ist wichtig, da nur so ausgeschlossen werden kann, dass sie die Lösung durch Versuch und Irrtum fanden. Diese Tests scheinen zu zeigen, dass die erfolgreichen Tiere eine Vorstellung davon haben, wie verschiedene Objekte oder Materialien, in diesem Fall Wasser und eine Erdnuss, miteinander interagieren – dass sie also die kausalen Eigenschaften der involvierten Gegenstände bis zu einem gewissen Grad tatsächlich verstehen.

Der Trap-Tube Task und der Floating-Peanut Task sind nur zwei besonders anschauliche Beispiele einer ganzen Reihe von Studien, die gegen die These sprechen, dass der Mensch die einzige Spezies ist, deren Mitglieder etwas von Kausalität verstehen. Vor allem Menschenaffen und Rabenvögel schneiden bei solchen Studien besonders gut ab. Erstaunlicherweise zeigen dieselben Tiere bei vielen anderen Problemen jedoch nichts, was auf ein Verständnis von Kausalität hindeutet. Wie im modifizierten Trap-Tube Task von Seed et al. (2006) sind zwar einige Tiere in der Lage, manche Transferaufgaben zu lösen, aber ihre Transferfähigkeiten sind sehr begrenzt. Einerseits können wir also ausschließen, dass die Tiere die Tests mit anderen Methoden gelöst haben (durch Assoziation auf der Grundlage von Versuch und Irrtum), andererseits haben sie im Vergleich zum Menschen ein scheinbar sehr eingeschränktes Kausalitätsverständnis. Wäre es angesichts dieser Ausgangslage nicht naheliegend, auch ein Verständnis von Kausalität als Fähigkeit aufzufassen, über die Lebewesen mehr oder weniger verfügen können? Aus Papineaus Sicht scheint das keine Möglichkeit zu sein. Seiner Auffassung zufolge besteht ein Verständnis von Kausalität in der Fähigkeit, „allgemeine Informationen der Form alle As verursachen Bs repräsentieren zu können“ (Papineau 2007b, S. 93, meine Übersetzung). Ein Kausalitätsverständnis ist demnach eine alles-oder-nichts Angelegenheit: Ent-

71 Ursprünglich sollte mit diesem Test untersucht werden, ob die Tiere die Lösung durch Beobachtung erlernen können (vgl. Tennie, Call & Tomasello 2010). Um jedoch ausschließen zu können, dass sie die Lösung bereits kannten, wurden sie mit dem Problem zunächst ohne Anleitung konfrontiert.

weder ein Lebewesen ist in der Lage, allgemeine kausale Informationen zu repräsentieren, oder es repräsentiert nur spezifische Informationen. Der Gehalt solcher Repräsentationen (allgemeine Informationen) scheint zu implizieren, dass Lebewesen, die solche Informationen repräsentieren können, in der Lage sind, diese zuverlässig zu identifizieren und für eine potenziell unendlich große Menge von Verhaltensweisen zu benutzen. Im Umkehrschluss bedeutet das, dass Lebewesen, die nicht in der Lage sind, kausale Informationen zuverlässig zu identifizieren und für alle möglichen Verhalten einzusetzen, diese auch nicht *als* allgemeine Informationen repräsentieren. Das ist zwar *prima facie* plausibel, erklärt jedoch nicht, wie die Tiere in den oben diskutierten Tests erfolgreich sein konnten. Die Tatsache, dass sie manche Aufgaben lösen konnten, die sie durch bloß assoziatives Lernen nicht hätten lösen können, spricht dafür, dass sie etwas von der Funktionalität der Tests verstanden haben, während ihr Scheitern darin, dieses Wissen auf eine Vielzahl anderer Situationen zu übertragen, dagegen spricht, dass sie diese Informationen *als* allgemeine Informationen repräsentieren. Wie lässt sich dieses Problem lösen?

Ich denke, dass das Problematische an Papineaus Konzeption eines Verständnisses von Kausalität darin besteht, dass er ein solches Verständnis zu eng an das Haben echter Überzeugungen bindet. In Kapitel 3 wurde Sterelnys Auffassung verteidigt, dass sich Überzeugungen aus einer zunehmenden Flexibilität im Gebrauch von Informationen entwickeln. Während die Repräsentationen kognitiv einfacher Lebewesen an spezifische Verhaltensreaktionen gekoppelt und durch eine doppelte Anpassungsrichtung charakterisiert sind, verlieren Repräsentationen in dem Maße ihren motivationalen Charakter und werden rein informational (und dadurch zu Überzeugungen), indem sie von spezifischen Verhaltensweisen entkoppelt sind und dadurch für eine zunehmend große Anzahl an Verhaltensweisen relevant werden. Papineaus Konzeption lässt eine graduelle Entwicklung von an Verhalten gekoppelten Repräsentationen hin zu vollkommen entkoppelten Überzeugungen im Falle des Verständnisses von Kausalität jedoch nicht zu: Der Gehalt von Repräsentationen funktionaler Eigenschaften scheint für ihn zu implizieren, dass diese Informationen *als* allgemeine Informationen repräsentiert werden und daher für eine potenziell unendlich große Menge an Verhalten zur Verfügung stehen. Aber warum sollte das so sein? Wenn sich unsere Fähigkeit, Informationen als Überzeugungen zu repräsentieren graduell aus an Verhalten gekoppelten Repräsentationen entwickelt hat, warum sollte das nicht auch für Überzeugungen über Kausalität gelten? Eine Möglichkeit das Problem zu lösen, besteht demnach darin, dass die in den Tests erfolgreichen Tiere keine *Überzeugungen* bezüglich der kausalen Eigenschaften der Tests haben, sondern lediglich *überzeugungsartige Zustände*, die nicht vollkommen von Verhalten entkoppelt sind. Diese Sicht trägt sowohl der

Tatsache Rechnung, dass manche Tiere in der Lage sind manche der Tests zu lösen, die sie ohne ein Verständnis der kausalen Eigenschaften nicht hätten lösen können, als auch dem Umstand, dass ihre Fähigkeit, dieses Wissen auf andere Bereiche zu übertragen, beschränkt ist. Papineau könnte dagegen einwenden, dass es sich dabei nicht um ein *echtes* Verständnis von Kausalität handelt, da es dafür eben notwendig ist, zu verstehen, dass das Verhältnis von Ursache und Wirkung notwendig ist.[72] Ein echtes Kausalitätsverständnis würde dann tatsächlich Überzeugungen – vollkommen entkoppelte Repräsentationen – über funktionale Eigenschaften voraussetzen. Dieser Einwand mag berechtigt sein oder nicht. In diesem Kontext verdeckt er jedoch eine wichtige Tatsache, nämlich dass unsere Evidenzen nicht dafür sprechen, dass es einen tiefen Graben gibt zwischen dem Kausalitätsverständnis des Menschen und dem mancher nicht-menschlicher Tiere. Vielmehr deuten die Evidenzen darauf hin, dass sich dieses Verständnis graduell aus der Fähigkeit entwickelt, funktionale Eigenschaften zuverlässig zu identifizieren und dieses Wissen auf eine zunehmend größere Menge von Problemen zu übertragen. Wenn also die Fähigkeit zum Zweck-Mittel-Denken in einem Verständnis von Kausalität besteht, dann gibt es gute Gründe anzunehmen, dass uns diese Fähigkeit nicht in einem starken Sinn von allen nicht-menschlichen Tieren unterscheidet.

5.3.2 Was verstehen Tiere von mentalen Zuständen?

Im letzten Abschnitt wurde argumentiert, dass zumindest manche Tiere über ein gewisses Kausalitätsverständnis verfügen, auch wenn dieses weniger ausgeprägt ist, als beim Menschen. Die Gegenüberstellung von *allgemeinem* Zweck-Mittel-Denken und *spezifischem* Zweck-Mittel-Denken ist eine Vereinfachung, die nicht mit den empirischen Ergebnissen vereinbar zu sein scheint. Demzufolge sind auch manche Tiere zu einem gewissen Grad Zweck-Mittel-Denker. Wie sieht es mit der zweiten Bedingung, einem Verständnis von Wahrheit, aus? Eine plausible biologische Grundlage für ein Verständnis von Wahrheit liegt in unserem Verständnis mentaler Zustände, unserer sogenannten ToM (vgl. Kap. 5.2). Um also zu untersuchen, ob es nicht-menschliche Tiere gibt, die diese Voraussetzung für theoretische Rationalität erfüllen, müssen wir untersuchen, was Tiere von mentalen Zuständen verstehen.

---

72 Das ist kein Einwand, den Papineau tatsächlich macht, aber einer, der aus seiner Perspektive nahe liegt.

Unter einer ToM versteht man grob gesprochen die Fähigkeit, das Verhalten anderer allgemein als durch mentale Zustände verursacht aufzufassen und spezifisches Verhalten zu erklären oder zu antizipieren, indem man bestimmte mentale Zustände zuschreibt (Papineau 2007a, S. 62). Eine ToM setzt daher ein Verständnis dieser mentalen Zustände voraus. Zunächst ist dafür festzuhalten, dass es eine Reihe verschiedener mentaler Zustände gibt, die für die Produktion von Verhalten relevant sind und ein Lebewesen kann manche davon kennen und andere nicht. Ein Lebewesen kann zum Beispiel verstehen, dass Wahrnehmung an eine Perspektive gebunden ist und die Wahrnehmung anderer sich demnach von der eigenen Wahrnehmung unterscheidet, aber es kann daran scheitern, Wissen über Dinge zuzuschreiben, die nicht in der Wahrnehmungssituation gegeben sind (vgl. Call & Tomasello 2008). In diesem Sinn kann man daher auch von Graden einer ToM sprechen. Von einer vollständigen ToM (*full-fledged theory of mind*) spricht man erst dann, wenn ein Individuum Überzeugungen versteht und zuschreiben kann (Wimmer & Perner 1983). Eine solche Zuschreibung unterscheidet sich von einfacheren Wissenszuschreibungen, die etwa auf einem Verständnis von Wahrnehmung beruhen, in wichtiger Hinsicht. Während eine Wissenszuschreibung schon vorgenommen werden kann, wenn ein Lebewesen ein Bewusstsein davon hat (bzw. die Information adäquat verarbeitet), dass ein anderes Tier über Informationen verfügt, über die es selbst auch verfügt, ist man erst dann gerechtfertigt anzunehmen, dass ein Individuum tatsächlich versteht, was Überzeugungen sind, wenn es in der Lage ist, auch Überzeugungen zuzuschreiben, die es selbst für falsch hält.[73] Der Test mit dem man untersucht, ob ein Individuum über ein solches Verständnis von Überzeugungen (und damit eine vollausgereifte ToM) verfügt, nennt man *false-belief task* (vgl. Wimmer & Perner 1983). Dieser Test funktioniert in Variationen etwa folgendermaßen: Ein Kind beobachtet, wie eine Person Sally ein Bonbon in eine Schublade legt und anschließend den Raum verlässt. Während Sally nicht im Raum ist, öffnet eine zweite Person Anne die Schublade, nimmt das Bonbon und versteckt es in einer Kiste. Wenn Sally zurückkommt wird das Kind gefragt, wo Sally nach dem Bonbon suchen wird. Zum einen zeigt der Test, dass schon kleine Kinder manche mentale Zustände wie visuelle Wahrnehmung verstehen

73 Der Begriff „Wissen", der dem Ausdruck „Wissenszuschreibung" zugrunde liegt, unterscheidet sich demnach von dem Wissensbegriff, wie er normalerweise in der Erkenntnistheorie aufgefasst wird. Da dort Wissen häufig als *gerechtfertigte, wahre Überzeugung* aufgefasst wird und deshalb Überzeugungen schon impliziert, kann diese Art von Wissen nur zugeschrieben werden, wenn der Zuschreiber über einen Begriff von Überzeugung schon verfügt. Dagegen impliziert eine Wissenszuschreibung im oben benutzten Sinn lediglich, dass ein Lebewesen weiß, ob ein anderer über eine Informationen verfügt oder nicht.

können (Wimmer & Perner 1983). Sie glauben etwa, dass Sally eine Erwartung bezüglich des Bonbons hat, weil Sally gesehen hat, wie das Bonbon in die Schublade gelegt wurde und daher weiß, dass irgendwo ein Bonbon versteckt ist. Dagegen glauben sie nicht, dass eine andere Person, die nicht gesehen hat, dass ein Bonbon in die Schublade gelegt wurde, irgendwelche Erwartungen bezüglich des Aufenthaltsortes eines Bonbons hat. Sie können also in gewisser Weise zwischen *Wissen* und *Ignoranz* unterscheiden (vgl. Call & Tomasello 2008). Zum anderen zeigt der Test, dass dieses Verständnis von Wahrnehmung nicht hinreichend für ein Verständnis von Überzeugungen ist. Sehr junge Kinder vernachlässigen, dass Sally nicht gesehen hat, dass das Bonbon von der Schublade in die Kiste versteckt wurde und ihre ursprüngliche Überzeugung daher nicht mehr richtig ist. Sie antworten, dass Sally in der Kiste danach suchen wird, da sie selbst gesehen haben, dass das Bonbon von der Schublade in die Kiste gelegt wurde, obwohl Sally das gar nicht wissen kann. Scheinbar sind sie nicht in der Lage zu repräsentieren, dass Überzeugungen (durch Wahrnehmung verursachte Erwartungshaltungen) falsch sein können. Die Eigenschaft *wahr* oder *falsch* zu sein ist jedoch eine wesentliche Eigenschaft von Überzeugungen. Nicht zu verstehen, dass mentale Zustände wie Überzeugungen wahr oder falsch sein können, heißt, nicht zu verstehen, was Überzeugungen sind (Wimmer & Perner 1983; Call & Tomasello 2008; Penn & Povinelli 2007). Während also die Fähigkeit, wahre Überzeugungen zuschreiben zu können, nicht hinreichend ist für ein Verständnis von Überzeugungen (da diese Fähigkeit nicht impliziert, dass man versteht, dass Überzeugungen wahr oder falsch sein können), zeigt erst die Fähigkeit falsche Überzeugungen zuschreiben zu können, dass ein Lebewesen tatsächlich das Wesen von Überzeugungen versteht.[74]

Da Wahrheit eine Eigenschaft von Überzeugungen (oder überzeugungsartiger Zustände) ist und diejenigen, die den *false-belief task* nicht bestehen, offenbar nicht verstehen, dass Überzeugungen wahr oder falsch sein können, liegt es nahe, den *false-belief task* wie Papineau als Test aufzufassen, der zeigt, ob ein Lebewesen über ein angemessenes Verständnis von Wahrheit verfügt, wie es für Papineaus Theorie der theoretischen Rationalität relevant ist. Kinder bestehen diesen Test in der Regel im Alter von drei bis vier Jahren (Wimmer & Perner 1983).[75] Bevor diskutiert werden soll, ob es Tiere gibt, die über ein Verständnis

---

74 Genaugenommen sind es daher nicht wahre *Überzeugungen*, die jemand zuschreibt, wenn er keine falschen Überzeugungen zuschreiben kann.

75 In neueren Studien wird dieses Alter immer weiter herab gesetzt. Manche glauben, dass sich ein rudimentäres Verständnis falscher Überzeugungen bei Kindern schon im Alter von 14-18 Monaten entwickelt (vgl. Buttelmann, Carpenter & Tomasello 2009). Das genaue Alter, wann

mentaler Zustände verfügen, welche mentalen Zustände sie kennen und ob es Tiere gibt, die ein für theoretische Rationalität hinreichendes Verständnis von Wahrheit haben, möchte ich jedoch kurz auf zwei Bedenken eingehen hinsichtlich der Frage, ob das Bestehen des *false-belief tasks* überhaupt hinreichend ist, um einem Lebewesen ein adäquates Verständnis von Wahrheit zuzusprechen.

Das erste Problem formuliert Papineau selbst. Papineau weist darauf hin, dass das Bestehen des *false-belief tasks* lediglich zeigen kann, dass ein Individuum Gedanken zuschreiben kann wie zum Beispiel „der Tiger ist in der Höhle", wenn es selbst glaubt, dass der Tiger in der Höhle ist, oder „der Tiger ist in der Höhle", wenn es selbst etwas anderes glaubt (etwa dass der Tiger auf dem Baum ist) (Papineau 2007a, S. 64). Um ein echtes Verständnis von Wahrheit zu haben, fehlt jedoch noch die Abstraktion, alle Fälle, in denen die zugeschriebene Überzeugung mit der eigenen Überzeugung übereinstimmt als *wahr* zu klassifizieren und die anderen als *falsch*. Papineau argumentiert jedoch, dass auch ohne diese Abstraktion ein Verständnis falscher Überzeugungen hinreichend ist für ein Verständnis von Wahrheit, wie es für theoretische Rationalität benötigt wird (Papineau 2007a, S. 65, Hervorhebung im Original):

> [P]articular epistemic agents concerned to improve themselves do not aim for truth in the abstract. Instead they might simply want the answers to specific questions. Thus they might want to know *whether* the tiger is in the tree, or more generally *where* it is, or perhaps *how many* tigers are in that copse. [...] Thus, to want to know whether the tiger is in the tree is to want that: you believe the tiger is in the tree and it is, or that you believe that it is not in the tree and it is not.

Dieser Sicht zufolge ist das Bestehen des Tests zwar nicht hinreichend, um über einen abstrakten Begriff von Wahrheit zu verfügen, wohl aber um über ein Verständnis von Wahrheit zu verfügen, das den Anforderungen für theoretische Rationalität genügt. In jedem Fall legt das die Messlatte für Tiere erheblich niedriger. Die Vorstellung, dass Tiere über ein abstraktes Konzept wie Wahrheit verfügen und in der Lage sind, philosophisch über Wahrheit nachzudenken, scheint zumindest intuitiv doch weit hergeholt. Dagegen ist es zumindest nicht offensichtlich, dass nicht auch manche Tiere in dem von Papineau spezifizierten Sinn über ein Verständnis von Überzeugungen verfügen.

Es gibt jedoch noch ein weiteres Problem, auf das Sterelny hinweist (Sterelny 2003, S. 36 - 37; vgl. auch Kap. 3). Wie in Kapitel 3 diskutiert wurde, unterscheidet Sterelny zwischen verschiedenen Fähigkeiten im Umgang mit Informa-

Menschen diese Fähigkeit erwerben, ist jedoch hier nur zweitrangig, da es unbestritten ist, dass sie diese Fähigkeit im Laufe ihrer Entwicklung irgendwann erwerben.

tionen: der Fähigkeit, Informationen aufzuspüren und der Fähigkeit, breitbandig auf Informationen zu reagieren. Das Problem des *false-belief tasks* wie auch der anderen Tests, die zur Untersuchung einer ToM bei Tieren eingesetzt werden, besteht aus Sterelnys Sicht darin, dass diese Tests so konzipiert sind, dass mit ihnen nur getestet werden kann, welche Merkmale der Umwelt ein Lebewesen aufspüren kann. Sie testen dagegen nicht, was es mit diesen Informationen anfangen kann. Wie jedoch das Beispiel des Regenpfeifers im Kapitel 3 gezeigt hat, impliziert die Fähigkeit Informationen aufzuspüren nicht die Fähigkeit, diese Informationen flexibel für viele Verhaltensweisen einzusetzen. Flexibilität im Umgang mit Informationen ist jedoch eine Voraussetzung dafür, dass es sich bei den Repräsentationen um Überzeugungen handelt. Um zu testen, ob ein Lebewesen ein Verständnis von Überzeugungen im Sinne von Überzeugungen (bzw. überzeugungsartiger Zustände) über Überzeugungen hat, müsste man daher testen, ob sie in der Lage sind, dieses Wissen in vielen verschiedenen Situationen für verschiedene Verhaltensweisen einzusetzen. Man kann sich vielleicht darüber streiten, ob wir ein *Verständnis* mentaler Zustände in diesem Sinn als *Überzeugungen* über mentale Zustände auffassen sollten. Für ein Verständnis von Wahrheit wie es für theoretische Rationalität benötigt wird, muss diese Frage jedoch klarerweise mit „ja" beantwortet werden. Theoretische Rationalität besteht in der Fähigkeit, neue und bessere Methoden zu identifizieren, um zu wahren Überzeugungen zu kommen. Daher kann ein Verständnis von Wahrheit, das an wenige spezifische Verhaltensweisen gekoppelt ist, und daher eben nicht viele verschiedene Verhaltensweisen motivieren kann, diese Rolle nicht ausfüllen.

Sterelnys Einwand stellt den *false-belief task* als gutes Kriterium für ein Verständnis von Wahrheit in Frage. Allerdings ist der Einwand bei genauerer Hinsicht nicht so dramatisch wie es zunächst scheint. Zum einen handelt es sich nicht um ein prinzipielles Problem. Vielmehr weist Sterelny darauf hin, wie die Tests verbessert werden können, um aussagekräftiger zu sein: Wir sollten gezielter versuchen, nicht nur zu testen, ob Tiere in der Lage sind, mentale Zustände aufzuspüren, sondern auch, was sie mit diesem Wissen anfangen können (Sterelny 2003, S. 37). Schlimmstenfalls können wir daher anhand der Tests, die *momentan* benutzt werden, noch nicht hinreichend entscheiden, ob ein Tier über ein relevantes Verständnis von Wahrheit verfügt. Zum anderen sollten wir dem *false-belief task* (sowie den anderen ToM Tests) auch in ihrer momentanen Form nicht jegliche Aussagekraft absprechen. Das Bestehen dieser Tests mag nicht hinreichend sein, um ein solches Verständnis nachzuweisen, aber es liefert Evidenzen, die dafür sprechen, auch wenn diese ergänzt werden müssen. Noch viel wichtiger ist jedoch, dass die Tatsache, dass die gängigen Tests nicht hinreichend sind, um ein Verständnis mentaler Zustände nachzuweisen, nicht bedeutet, dass sie nicht hinreichend sind, um ein solches Verständnis abzusprechen, wenn ein Lebewesen den Test nicht besteht. Denn während zwar die Fähigkeit Informationen aufzuspüren nicht impliziert, dass man diese Informationen flexibel einsetzen kann, setzt doch der flexible Umgang mit Informationen voraus, dass man sensitiv für diese Informationen ist. Wenn Lebewesen also daran scheitern, Überzeugungen zu identifizieren, dann ist das zumindest ein sehr guter Hinweis dafür, dass sie auch selbst nicht über Überzeugungen verfügen.[76]

Was wissen wir also über das Verständnis mentaler Zustände bei Tieren? 1978 veröffentlichten die Psychologen und Verhaltensforscher David Premack und Guy Woodruff ihren Aufsatz *Does the chimpanzee have a theory of mind?* (Premack & Woodruff 1978), in dem sie das Verständnis von Intentionen und zielgerichtetem Verhalten bei Schimpansen diskutieren. In den folgenden Jahren bis heute gab es eine Flut neuer Veröffentlichungen, in denen die Fähigkeit mentale Zustände zu verstehen und zuzuschreiben bei Menschenaffen (Povinelli & Vonk 2003; Penn & Povinelli 2007; Call & Tomasello 2008) und bei anderen Primaten wie zum Beispiel Rhesusaffen (Flombaum & Santos 2005; Santos, Nissen & Ferrugia 2006), sowie bei einer Reihe von Rabenvögeln wie zum Beispiel Kolkraben (Bugnyar & Kotrschal 2004, Bugnyar & Heinrich 2005) und Buschhähern (Emery & Clayton 2001) diskutiert wurde (für einen Vergleich zwischen Primaten und Corviden vgl. auch Emery & Clayton 2009). Ein Ergebnis, auf das sich viele Forscher einigen können, ist, dass mit dem Begriff „Theorie des Geistes" sehr verschiedene Fähigkeiten bezeichnet werden und daher ein Verständnis mentaler Zustände nicht notwendigerweise ganz oder gar nicht vorhanden ist (für eine kritische Diskussion dazu vgl. Penn & Povinelli 2007). Demnach konzentrieren sich die verschiedenen Studien auch auf bestimmte ToM Fähigkeiten wie das Verstehen von Wahrnehmung und perzeptueller Perspektive, von Intentionen, von Wissen und schließlich von Überzeugungen. Die meisten Forscher sind sich dabei einig, dass einige der untersuchten Arten ein Verständnis verschiedener mentaler Zustände zeigen (für eine Kritik vgl. Heyes 1998; Penn & Povinelli 2007).

Das Verstehen von Wahrnehmung und Perspektive gilt als die erste Stufe des Verstehens mentaler Zustände. Als ein Verständnis von Wahrnehmung wird die Fähigkeit bewertet, zu verstehen, dass sich die Perspektive anderer von der

76 Wie in Kapitel 2 gesehen, kann es natürlich andere Fehlerquellen geben, aber wenn die Tiere ähnliche Tests erfolgreich meistern und es sichergestellt ist, dass sie motiviert sind (was in der Regel das kleinste Problem darstellt), dann spricht vieles dafür, dass der Test Evidenz für das Nichtvorhandensein einer Fähigkeit produzieren kann.

eigenen unterscheidet und andere daher über andere Informationen verfügen als man selbst (wenn zum Beispiel das eigene Sichtfeld, oder das des anderen, eingeschränkt ist).[77] Wahrnehmung gilt als die erste Stufe eines Verständnisses mentaler Zustände, weil sie am einfachsten zu verfolgen ist, da Lebewesen sich an behavioralen Hinweisen wie der Ausrichtung des Kopfes bzw. der Augen orientieren können (Call & Tomasello 2008). Dadurch, dass Wahrnehmung scheinbar leicht detektiert werden kann, sowie durch den hohen ökologischen Wert, zu wissen, zu welchen Informationen ein anderes Tier Zugang hat, ist zu erwarten, dass ein Verständnis von Wahrnehmung in der Welt der Tiere weit verbreitet ist. Folgerichtig wurde ein Verständnis von Wahrnehmung und Perspektive bei verschiedenen Rabenvögeln (Flombaum & Santos 2005; Bugnyar & Kotrschal 2004) und Primaten (Call & Tomasello 2008; für eine kritische Sicht bezüglich Schimpansen vgl. Povinelli & Eddy 1996) nachgewiesen. Schimpansen zum Beispiel nutzen die Blickrichtung anderer als Quelle von Informationen. Sie die Blickrichtung anderer, wenn diese konzentriert in eine Richtung schauen. Entdecken sie nichts, was dieses Interesse lohnt, schauen sie zurück zu ihrem Artgenossen um ihre Blickrichtung zu korrigieren, oder sie ändern ihre eigene Position um die Perspektive des anderen einzunehmen. Viele Versuche zeigen außerdem, dass Schimpansen im Wettstreit um Nahrung mitberücksichtigen können, zu welchen Informationen ein anderer visuellen Zugang hat und zu welchen nicht (Hare et al. 2001; Tomasello & Call 2006; Call & Tomasello 2008). Ähnliche Fähigkeiten sind zum Beispiel bei Buschhähern zu beobachten, die verstecktes Futter später wieder ausgraben und an einem neuen Platz verstecken, wenn ein anderer Vogel sie beim ersten Verstecken beobachtet hat (Emery & Clayton 2001).[78]

Neben der Fähigkeit zu verstehen, was andere sehen und was nicht, ist die Fähigkeit, die Ziele und Intentionen anderer zu verstehen, von besonderer Wichtigkeit (Premack & Woodruff 1978; Call & Tomasello 2008). Eine Möglichkeit zu lernen, das Verhalten anderer zu antizipieren, besteht darin, diese in bestimmten Situationen zu beobachten und durch Assoziation Verhaltensregeln daraus abzuleiten. In dem Fall kann Verhalten in sehr ähnlichen Situationen vorhergesagt werden (Call & Tomasello 2008). Eine flexiblere Fähigkeit ist es,

77 In einem viel zitierten Experiment von Hare et al. (2001) konkurrieren zum Beispiel ein rangniedriger und ein dominanter Schimpanse um Futter. Da das dominante Tier alles Futter für sich beansprucht, muss der untergeordnete Schimpanse berücksichtigen, ob sein Konkurrent ein Stück Futter gesehen hat oder nicht, bevor er sich dem Futter nähert.

78 Interessanterweise lernen sie dass andere ihre Futterreserven plündern scheinbar nicht dadurch, dass ihnen in der Vergangenheit Futter gestohlen wurde, sondern erst nachdem sie selbst die Verstecke anderer geplündert haben.

direkt am Verhalten des anderen zu erkennen, was dieser damit erreichen will, da diese Fähigkeit in ihrer Anwendung nicht auf die wenigen bereits erlebten Situationen beschränkt ist. Call und Tomasello (2008) diskutieren eine Reihe von Studien, in denen untersucht wurde, inwiefern Schimpansen verstehen, dass Handlungen zielgerichtet sind. Um unterscheiden zu können, ob ein Tier in einer bestimmten Situation tatsächlich das Ziel einer Handlung versteht, oder einfach nur das Verhalten *liest* (nur ein Verhalten mit bestimmten Situationen assoziiert), untersucht man zum Beispiel Situationen, in denen ein Subjekt eine bestimmte Handlung erfolglos durchführt. Ob ein Schimpanse auf das Verhalten reagiert oder ob er das Ziel der Handlung versteht kann man dann daraus ableiten, ob er auf den tatsächlichen Ausgang der Handlung reagiert oder auf den intendierten (Call & Tomasello 2008). Viele Studien legen nahe, dass Schimpansen in der Lage sind, die Ziele und Intentionen von Handlungen zu verstehen (Warneken et al. 2007; Call & Tomasello 2008; Tennie Call & Tomasello 2010). Ähnliche Ergebnisse gibt es auch hier bei Buschhähern (Emery 2004) und Kolkraben (Bugnyar & Heinrich 2005). Zumindest manche nicht-menschliche Tiere scheinen also einiges von mentalen Zuständen zu verstehen. Sie verstehen, dass andere bestimmte Dinge sehen, hören und wissen, und sie verstehen, dass die Handlungen anderer zielgerichtet sind und können dieses Wissen benutzen, um das Verhalten anderer zu interpretieren und zu antizipieren.

Trotz all dieser Fähigkeiten gibt es jedoch keine überzeugenden Evidenzen dafür, dass manche nicht-menschliche Tiere Überzeugungen in dem oben charakterisierten Sinn verstehen (Heyes 1998; Call & Tomasello 1999; 2008; Hare et al. 2001; Penn & Povinelli 2007). Keines der getesteten Tiere scheint in der Lage zu sein, Verhalten auf der Grundlage von Überzeugungen zu antizipieren, *die es selbst für falsch hält*. Demnach verstehen sie andere in Begriffen einer Wahrnehmungs-Ziel Psychologie, im Gegensatz zu einer Überzeugungs-Wunsch-Psychologie, wie der Mensch sie anwendet (Call & Tomasello 2008; Bugnyar & Heinrich 2005; für eine Übersicht vgl. Emery & Clayton 2009). Wenn es jedoch keine Tiere gibt, die Überzeugungen verstehen, dann spricht nicht viel dafür, dass es Tiere gibt, die über ein Verständnis von Wahrheit verfügen. Ohne ein solches Verständnis von Wahrheit jedoch sind sie nicht in der Lage, Wahrheit als Ziel zu identifizieren und erfüllen daher nicht Papineaus zweites Kriterium für theoretische Rationalität.

5.4 Rationalität bei Menschen und Tieren

In der bisherigen Arbeit stand die Frage im Mittelpunkt, wie sich die Fähigkeit des Menschen zu innovativem Verhalten von der nicht-menschlicher Tiere unterscheidet. Die Tatsache, dass Menschen in einem augenscheinlich so viel größeren Maße zu Innovationen in der Lage sind, legt zunächst die Vermutung nahe, dass es einen tiefen Graben zwischen unseren diesbezüglichen Fähigkeiten und denen nicht-menschlicher Tiere gibt. Diese Vermutung hat sich bisher jedoch nicht bestätigt. In Kapitel 3 wurden die repräsentationalen Grundlagen für innovatives Verhalten diskutiert. Die Diskussion der Frage, wie ein Lebewesen seine Welt repräsentieren muss, um überhaupt flexibel und innovativ mit ihr interagieren zu können, hatte zum Ergebnis, dass der Übergang von rigiden und vollkommen unflexiblen kognitiven Architekturen hin zu solchen, die die Welt ausdifferenziert in Überzeugungen und Wünsche repräsentieren, ein fließender ist. Dies legt nahe, dass viele nicht-menschliche Tiere die Voraussetzungen für innovatives Verhalten erfüllen, auch wenn sie nicht über Überzeugungen und Wünsche im vollen Sinn verfügen. Ein ähnliches Bild hat sich am Ende von Kapitel 4 ergeben, in dem die Informationsverarbeitung diskutiert wurde, die der Übersetzung von Repräsentationen in Verhalten zugrunde liegt. Vieles spricht dafür, dass die Inferenzen, die menschlichen Entscheidungen zugrunde liegen, denen vieler Tiere in wichtiger Hinsicht gleichen: Sie sind nicht formal, gehaltsblind und bereichsunspezifisch und sie zielen nicht auf optimale Entscheidungen im Sinne der Standardansicht von Rationalität, sondern sie sind sensitiv für die informationale Struktur der Umwelt und zielen auf schnelle und sparsame Entscheidungen, die unseren pragmatischen Zielen dienen. Sowohl Kapitel 3 als auch Kapitel 4 legen also nahe, dass wir den Unterschied in der Innovationfähigkeit zwischen Menschen und Tieren nicht als starke anthropologische Grenze, sondern vielmehr als graduellen Unterschied auffassen sollten. In diesem Kapitel wurde schließlich eine Möglichkeit diskutiert, wie sich die Rationalität des Menschen von der Rationalität nicht-menschlicher Tiere trotzdem in einem starken Sinn unterscheiden könnte. Papineau zufolge verfügen Menschen zwar wie Tiere über einen modularen Geist, aber nur der Mensch verfügt über bestimmte Module, die es ihm ermöglichen, die Beschränkungen schneller und sparsamer Faustregeln zu transzendieren (Papineau 2007a, S. 60 - 61). Unser Verständnis von Kausalität liegt unserer Fähigkeit zum Zweck-Mittel-Denken zugrunde und unser Verständnis mentaler Zustände ermöglicht uns ein Verständnis von Wahrheit. Zusammen ermöglichen die beiden Fähigkeiten es uns, den Wert von Wahrheit zu erkennen und Methoden zu identifizieren, die zuverlässiger zur Wahrheit führen als Heuristiken, und wir können diese Methoden einsetzen, wenn Exaktheit besonders wichtig ist. Die Diskussion der empirischen Literatur bezüglich der Frage, ob nicht auch manche Tiere über die für theoretische Rationalität relevanten Fähigkeiten verfügen, hat jedoch gezeigt, dass auch hier die Unterschiede zum Menschen nicht so groß sind, wie von Papineau vermutet. Zwar haben Tiere nur ein überschaubares Verständnis von Kausalität und es spricht vieles dafür, dass sie nicht über ein angemessenes Verständnis von Wahrheit verfügen. Aber vieles deutet darauf hin, dass es sich weder bei einem Verständnis von Kausalität noch bei einem Verständnis mentaler Zustände um spezifisch menschliche Fähigkeiten handelt. Vielmehr scheinen diese Fähigkeiten beim Menschen weiter entwickelt zu sein und unterscheiden ihn auch in dieser Hinsicht nur graduell von nichtmenschlichen Tieren.

Ein Ergebnis der letzten drei Kapitel besteht demnach darin, dass wir die Fähigkeiten von Tieren häufig unter- und die eigenen Fähigkeiten überschätzen, was die Illusion einer anthropologischen Grenze – eines tiefen Grabens zwischen den kognitiven Fähigkeiten des Menschen und denen nichtmenschlicher Tiere – generiert. Diese Erkenntnis sollte jedoch nicht den Unterschied zwischen Menschen und nicht-menschlichen Tieren marginalisieren. Die Tatsache, dass wir die besprochenen kognitiven Fähigkeiten mehr oder weniger ausgeprägt auch bei manchen Tieren finden, sollte nicht überdecken, dass auch graduelle Unterschiede ins Gewicht fallen können. Die offensichtliche Einmaligkeit der technologischen und kulturellen Entwicklung des Menschen bleibt erklärungsbedürftig und jede Position, die die Gemeinsamkeiten zwischen Menschen und Tieren betont, muss sich daran messen, ob sie mit diesem offensichtlichen Unterschied kompatibel ist und wie gut sie zu einer Erklärung dieses Phänomens beitragen kann. Die bisherige Analyse lässt Raum für eine solche Erklärung. Die Fähigkeit, die Welt mit überzeugungsartigen Zuständen zu repräsentieren, mag sich nur graduell von der Repräsentation der Welt durch Überzeugungen unterscheiden. Sie stellt jedoch trotzdem eine wichtige Einschränkung dar: Informationen können mit Überzeugungen für eine größere Anzahl verschiedener Verhaltensweisen benutzt werden und sind nicht auf den Gebrauch in bestimmten Bereichen beschränkt. Der Gebrauch von Inferenzen, die sich die informationale Struktur der Umwelt zunutze machen, um schnell und sparsam gute Ergebnisse zu produzieren, mag eine Gemeinsamkeit vieler Entscheidungsprozesse von Menschen und Tieren darstellen. Die diesbezügliche Ähnlichkeit in der *Art* der Inferenzen, die wir benutzen, lässt jedoch großen Spielraum für wichtige Unterschiede bezüglich der Frage, *welche* Heuristiken benutzt werden. Unterschiedliche Heuristiken können unterschiedlich wahrheitszuträglich und effektiv sein und dadurch in unterschiedlichem Maße zur Flexibilität und zur Innovationsfähigkeit eines Lebewesens beitragen. Vor allem aber hat dieses Kapitel einen wichtigen Unterschied aufgezeigt: Zwar verfügen auch manche Tiere über ein gewisses Verständnis von mentalen Zuständen und von Kausalität, aber erst ein so ausgeprägtes Verständnis dieser Dinge, wie es der Mensch hat, macht ein Lebewesen theoretisch rational.[79] Papineaus Theorie ist daher ein Paradebeispiel dafür, wie sich graduelle Unterschiede nicht nur summieren, sondern die Grundlage tiefergehender Unterschiede sein können.

Viele graduelle Unterschiede können zusammengenommen also dramatische Konsequenzen haben. Papineaus theoretische Rationalität kann erklären, warum wir in der Lage sind, Methoden zu identifizieren, die wahrheitszuträglicher sind als Heuristiken und diese Methoden einzusetzen, wenn Exaktheit wichtig ist. Dies ist offensichtlich bei vielen technologischen Innovationen der Fall: Die Erfindung von Computern sind durch den Gebrauch schneller und unsauberer Faustregeln genauso wenig erklärbar, wie die Leistung des Menschen, einen Mann zum Mond zu schicken. Allein durch theoretische Rationalität können wir diese Leistungen jedoch auch nicht erklären. Theoretische Rationalität (ebenso wie ökologische Rationalität und die Eigenschaft ein rationales Lebewesen zu sein) sind Eigenschaften von Individuen. Die Konstruktion eines Computers oder eines Raumschiffs übersteigt jedoch die Möglichkeiten von Individuen in zweierlei Hinsicht. Zum einen übersteigt sowohl die Menge des dazu benötigten Wissens als auch die Zeit, die die Ausführung aller erforderlichen Arbeiten in Anspruch nimmt, offensichtlich die Möglichkeiten jedes einzelnen Menschen. Einen Menschen zum Mond zu schicken involviert eine große Menge an Individuen mit Spezialwissen (etwa Physiker, Mathematiker und Ingenieure, um nur einige zu nennen), die koordiniert miteinander kooperieren müssen. Eine Erklärung muss also auch die Kooperationsfähigkeit des Menschen in den Blick nehmen. Dies soll in Kapitel 7 und 8 geschehen. Zum anderen übersteigt auch das Spezialwissen jedes einzelnen Physikers, Mathematikers oder Ingenieurs die Möglichkeiten dessen, was ein Einzelner sich ohne Hilfe aneignen kann, bei weitem. Die Innovationsfähigkeit des Menschen heute ist grundlegend beeinflusst durch das, was Menschen früher getan und gelernt haben. Sie ist das Ergebnis eines Kreislaufs von Innovation und Standardisierung. Während die letzten Kapitel ihre Aufmerksamkeit auf die Innovationsfähigkeit von Menschen und Tieren gerichtet haben, fasst das nächste Kapitel den Standardisierungsprozess ins Auge, der für diesen Kreislauf benötigt wird.

---

79 Das ist zumindest im Fall der ToM offensichtlich, da ein beschränktes Verständnis mentaler Zustände nicht hinreichend für ein Verständnis von Wahrheit ist.

6 Soziales Lernen

6.1 Innovation und Standardisierung

Warum ist der Mensch das einzige Lebewesen, das zum Mond fliegen kann? Wie können wir erklären, warum sich die Lebenswelt des Menschen von der nicht-menschlicher Tiere so fundamental unterscheidet? Eine Möglichkeit besteht darin, dass der Mensch über ein größeres Potenzial verfügt, Innovationen hervorzubringen, als nicht-menschliche Tiere. Dieser Möglichkeit wurde im bisherigen Verlauf der Arbeit nachgegangen. Dabei wurde untersucht, wie Lebewesen ihre Welt repräsentieren können müssen, um flexibel mit ihr zu interagieren und welche Informationsverarbeitung benötigt wird, um diese Repräsentationen in erfolgreiches innovatives Verhalten zu übersetzen. Tatsächlich hat sich gezeigt, dass der Mensch über die dafür benötigten Fähigkeiten in einem anderen Maße verfügt, als nicht-menschliche Tiere. Diese graduellen Unterschiede können sich summieren und erklären schließlich, warum der Mensch (und nur der Mensch) nicht nur ökologisch rational ist, sondern auch über theoretische Rationalität verfügt.

Wie jedoch zum Ende des letzten Kapitels angedeutet, können wir dadurch zwar ein größeres Potenzial zu innovativem Verhalten erklären, aber auch die theoretische Rationalität einzelner Menschen ist nicht hinreichend für eine Erklärung spezifischer technologischer Höchstleistungen wie die Konstruktion von Computern oder der Flug zum Mond. Solche Errungenschaften übersteigen die Fähigkeiten von Individuen in verschiedener Hinsicht. Zum einen sind an solchen Projekten typischerweise eine Vielzahl verschiedener Individuen beteiligt, die ihre Fähigkeiten koordinieren und dadurch bündeln (Mehr dazu in Kap. 7 & 8). Zum anderen übersteigen die Anforderungen für die Konstruktion eines Raumschiffs auch die Anforderungen aller direkt Beteiligten, wie Tomasello verdeutlicht (Tomasello 1999, S. 5):

> Basically none of the most complex human artifacts [...] were invented once and for all at a single moment by any one individual or group of individuals. Rather, what happened was that some individual or group of individuals first invented a primitive version of the artifact or practice, and then, some later user or users made a modification, an „improvement", that others than adopted perhaps without change for many generations, at which point some other individual or group of individuals made another modification which was then learned and used by others, and so on over historical time in what has sometimes been dubbed "the ratchet effect".

Innovative Höchstleistungen des Menschen sind nicht allein das Ergebnis der Innovationsfähigkeit eines Einzelnen oder einer kleinen Gruppe von Menschen, sondern das Resultat der Innovationsfähigkeit vieler Generationen. Komplexe Erfindungen entstehen nicht aus dem Nichts, sondern sind typischerweise das vorläufig letzte Glied eines langen Prozesses, der seinen Anfang in einer primitiven Erfindung hat, die sich als Standard in einer Gruppe etabliert, bis sie eine Modifikation oder Verbesserung erfährt, die sich ihrerseits als Standard etabliert und so weiter (Tomasello 1999, S. 5). Komplexe Erfindungen sind das Ergebnis technologischen Fortschritts, für den die Innovationsfähigkeit ihrer Erfinder genauso wichtig ist, wie die Innovationsfähigkeit vieler anderer Erfinder früherer Generationen. Erst die Akkumulation von Modifikationen hat den sogenannten *Wagenhebereffekt* (ratchet effekt) zur Folge, der manchmal auch als kumulative kulturelle Evolution bezeichnet wird (Tomasello 1999, S. 37) und ohne den die Erfindung von Computern genauso undenkbar ist, wie der Flug zum Mond. Wenn wir jedoch die Fähigkeit des Menschen zum Mond zu fliegen nur durch den Wagenhebereffekt erklären können und interessiert sind an der Frage, warum nicht-menschliche Tiere nicht zu Ähnlichem in der Lage sind, dann müssen wir untersuchen, worin wir uns von nicht-menschlichen Tieren bezüglich der dem Wagenhebereffekt zugrunde liegenden Fähigkeiten unterscheiden. Der Wagenhebereffekt wird jedoch nicht ausschließlich durch die Innovationsfähigkeit von Individuen konstituiert, sondern durch den „Kreislauf, in dem eine Innovation zum Standard der Gruppe und dann die Basis für weitere Innovationen wird" (Sterelny 2003, S. 150 - 151, meine Übersetzung). Neben der Innovationsfähigkeit von Individuen, die bisher untersucht wurde, gibt es daher zwei weitere Voraussetzungen: Innovationen müssen von Gruppen als Standard etabliert werden und Innovation und Standardisierung müssen einen Kreislauf bilden. Damit eine Innovation sich als Standard in einer Gruppe etabliert, dürfen Innovationen Einzelner nicht mit ihren Urhebern aussterben, sondern müssen für den späteren Gebrauch konserviert werden. Dazu muss es der Fall sein, dass die Tatsache, dass ein Individuum zum Beispiel ein neues Werkzeug erfindet, die Wahrscheinlichkeit erhöht, mit der andere Gruppenmitglieder selbst lernen, wie dieses Werkzeug gefertigt wird und wozu es benutzt werden kann. Es muss also einen Zusammenhang geben zwischen dem, was manche Gruppenmitglieder tun, und dem, was andere lernen. Wenn das, was Lebewesen lernen, davon beeinflusst wird, was andere Lebewesen tun, kann man von sozialem Lernen sprechen. Die Standardisierungsbedingung wird also durch Mechanismen sozialen Lernens erfüllt. Für den Wagenhebereffekt muss jedoch noch etwas anderes der Fall sein: Eine Innovation, die sich als Standard in einer Gruppe etabliert hat, muss selbst Gegenstand weiterer Innovationen (Verbesserungen) werden können, die sich ihrerseits als Standard in der Gruppe etablieren können. Dies stellt bestimmte Anforderungen an die Art und Weise, *wie* eine Innovation eines Gruppenmitglieds dazu beiträgt, dass diese Innovation sich als Standard etabliert. Eine Form sozialen Lernens, die für den Menschen von besonderer Wichtigkeit ist, ist *aktives Unterweisen* (Tomasello 1999, S. 79 – 81). Dabei unterstützen manche Individuen andere aktiv dabei, bestimmte Dinge zu lernen.[80] Vieles spricht dafür, dass aktives Unterweisen eine Besonderheit der Spezies Mensch ist (King 1991; Tomasello 1999). Dafür kann es eine Reihe verschiedener Gründe geben. Ein Grund könnte darin bestehen, dass nicht-menschliche Spezies zu wenig von den mentalen Zuständen ihrer Artgenossen verstehen, um gute Lehrer zu sein (vgl. Kap. 5.3.2). Wenn ein Lebewesen nicht versteht, dass ein anderes Lebewesen etwas nicht weiß (oder beim Lernen Hilfe benötigt), kann es nur sehr eingeschränkt motiviert sein, ihm helfend unter die Arme zu greifen.[81] Ein anderer Grund könnte darin bestehen, dass Lebewesen prinzipiell nicht motiviert sind, mit anderen zu kooperieren. Inwiefern menschliche Kooperation eine Besonderheit darstellt, soll in den folgenden zwei Kapiteln (Kap. 7 & 8) diskutiert werden. Aktives Unterweisen ist jedoch nicht die einzige Art sozialen Lernens. Der Fokus dieses Kapitels wird auf verschiedenen nicht-kooperativen Arten sozialen Lernens liegen. Dabei soll zum einen der Frage nachgegangen werden, welche Mechanismen sozialen Lernens es gibt (abgesehen von aktivem Unterweisen) und wie gut sie geeignet sind, um zum Wagenhebereffekt beizutragen. Zum anderen soll die Frage beantwortet werden, ob und wie sich der Mensch durch spezifische Fähigkeiten zum sozialen Lernen von nicht-menschlichen Tieren unterscheidet.

6.2 Social Priming

Wenn Organismen über die Fähigkeit zu lernen verfügen, beeinflusst das Leben in sozialen Gruppen in vielen Fällen, was und wie schnell sie etwas lernen. Das von Sterelny sogenannte *Social Priming* ist die wohl grundlegendste Art sozialen Lernens (Sterelny 2003, S. 60). Der Ausdruck *priming* kommt aus der Psychologie und bezieht sich dort auf einen Gedächtniseffekt, bei dem die Tatsache, dass man einem bestimmten Stimulus ausgesetzt ist, die Art und Weise beeinflusst,

---

80 Der typischste Fall besteht darin, dass Erwachsene den Lernprozess ihrer Kindern unterstützend begleiten (Tomasello 1999, S. 80).

81 Eine Ausnahme ist die angeborene Disposition, ein Lebewesen beim Erlernen bestimmter Tätigkeiten zu unterstützen. Aber diese Art aktiven Unterweisens ist offensichtlich nicht flexibel genug, um zur Standardisierung von *Innovationen* in Gruppen beizutragen.

wie man auf einen späteren Stimulus reagiert (Kahneman 2012, S. 55).[82] Der Begriff „Social Priming" im Kontext sozialen Lernens bezieht sich zum einen darauf, dass die spezifische Umwelt, in der sich ein Individuum bewegt, beeinflusst, was dieses Individuum lernt, und zum anderen darauf, dass das soziale Umfeld (die soziale Gruppe, zu der ein Individuum gehört), entscheidenden Einfluss darauf hat, in *welcher* Umwelt sich ein Individuum befindet und welchen Umwelteinflüssen es ausgesetzt ist.[83] Verschiedene Umwelten bieten die Möglichkeit verschiedene Erfahrungen zu machen und schirmen gleichzeitig vor anderen Reizen und Erfahrungen ab (Sterelny 2003, S. 60). Zum Beispiel kann ein Tier nur dann lernen, dass bestimmte Früchte eine wichtige Nahrungsquelle darstellen, wenn diese Früchte in der Umwelt, in der es sich bewegt, zu finden sind. Die bloße Tatsache, dass ein Tier zu einer sozialen Gruppe gehört, hat zur Folge, dass es sich in einer vorstrukturiert Umwelt bewegt und beeinflusst daher indirekt, welche Erfahrungen ein Tier macht und welche nicht (vgl. Sterelny 2003, S. 60).

6.2.1 Social Priming als Standardisierungsmechanismus

Social Priming ist die grundlegendste Art sozialen Lernens, weil sie die geringsten kognitiven Anforderungen sowohl an den Lerner als auch an sein soziales Umfeld stellt. Die einzige Anforderung an das soziale Umfeld besteht darin, dass dieses beeinflusst, in welcher Umwelt sich ein Individuum bewegt. Dieser Einfluss kann etwa darin bestehen, dass Jungtiere während einer kritischen Lernphase ihrer Ontogenese die Nähe ihrer Eltern suchen, oder dass Tiere einer Spezies sich generell in Gruppen aufhalten. Von der Seite der „Lehrer", also der sozialen Gruppe, die beeinflusst, was ein Lebewesen lernt, sind für Social Priming daher keine speziellen kognitiven Fähigkeiten vonnöten, die sich entwickelt haben, um soziales Lernen zu erleichtern. Aber auch auf der Seite der Schüler bzw. der Lerner ist Social Priming Sterelny zufolge die kognitiv am wenigsten anspruchsvolle Art sozialen Lernens (Sterelny 2003, S. 60):

---

82 Kahneman hat z.B. gezeigt, dass Menschen, die zuvor auf Alter *geprimt* wurden (Wörter lesen mussten, welche mit dem Alter und altern zu tun haben), sich in der Folge langsamer bewegten als Menschen aus einer nicht-geprimten Kontrollgruppe (vgl. Kahneman 2012). Manchmal wird der Ausdruck „Social Priming" auch in einem spezielleren Sinn verwendet. Hier verwende ich ihn in dem im Folgenden spezifizierten Sinn. Ich werde daher den englischsprachigen Ausdruck als Eigenname für diese Art zu lernen benutzen.

83 Tomasello spricht in diesem Zusammenhang auch von „environmental shaping" (Tomasello 1999, S. 26).

> Environmental structuring in itself makes no assumptions about juvenile interest in or attention to adult behavior. "Social priming" or "stimulus enhancement" makes certain aspects of the environment particularly salient to juveniles. It is easy to see how this could be adaptive, in drawing attention to events and activities about which the infant should learn.

Die einzige kognitive Anforderung an den Lerner ist demnach die Fähigkeit, durch Versuch und Irrtum herauszufinden, welche Verhalten wozu erfolgreich sind, und Assoziationen zwischen Reizen und Verhaltensweisen, die in der Vergangenheit zu guten Ergebnissen führten, zu bilden. Auch hier sind also kognitive Fähigkeiten, die sich spezifisch für soziales Lernen entwickelt haben, nicht notwendig, obwohl es hilfreich sein kann, wenn Lerner über eine natürliche Disposition verfügen, ihre Aufmerksamkeit auf Handlungen der sozialen Gruppe und auf Gegenstände, die andere Individuen benutzen, zu richten.

Obwohl Social Priming die kognitiv anspruchsloseste Art sozialen Lernens ist, erleichtert es einem Jungtier das Erlernen vieler Dinge. Im Gegensatz zu normalem Lernen durch Versuch und Irrtum kann die durch die soziale Gruppe vorstrukturierte Umwelt den Lernprozess beschleunigen. Wenn zum Beispiel ein junger Schimpanse entdeckt, dass Nüsse essbar sind, weil andere Tiere um ihn herum herausgefunden haben, wie man sie öffnet und dabei etwas für ihn abgefallen ist, hat er etwas über eine wichtige Ressource gelernt. Wenn er dann selbst versucht Nüsse zu öffnen, macht die Tatsache, dass die von anderen benutzten Werkzeuge sich in der Nähe befinden, es wahrscheinlicher, dass er selbst herausfindet, wozu sie zu gebrauchen sind, als wenn er geeignete Steine zum Öffnen der Nuss erst selbst suchen müsste.[84] Gleichzeitig führt Social Priming dazu, dass einem Lerner bestimmte Irrtümer erspart bleiben, wodurch das Lernen sicherer wird. Ratten zum Beispiel bilden ihre Futterpräferenzen danach aus, was andere Ratten essen und können so vermeiden, sich durch unbekannte Nahrung zu vergiften (Galef jr. & Clark 1971). Social Priming wird daher manchmal auch als *protected trial and error learning* bezeichnet (Sterelny 2003,

84 Es ist nicht ganz klar, wie die Tatsache zu interpretieren ist, dass erwachsene Schimpansen Werkzeuge zurücklassen, wenn sie neue Nüsse suchen gehen. Einige Beobachtungen, denen zufolge sie ihre Werkzeuge nur ihren eigenen Jungtieren auf diese Weise zum Gebrauch überlassen, nicht jedoch anderen erwachsenen Tieren, wurden dahin gehend interpretiert, dass es sich dabei um eine (zugegebenermaßen rudimentäre) Form von unterrichten handelt (oder mit anderen Worten: dass sie die Werkzeuge zu dem Zweck zurücklassen, dass ihr Nachwuchs sich damit vertraut machen kann) (vgl. Tomasello 1999, S. 34). Ich glaube nicht, dass das eine notwendige Interpretation aus den vorhandenen Daten ist, an dieser Stelle genügt mir jedoch der Hinweis, dass das Beispiel nur die Seite des Lerners illustrieren soll, und die ist in Fällen, in denen es keinen solchen Lehrer gibt, dieselbe.

S. 157). Junge Affen entwickeln eine Angst vor Schlangen, indem sie die ängstlichen Reaktionen ihrer Artgenossen beobachten. Viele Zugvögel können nur dadurch zu navigieren lernen, dass sie während einer kritischen Lernphase ihrer Ontogenese freien visuellen Zugang zum Himmel haben. Da sie diese Zeit noch im elterlichen Nest verbringen, sind sie abhängig davon, dass ihre Eltern das Nest an einer Stelle gebaut haben, von der aus der Himmel sichtbar ist (Hauser 2001). Die Futterpräferenzen von Ratten entstehen dadurch, dass sie an anderen Ratten riechen, was diese gefressen haben und beobachten, dass die Nahrung ungefährlich war (Galef jr. 1986).

Da die kognitiven Anforderungen für Social Priming relativ gering sind – Lebewesen müssen nur über die Fähigkeit verfügen, bestimmte Reize mit einem bestimmten Verhalten zu assoziieren – und viele Arten über diese Fähigkeiten verfügen, spielt Social Priming bei vielen Arten eine wichtige Rolle. Aber wie gut eignet sich Social Priming als Standardisierungsprozess? Tatsächlich gibt es Fälle, die illustrieren, dass durch Social Priming bestimmte Innovationen einzelner sich in ihrer Gruppe als Standard etabliert haben. Das wohl bekannteste und in der Literatur am ausgiebigsten diskutierte Beispiel dafür ist das Waschen von Süßkartoffeln von Makaken auf der japanischen Insel Kōjima. 1953 wurde zum ersten mal ein Tier der dortigen Population, das Weibchen Imo, dabei beobachtet, wie es sandige Süßkartoffeln vor dem Verzehr mit Wasser abwusch. In der Folge verbreitete sich dieses Verhalten in Imos Gruppe (Tomasello 1999, S. 27):

> About three month after she began to wash her potatoes the practice was observed in Imo´s mother and two of her playmates (and then their mothers). During the next two years, seven other youngsters also began to wash potatoes, and within three years of Imo´s first potato washing about 40 percent of the troop was doing the same. The fact that it was Imo´s close associates who learned the behavior first, and their close associates directly after, was thought to be significant in suggesting that the means of propagation of this behavior was some form of imitation in which one individual actually copied the behavior of another.

Die Tatsache, dass das Süßkartoffelwaschen bei Japanmakaken spezifisch für die Kōjima Gruppe ist und nicht in anderen Populationen gefunden wird, die in vergleichbaren Umwelten leben, spricht dafür, dass sozial vermitteltes Lernen eine Rolle gespielt hat und die Mitglieder der Gruppe das Kartoffelwaschen nicht unabhängig von einander gelernt haben. Eine alternative Erklärung bestünde in der unwahrscheinlichen Annahme, dass viele Mitglieder einer Gruppe unabhängig voneinander dieselbe Entdeckung gemacht haben, während kein einziges Mitglied einer anderen Gruppe zu dieser Einsicht kam. Verhaltensunterschiede zwischen verschiedenen Populationen derselben Spezies, die nicht durch Unterschiede in der Umwelt erklärt werden können, sind daher ein guter Indikator dafür, dass ihnen Mechanismen sozialen Lernens zugrunde liegen.[85] Wenn Verhaltensunterschiede zwischen verschiedenen Populationen derselben Art tatsächlich ihre Ursache in sozialem Lernen haben, spricht man auch von Verhaltenstraditionen (in einem sehr basalen Sinn) (vgl. Tomasello 1999, S. 29). Ursprünglich wurde angenommen, dass solche Traditionen immer das Resultat von Imitation sind (vgl. Kap. 6.2). Heute sind sich jedoch die meisten Forscher einig, dass es sich in diesem Fall nicht um das Resultat von Imitation handelt, sondern dass die Ausbreitung besser durch Social Priming folgendermaßen erklärt werden kann (Tomasello & Call 1996): Da die Süßkartoffeln am Strand und daher in der Nähe des Wassers lagen, fand Imo durch Zufall (etwa weil ihr eine Süßkartoffel aus Versehen ins Wasser gefallen ist) heraus, dass diese besser schmecken, wenn man mit Wasser den Sand abspült (und vielleicht auch, wenn sie durch das Meerwasser gesalzen werden). Die Tatsache, dass Imo durch diesen Zufall die Gewohnheit entwickelt hat, ihre Süßkartoffeln vor dem Verzehr zu waschen, führte dazu, dass Tiere, die ihre Nähe suchten, sich selbst in der Nähe des Wassers aufhielten, wodurch die Wahrscheinlichkeit stieg, dass diese selbst durch Zufall herausfanden, dass gewaschene (oder gesalzene) Süßkartoffeln besser schmecken als sandige. In dieser Interpretation haben die Tiere, die sich die Technik des Süßkartoffelwaschens angeeignet haben, sich diese nicht von Imo abgeschaut, sondern durch Social Priming gelernt: Die sozialen Beziehungen zu Imo hatten einen Effekt auf die Umwelt, in der sich die Tiere bewegten (in der Nähe des Wassers), aber in dieser Umwelt hat jedes Individuum das Süßkartoffelwaschen quasi *selbst erfunden*. Die Verbreitung des Verhaltens über die Tiere, mit den engsten sozialen Beziehungen zu Imo (ihrer Mutter und ihren Freunden) auf deren engste soziale Partner ist konsistent sowohl mit der Interpretation als Imitation als auch mit der Interpretation als Social Priming (vgl. auch Kap. 6.4.1). Um zu illustrieren, dass die Entstehung von Verhaltenstraditionen durch bloßes Social Priming möglich ist, ist das hinreichend. Es spricht jedoch vieles dafür, dass dieses Beispiel tatsächlich besser durch Social Priming als durch Imitation erklärt wird. Die Ausbreitung des Kartoffelwaschens bei Japanmakaken weist eine andere Dynamik auf, als man erwarten würde, wenn es sich tatsächlich um Imitation handeln würde: Das Verhalten hat sich relativ langsam in der Gruppe verbreitet, die Geschwindigkeit der Verbreitung nahm nicht mit einer steigenden Anzahl von Vorbildern, von denen unwissende Tiere lernen konnten, zu und mit 40% haben sich nach

---

85 Ein offensichtlicher Unterschied könnte in diesem Fall darin bestehen, dass andere Japanmakaken keine Süßkartoffeln essen oder keinen Zugang zu Salzwasser haben.

drei Jahren wesentlich weniger Tiere die Technik angeeignet, als man bei Imitation erwarten würde (Tomasello & Call 1997, S. 277). Zusätzlich spricht auch der Umstand, dass es sich um das einzige stabile Verhalten handelt, welches diese Gruppe von Makaken von anderen unterscheidet, dafür, dass nicht Imitation, sondern bloßes Social Priming der Verbreitung zugrunde liegt. Denn wenn die Tiere über die Fähigkeit zur Imitation verfügen würden, wäre zu erwarten, dass sie diese häufiger einsetzen, was sich in einer größeren Anzahl an populationsspezifischen Verhalten zeigen würde (vgl. dazu auch Kap. 6.3). Social Priming führt also dazu, dass Tieren, die mit der Fähigkeit ausgestattet sind, durch Reizverstärkung zu lernen, das Erlernen vieler Dinge erleichtert wird, wenn sie in sozialen Gruppen leben. Der Einfluss anderer Gruppenmitglieder darauf, in welcher Umwelt ein Lebewesen sich befindet, determiniert zu einem gewissen Grad, welche Erfahrungen dieses Lebewesen macht und welche nicht und beschleunigt den Lernprozess. Dieser Effekt ist sogar noch wirkungsvoller, wenn Lerner über ein natürliches Interesse für die Aktivitäten anderer Gruppenmitglieder verfügen. In manchen Fällen wie dem Kartoffelwaschen der Japanmakaken kann Social Priming sogar die Bildung von Verhaltenstraditionen zur Folge haben, was eine gute Evidenz dafür ist, dass Social Priming tatsächlich ein erfolgreicher Standardisierungsmechanismus sein kann.

6.2.2 Grenzen von Social Priming

Sogar ein so einfacher Mechanismus wie Social Priming kann also zur Folge haben, dass sich Innovationen einzelner in Gruppen als Standard etablieren. Der Verbreitung von Innovationen und Entdeckungen einzelner in der ganzen Gruppe durch Social Priming sind allerdings recht enge Grenzen gesetzt. Zum einen beruht Social Priming auf der Fähigkeit bestimmte Reize und Verhaltensreaktionen mit einem erwarteten Ergebnis zu assoziieren. Solches Lernen durch Reizverstärkung, etwa durch die Methode Versuch und Irrtum, ermöglicht jedoch nur wenig Flexibilität und Kreativität im Umgang mit neuen Problemen und führt daher nur selten zu Innovationen. Wenn aber die einzelnen Mitglieder einer Gruppe nur wenig innovativ sind, gibt es verhältnismäßig wenig, was Gruppenmitglieder von einander lernen können, ganz unabhängig davon, wie effizient dieser Lernmechanismus ist. Der Kreislauf von Innovation und Standardisierung kommt aus Mangel an Innovationen gar nicht erst in Gang.

Abgesehen davon, dass Lernen durch das Bilden von Assoziationen ein verhältnismäßig geringes Potenzial dafür birgt, Innovationen hervorzubringen, ist Social Priming jedoch auch als Mechanismus zur Standardisierung wenig effektiv. So kann das Leben in sozialen Gruppen das Erlernen bestimmter Dinge zwar beschleunigen, weil unter den beschriebenen Umständen die Aufmerksamkeit eines Tieres auf wichtige Aspekte der Umwelt gelenkt wird, aber durch Social Priming wird nicht vermittelt, worin genau erfolgreiches Verhalten besteht: Die Tatsache etwa, dass ein Werkzeug, welches von einem Gruppenmitglied gefertigt wurde, sich in meiner Nähe befindet, kann dazu führen, dass ich näher untersuche, was ich damit anfangen kann. Aber *was* ich letztlich damit anfangen kann, muss ich erst selbst herausfinden. Social Priming kann weder die Technik, mit der ein Werkzeug gefertigt wird, noch den Zweck, zu dem man es einsetzen kann, vermitteln. Eine wichtige Konsequenz davon besteht darin, dass die Gruppe nicht (oder nur kaum) von den Entdeckungen besonders einfallsreicher Individuen profitieren kann, wenn die Entdeckung in einer bestimmten Technik, etwa der Herstellung oder des Gebrauchs von Objekten, besteht. Die Etablierung von Werkzeugen in sozialen Gruppen durch Social Priming ist daher recht unwahrscheinlich. Im Gegensatz dazu ist der Gebrauch von Werkzeugen für den Menschen zentral und seine Fähigkeit, von den Erfindungen außergewöhnlich einfallsreicher Individuen profitieren zu können, hat für die Etablierung von Innovationen eine zentrale Rolle gespielt.[86] Wenn der Standardisierungsprozess in Gruppen auf diese Weise beschränkt ist, wird technologischer Fortschritt sich immer in engen Grenzen bewegen.

Eine in Bezug auf den Wagenhebereffekt jedoch noch gravierendere Beschränkung von Social Priming besteht darin, dass Verbesserungen an Innovationen sich nicht akkumulieren können: Nachdem die Verwendung eines Werkzeugs (oder einer Praxis, wie im Fall des Kartoffelwaschens) zum Standard einer Gruppe geworden ist, kann diese Innovationen nicht Gegenstand weiterer Verbesserungen werden, die sich ihrerseits als neuer Standard etablieren. Der Grund dafür liegt darin, dass Verbesserungen in der Regel die Art und Weise betreffen, wie man zum Beispiel ein Werkzeug fertigt oder wie man es benutzen kann. Social Priming vermittelt jedoch weder Technik noch Zweck eines Werkzeugs, sondern erhöht nur die Wahrscheinlichkeit, dass andere selbst bestimmte Entdeckungen machen. Wenn jedoch der Wagenhebereffekt in der Akkumulation von Verbesserungen an Innovationen in Gruppen besteht und mit Social Priming solche Akkumulationen nicht möglich sind, kann es bei Lebewesen, deren einziger sozialer Lernmechanismus in Social Priming besteht, niemals zum Wagenhebereffekt kommen. Social Priming hat daher zwar das Potenzial, zur Standardisierung bestimmter Innovationen in Gruppen beizutragen, ist jedoch als Mechanismus für den Wagenhebereffekt ungeeignet. Es ist schwer zu

86 Nur wenige Menschen wären zum Beispiel in der Lage, das Auto zu erfinden. Dagegen ist es wesentlich einfacher, zu lernen, wie ein Auto gebaut wird oder wie man es benutzt.

sehen, wie Lebewesen, deren einziger Standardisierungsmechanismus in Social Priming besteht, technologischen Fortschritt haben können.

6.3 Nachahmung

Da Social Priming darauf beschränkt ist, die Aufmerksamkeit von Lebewesen auf bestimmte Gegenstände zu lenken, aber kein Wissen darüber vermitteln kann, *wie* man Objekte zu Werkzeugen macht und *wozu* man sie benutzen kann, kann Social Priming nicht erklären, wie sich eine Vielzahl von Traditionen in einer Gruppe etablieren kann und wie sich Verbesserungen an bereits etablierten Innovationen innerhalb einer Gruppe akkumulieren können. Social Priming ist daher ungeeignet, den Wagenhebereffekt zu erklären. Eine Fähigkeit, die die Beschränkungen von Social Priming überbrücken kann, besteht darin, die Aufmerksamkeit nicht nur auf Gegenstände zu richten, mit denen Gruppenmitglieder hantieren, sondern auch darauf, was sie mit diesen Objekten tun und zu welchem Zweck sie es tun, und dann dieses Verhalten zu kopieren. Durch Nachahmung des Verhaltens erfolgreicher Gruppenmitglieder kann man sowohl die Technik, mit der andere Individuen Objekte manipulieren, als auch den Zweck, zu dem sie das tun, erlernen, ohne diese Dinge selbst entdecken zu müssen. Wenn Lebewesen über die Fähigkeit verfügen, durch Nachahmung zu lernen, hat das verschiedene Konsequenzen in Bezug auf die Ausbreitung von Innovationen in Gruppen.

Zum einen führt Nachahmung zu einer höheren Geschwindigkeit, mit der Individuen etwas Neues lernen und sich Innovationen in Gruppen ausbreiten können. Das Verhalten von erfolgreichen Gruppenmitgliedern zu kopieren, etwa das Öffnen einer Nuss mit Hilfe eines Steins, ist ein direkterer Weg zum Erfolg, als durch Versuch und Irrtum alle Möglichkeiten auszuloten und die richtige Lösung selbst herauszufinden. Wenn ich ein erfolgreiches Verhalten korrekt nachzuahmen in der Lage bin, kann ich schon im ersten Versuch zur richtigen Lösung kommen. Die Geschwindigkeit, mit der sich durch Nachahmung Innovationen in Gruppen etablieren, wird jedoch nicht nur dadurch beschleunigt, dass einzelne Individuen schneller von Vorbildern lernen. Mit jedem neuen Gruppenmitglied, das durch Nachahmung gelernt hat, ein bestimmtes Werkzeug zu fertigen oder zu benutzen, steigt die Anzahl der Vorbilder für die Gruppenmitglieder, die es noch nicht gelernt haben, was die Ausbreitung eines bestimmten Verhaltens in einer Gruppe weiter beschleunigt (vgl. Tomasello & Call 1997, S. 270). Aus diesem Grund ist die Tatsache, dass die Ausbreitungsgeschwindigkeit des Süßkartoffelwaschens bei Japanmakaken nicht mit einer zunehmenden Anzahl an Individuen, die die Technik gelernt haben, anstieg,

Evidenz dafür, dass es sich bei dem zugrunde liegenden sozialen Lernen *nicht* um Nachahmung handelte. Wichtiger jedoch als die Geschwindigkeit ist, dass durch Nachahmung andere Dinge gelernt werden können. Viele Probleme, mit denen Lebewesen konfrontiert werden, bestehen nicht in besonderen sensomotorischen Herausforderungen, sondern vielmehr darin, *herauszufinden*, was zu tun ist. Die Bewegungen auszuführen, mit denen man Nüsse mit Hilfe von Steinen öffnen kann, müssen für Schimpansen kein großes Problem darstellen, herauszufinden, *welche* Bewegungen die richtigen sind, oder *dass* man Nüsse öffnen muss, jedoch schon (Sterelny 2003, S. 60). Da Lebewesen durch Nachahmung erfolgreicher Gruppenmitglieder diese Dinge lernen können, ohne selbst auf die Idee kommen zu müssen, dass es die richtigen sind, können sich durch Nachahmung Innovationen in Gruppen etablieren, die selbst zu entwickeln nur die wenigsten Gruppenmitglieder in der Lage wären. So könnte durch Nachahmung zum Beispiel eine ganze Gruppe lernen, den Floating-Peanut Task (vgl. Kap. 5.3.1) zu bestehen, obwohl nur ein einziges Tier clever genug war, die Aufgabe ohne Hilfe zu lösen. Nachahmung verändert die kognitiven Anforderungen zum Lösen eines Problems und führt daher dazu, dass Gruppen in einem stärkeren Maß von der Erfindungsgabe außergewöhnlich intelligenter Gruppenmitglieder profitieren können: Einzelne Tiere machen so die ganze Gruppe intelligenter.

Weil Nachahmung das Erlernen beschleunigt und vereinfacht, kann sich eine größere Anzahl von Innovationen in einer Gruppe etablieren. Da durch Nachahmung Technik vermittelt wird, kann jedoch vor allem Tomasellos Wagenhebereffekt in Gang gebracht werden: Wenn ein Individuum herausfindet, wie man mit einem Stock nach Ameisen fischt, hat Nachahmung den Effekt, dass dieses Verhalten sich ausbreitet und andere Gruppenmitglieder diese Technik schneller lernen. Verbesserung an dieser Innovation beziehen sich häufig auf die Art und Weise, wie man Stöcke manipuliert oder benutzt, müssen jedoch nicht komplizierter in der Ausführung sein, als die ursprüngliche Version. Im Gegenteil kann Fortschritt in vielen Fällen eben darin bestehen, dass die Effektivität eines Werkzeugs durch eine einfachere Methode der Herstellung oder des Gebrauchs erhöht wird. Da Gruppenmitglieder durch Nachahmung alle früheren Methoden überspringen und direkt die aktuellste Version erlernen können, kann sich immer die neueste Version eines Werkzeugs in Gruppen etablieren und der Fortschritt, so konserviert, zur Grundlage weiterer Verbesserungen werden (vgl. Tomasello 1999, S. 37 - 38).

Nachahmung scheint die ideale Fähigkeit zu sein, um Innovationen einzelner in Gruppen als Standard zu etablieren und zu einem Wagenhebereffekt zu führen. Sie ist schneller und effektiver als Social Priming und hat das Potenzial zur Akkumulation von Innovationen in einer Gruppe. Um zu überprüfen, ob auch manche nicht-menschliche Tiere in der Lage sind, erfolgreiches Verhalten von Gruppenmitgliedern nachzuahmen und dadurch zu lernen, ein Problem zu lösen, kann man unter kontrollierten Laborbedingungen untersuchen, ob einzelne Tiere schneller lernen, ein Problem zu lösen, wenn sie die Lösung (von einem Artgenossen oder einem Experimentator) demonstriert bekommen, und wie ähnlich die von ihnen erlernte Lösung der Lösung des Models ist. Wir können jedoch auch Vorhersagen über den Effekt treffen, den Nachahmen auf Gruppen von Tieren hat: Innovationen einzelner etablieren sich schneller in solchen Gruppen und führen dazu, dass verschiedene Populationen derselben Spezies sich durch eine größere Anzahl gruppenspezifischer Verhaltensweisen unterscheiden (vgl. Whiten 1996). Weil die Entstehung solcher Verhaltenstraditionen ein Langzeiteffekt ist, ist er jedoch nur schwer durch einzelne Experimente im Labor nachzuweisen. Er kann jedoch untersucht werden, in dem man das Verhaltensrepertoire verschiedener Populationen in ihrer natürlichen Umwelt vergleicht. Die in dieser Hinsicht am eingehendsten untersuchten Tiere sind Menschenaffen, vor allem Schimpansen. Mitte der 1990er Jahre begannen eine Reihe von Forschern ihre aus Langzeitstudien gewonnenen Erkenntnisse über Verhaltensunterschiede in verschiedenen Schimpansenpopulationen zusammenzutragen (für eine Übersicht vgl. Whiten et al. 1999). Das Ergebnis war eine Liste mit 65 populationsspezifischen Verhaltensweisen: Verhalten, das entweder nur in manchen Gruppen zu finden ist oder deren genaue Ausführung zwischen verschiedenen Populationen variiert. Nach dem diejenigen Verhalten aus der Liste entfernt wurden, die ein gewisses Maß an Stabilität und Ausbreitung in der Gruppe nicht erreichten, sowie die, die durch Unterschiede in der jeweiligen Umwelt der Populationen erklärt werden konnten, blieben noch 39 Verhaltenstraditionen übrig (Whiten 2005, S. 52). Bei Orang-Utans wurden unter Anwendung ähnlicher Kriterien bisher 19 klare Traditionen dokumentiert, bei 5 weiteren Kandidaten ist die Evidenzlage zu dürftig, um zu entscheiden, ob sie die Kriterien erfüllen (van Schaik et al. 2003). Die Anzahl der beobachteten Verhaltenstraditionen spricht stark dafür, dass Schimpansen sowie eine Reihe weiterer Arten (wie zum Beispiel Orang-Utans) tatsächlich durch Nachahmung lernen können, Probleme zu lösen. Im Gegensatz zu der Kōjimapopulation der Japanmakaken, die sich nur durch ihr Kartoffelwaschen von anderen Makakenpopulationen unterscheidet, unterscheiden sich einzelne Schimpansenpopulationen durch eine Vielzahl gruppenspezifischer Verhalten voneinander, die alle einen relevanten Wert an Stabilität (Häufigkeit des Vorkommens bei Individuen) und Ausbreitung (Anzahl der Individuen, die das Verhalten zeigen) erreichen (vgl. Whiten 2005, S. 54 - 55).[87]

Neben der Anzahl der bisher entdeckten Verhaltenstraditionen bei Schimpansen spricht auch der Gehalt dieser Traditionen (also worin die Traditionen bestehen) dafür, dass zumindest Schimpansen über die Fähigkeit zur Nachahmung verfügen. Wie gesagt sinkt bei Social Priming mit zunehmender Komplexität eines Verhaltens (einer Innovation) die Wahrscheinlichkeit, dass dieses sich in der Gruppe als Standard etabliert. Die Verwendung von Werkzeugen ist kognitiv anspruchsvoller als die direkte Manipulation von Objekten durch die eigenen Hände, wie beim Kartoffelwaschen der Japanmakaken, die Verwendung des Stimmkopfs zum Produzieren eines gruppenspezifischen Gesangs bei Vögeln, oder Futterpräferenzen bei Schwertwalen (Sterelny 2003, S 62). Es ist daher unwahrscheinlich, dass Werkzeuge sich durch Social Priming in Gruppen etablieren. Viele Traditionen von Schimpansen und Orang-Utans bestehen dagegen in der Herstellung und dem Gebrauch von Werkzeugen (Boesch & Boesch 1990). So benutzen zum Beispiel sowohl die Schimpansen im Gombe-Bach Nationalpark in Tansania als auch die Schimpansen im Taï Nationalpark der Elfenbeinküste Stöcke, um nach Ameisen oder Termiten zu fischen. Die Populationen unterscheiden sich jedoch sowohl in der Art der Stöcke, die sie dazu wählen, als auch in der Technik, mit der sie ihre Werkzeuge benutzen. Die Gombe-Schimpansen benutzen einen langen Stab (ca. 66 cm), um viele Ameisen auf einmal zu fischen, diese dann mit der Hand abzustreifen und als Masse zu verzehren. Die Taï-Schimpansen benutzen einen kürzeren Stab, mit dem sie etwa 15 Ameisen sammeln, die dann von der Angel abgeknabbert werden (Whiten 2000, S. 487).[88] Sterelny (2003, S. 62 - 63) argumentiert, dass diese Unterschiede sehr wohl durch Social Priming erklärt werden können. Aber die Komplexität der unterschiedlichen Verhaltensweisen, gepaart mit der Homogenität des Verhaltens in beiden Dimensionen (Auswahl der richtigen Art des Stocks und charakteristische Art, die erbeuteten Insekten vom Stock zu entfernen) in den jeweiligen Gruppen macht einen so schwachen Standardisierungsprozess wie Social Priming zu einem unwahrscheinlichen Kandidaten und spricht stark dafür, dass Nachahmung für die Ausbreitung des Verhaltens in den Gruppen eine Rolle gespielt hat. Diese Interpretation wird zusätzlich durch den Fakt gestützt, dass es sich dabei nur um *ein* gruppenspezifisches Verhalten neben einer Vielzahl

---

87 Das gilt für die 36 klaren Verhaltenstraditionen. Die einzelnen Gruppen unterscheiden sich jedoch noch wesentlich deutlicher, wenn man auch die Verhaltensweisen hinzuzählt, die sich nicht in der ganzen Gruppe sondern nur in Subgruppen verbreitet haben (Whiten 2005).

88 Andere Schimpansenpopulationen benutzen Stöcke lediglich, um Termitenhügel aufzubrechen und dann mit ihren Händen die Termiten zu „löffeln“ (vgl. Tomasello 1999, S. 28).

weiterer gruppenspezifischer Verhaltensweisen handelt, da dieser Umstand für die generelle Fähigkeit von Schimpansen zur Nachahmung spricht. Wenn Schimpansen aber generell über die Fähigkeit verfügen, durch Nachahmung zu lernen, ist es plausibel anzunehmen, dass ein bestimmtes Verhalten durch Nachahmung zustande gekommen ist, selbst wenn es theoretisch auch durch Social Priming erklärt werden kann.

Eine weitere Besonderheit gruppenspezifischer Verhaltensweisen von Schimpansen besteht darin, dass manche dieser Verhaltensweisen Ähnlichkeiten zu sozialen Konventionen aufweisen (Whiten 2005, S. 53). Ein häufig zitiertes Beispiel dazu ist die gegenseitige Fellpflege. Schimpansen im Mahale Mountain Nationalpark in Tansania umfassen dabei eine Hand des Partners und halten diese in die Höhe, während sie sich gegenseitig mit der anderen Hand lausen. Diese in der Literatur als *grooming hand-clasp* bezeichnete Technik ist in Mahale weit verbreitet, im nur 100 km entfernten Gombe Nationalpark jedoch unbekannt (Whiten 2005, S. 53). Aber es gibt nicht nur Unterschiede zwischen Schimpansengruppen, die diese Technik benutzen und solchen, denen diese Technik unbekannt ist: Die einzelnen Mahale Gruppen, bei denen der *grooming hand-clasp* Standard ist, unterscheiden sich ihrerseits in der genauen Ausführung der Technik voneinander (Whiten 2005). Während bei einer mittlerweile verschwundenen Gruppe eine Technik etabliert war, bei der beide Tiere ihre Handflächen gegeneinander drückten und die Arme dabei ausgestreckt in die Höhe hielten, greifen die Tiere einer benachbarten Population sich gegenseitig mit gebeugten Armen an den Handgelenken, wobei der Griff die Dominanzrelation der involvierten Tiere wiederspiegelt (Whiten 2005, S. 53). Interessanterweise hat das Weibchen Gwekulo, das dabei beobachtet wurde, wie es von einer Gruppe in eine andere wechselte, in vielen Fällen die Technik der neuen Gruppe (Handgelenke aneinander) angenommen, jedoch in manchen Fällen auch andere Tiere dazu gebracht, mit ihr die Handflächentechnik zu benutzen.[89] Soziale Konventionen sind vor allem deshalb interessant, weil sie mehr als nur ein Individuum involvieren. Nachahmung wird hierbei nicht mehr ausschließlich zu praktischen Zwecken ausgeführt, sondern scheinbar, um eine Sache *auf die richtige Art und Weise* zu tun, wobei die richtige Art und Weise nicht durch praktischen Erfolg bestimmt wird, sondern dadurch, wie die anderen Gruppenmitglieder etwas tun. Gruppen in denen solche sozialen Konventionen eine Rolle spielen scheinen eine viel größere Ähnlichkeit mit menschlichen Kulturen zu

---

89 Sehr vorsichtig allerdings, wie die Forscher berichten. In den Fällen, in denen Gwekulo ihre Handflächentechnik durchsetzte, tat sie das mit gebeugten Armen, wodurch beide Techniken vermischt wurden.

haben, als Gruppen, deren Kultur lediglich in gemeinsamen Futterpräferenzen besteht oder darin, dass ihre Mitglieder alle gelernt haben, eine bestimmte Ressource auszubeuten.

Die Feldbeobachtungen sprechen also eindeutig dafür, dass zumindest Schimpansen (Whiten 2005) durch Nachahmung lernen können, bestimmte Probleme zu lösen.[90] Bestätigt werden diese Gruppenbeobachtungen durch unter kontrollierten Laborbedingungen durchgeführte Studien mit einzelnen Tieren (Horner & Whiten 2005; Tennie, Call & Tomasello 2010). Trotzdem scheinen ihre diesbezüglichen Fähigkeiten im Vergleich zu menschlichen Kulturen in verschiedener Hinsicht beschränkt. Zum einen wurden bei Schimpansen zwar wesentlich mehr gruppenspezifische Verhaltensweisen entdeckt als bei anderen Tieren, aber die Gesamtanzahl von 39 solcher stabilen Traditionen ist weit entfernt von der Anzahl an Verhaltenstraditionen, die wir beim Menschen finden. Aber nicht nur die Anzahl der verschiedenen Verhaltenstraditionen, sondern auch die Komplexität der einzelnen Traditionen ist wesentlich geringer, als es beim Menschen der Fall ist. Der Werkzeuggebrauch von Schimpansen ist zwar ausgeprägt, aber die Werkzeuge, die sie benutzen, bestehen nie aus mehr als einem einzigen Teil. In vielen Fällen suchen Schimpansen sich einfach geeignete Objekte (wie Steine, zum Öffnen von Nüssen). Wenn Werkzeuge gefertigt werden, dann nur dadurch, dass Teile (wie zum Beispiel Blätter und kleine Zweige an einem Ast) entfernt werden (Tomasello 1999, S. 37; Whiten 2005, S. 54).[91] Vor allem die limitierte Komplexität ihrer Werkzeugkultur spricht dafür, dass soziales Lernen bei Schimpansen nicht (oder kaum) kumulativ ist: Wenn ein Werkzeug erfunden wird, verbreitet sich zwar der Gebrauch dieses Werkzeugs in der Gruppe, es wird jedoch in der Folge nicht weiter verbessert (Boesch & Tomasello 1998). Ohne eine Akkumulation von Modifikationen an Werkzeugen oder Verbesserungen von Fertigungstechniken sind schlichte Werkzeuge genau das, was zu erwarten ist. Die primitiven Vorgängerversionen des Hammers, wie wir ihn heute kennen und benutzen, bestanden schließlich auch aus einzelnen Steinen (Tomasello 1999, S. 37). Wenn Schimpansen jedoch über die Fähigkeit zur Nachahmung verfügen und Nachahmung nicht nur die Etablierung von Innovationen in Gruppen, sondern auch die Akkumulation von Verbesserungen an einzelnen Innovation ermöglicht, warum ist soziales Lernen

---

90 Überdies gibt es Evidenzen für soziales Lernen durch Nachahmung bei Orang-Utans (van Schaik et al. 2003).

91 In wenigen Fällen werden Gegenstände präpariert. Manche Schimpansen etwa fächern das Ende kleiner Äste auf, um mit einer größeren Oberfläche nach Ameisen angeln zu können. Auch hier besteht das Werkzeug jedoch aus einer einzigen Komponente.

dann bei Schimpansen (und anderen Tieren, die durch Nachahmung lernen können) nicht kumulativ?

6.4 Emulation und Imitation

Lernen durch Nachahmung hat den Effekt, dass Individuen von anderen Gruppenmitgliedern neue Techniken lernen können, dass diese Techniken sich als Standard in der Gruppe etablieren und dass sie dadurch zum Gegenstand weiterer Verbesserungen werden können, deren Verwendung sich ihrerseits als neuer Standard in der Gruppe etabliert. Obwohl vieles dafür spricht, dass manche Tiere wie Schimpansen über die Fähigkeit durch Nachahmung zu lernen verfügen, gibt es jedoch keine Hinweise darauf, dass Innovationen sich auf diese Weise in ihren Gruppen akkumulieren (Boesch & Tomasello 1998). Wie der Begriff „Nachahmung" bisher verwendet wurde, bezeichnet er jedoch keine spezifische Fähigkeit, sondern ist vielmehr ein Sammelbegriff, der sich auf verschiedene Fähigkeiten bezieht. Ein Individuum kann das Verhalten eines anderen in verschiedener Hinsicht kopieren: Es kann sich darauf konzentrieren, *was* ein anderer tut oder darauf, *wie* er es tut. Im ersten Fall liegt der Fokus darauf, das gleiche Ergebnis hervorzubringen, im zweiten Fall darauf, eine Aktion auf die gleiche Weise auszuführen. Die erste Technik wird in der Literatur als *Emulation* bezeichnet, die zweite als *Imitation* (vgl. Tomasello et al. 1987; Tomasello 1999; Horner & Whiten 2005).[92] In beiden Fällen lernen Individuen, durch Beobachtung des Verhaltens anderer bestimmte Probleme zu lösen. Aber die beiden Arten sozialen Lernens unterscheiden sich hinsichtlich der kognitiven Anforderungen an Lebewesen, hinsichtlich ihrer Effektivität in der Vermittlung von Wissen und schließlich auch hinsichtlich ihres Potenzials zur Akkumulation von Verbesserungen an einzelnen Innovationen. Eine mögliche Antwort auf die Frage, warum kulturelle Traditionen bei nicht-menschlichen Tieren trotz deren Fähigkeit, durch Nachahmung zu lernen, nicht kumulativ sind, besteht demnach darin, dass sie (und alle anderen Tiere, die durch Nachahmung lernen können) nur über eine Fähigkeit der Nachahmung verfügen, die eine Akkumulationen von Innovationen nicht ermöglicht.

---

92 Diese Unterscheidung wurde von Tomasello et al. (1987) eingeführt, um eine Fähigkeit sozialen Lernens zu charakterisieren, die raffinierter ist als stimulus enhancement und Social Priming, bei denen die Aufmerksamkeit nur auf ein Objekt oder einen Ort gerichtet wird, aber weniger wiedergabetreu als Imitation (vgl. Horner & Whiten 2005, S. 164).

6.4.1 Unterschiedliche Effekte von Emulation und Imitation

Sowohl durch Emulation als auch durch Imitation können Lebewesen schneller von erfolgreichen Artgenossen lernen, als durch bloßes Social Priming. Während durch Social Priming die Wahrscheinlichkeit zunimmt, dass ein Lebewesen selbst eine Entdeckung macht, wenn ein anderes Gruppenmitglied sie zuvor gemacht hat, müssen Lebewesen, die über die Fähigkeit zur Imitation oder Emulation von Verhalten verfügen, nicht selbst die Lösung für Probleme entdecken, die andere schon gelöst haben. Sie können die Lösung durch Beobachtung des Verhaltens anderer direkt lernen. Dadurch erhöht sich nicht nur die Geschwindigkeit, mit der Lebewesen lernen, neue Probleme zu lösen. Auch das Spektrum dessen, *was* Lebewesen durch Imitation und Emulation lernen können erweitert sich, da sie durch Beobachtung Dinge zu lernen in der Lage sind, die selbst zu lösen ihre kognitiven Fähigkeiten übersteigen können. Aber auch Imitation und Emulation unterscheiden sich hinsichtlich dessen, *was* Lebewesen durch Beobachtung lernen können. Emulation besteht in der Fähigkeit, aus dem Verhalten anderer etwas über die Umwelt zu lernen (Tennie, Call & Tomasello 2010, S. 1):

> When emulation takes place, the observer "picks up" on changes in the environment that result from the demonstrator's actions, hence the term "results copying" may also be used to describe emulation learning.

Wenn also ein Schimpanse einen Artgenossen dabei beobachtet, wie er einen Stein als Hammer und einem Baumstumpf als Amboss benutzt, um eine Nuss zu öffnen, kann er durch Emulation lernen, dass Nüsse eine Nahrungsquelle sind und dass man die Schale knacken muss, um an die Frucht zu kommen. Er muss dann zwar selbst herausfinden, *wie* er Nüsse öffnen kann, aber mit einem klaren Ziel vor Augen (dem Öffnen der Nuss) steigt die Wahrscheinlichkeit, dass er *irgendeine* erfolgreiche Methode entwickelt, rapide an. Ein noch schnellerer Weg durch Beobachtung zu lernen besteht darin, zu versuchen, die Nuss auf die gleiche Weise zu öffnen wie das beobachtete Vorbild: Wenn man erfolgreiche Handlungen zu imitieren in der Lage ist, erspart man sich in vielen Fällen den Umweg, selbst die beste Methode zu entwickeln. Auf den ersten Blick scheint es demnach, dass Imitation der Emulation als Methode sozialen Lernens überlegen ist, da sie Lernen weiter beschleunigt und dem Lerner zusätzlich die kognitive Herausforderung abnimmt, eine geeignete Technik selbst zu entwickeln. Tatsächlich gilt das jedoch nur für günstige Fälle, in denen das Vorbild bereits die beste Technik benutzt, was nicht immer der Fall ist. In Fällen, in denen ein Tier etwas Nützliches entdeckt hat, aber eine umständliche Technik benutzt, können andere Tiere durch Imitation zwar schneller lernen, das Problem zu lösen, als durch Emulation. Ihre Lösung wird jedoch genauso wenig effektiv oder genauso umständlich sein, wie die des Vorbilds. Im Gegensatz dazu können Lebewesen durch Emulation versuchen, das gleiche Ziel zu erreichen und dabei selbst eine einfachere oder effektivere Lösung finden (zur Effektivität von Emulation vgl. Tomasello et al. 1987, S. 182). Welche Methode sozialen Lernens für sich genommen die bessere ist, lässt sich daher nicht unabhängig von der Umwelt eines Lebewesens bestimmen, wobei zumindest ein entscheidender Umweltfaktor die Qualität der Vorbilder ist.

Die unterschiedliche Wirkung, die Emulation und Imitation darauf haben, was und wie ein Lerner etwas lernt, macht sich auch auf der Ebene der Gruppe bemerkbar. Wie bereits diskutiert können sich sowohl durch Imitation als auch durch Emulation individuelle Entdeckungen schneller verbreiten als durch Social Priming, was dazu führt, dass verschiedene Gruppen derselben Spezies sich durch eine größere Anzahl gruppenspezifischer Verhaltensweisen voneinander unterscheiden. Aber Emulation und Imitation haben nicht den gleichen Effekt auf die Entstehung gruppenspezifischer Verhaltensweisen. Wenn ein Tier lernt, ein neues Problem zu lösen, dann hat Emulation den Effekt, dass die anderen Gruppenmitglieder leichter lernen, das gleiche Problem auch zu lösen. Verschiedene Populationen derselben Spezies können sich daher dadurch unterscheiden, dass ihre Mitglieder unterschiedliche Probleme zu lösen in der Lage sind. Die Verhaltenstradition besteht in dem Fall darin, dass ein bestimmtes Problem gelöst werden kann, nicht jedoch unbedingt in einer spezifischen Art und Weise, wie es gelöst wird. Einzelne, auf Emulation basierende Verhaltenstraditionen müssen daher für sich genommen nicht gruppenspezifisch sein, da auch andere Gruppen lernen können, das gleiche Problem zu lösen. Da Emulation jedoch die Standardisierung von Innovationen begünstigt kann sich eine Vielzahl von Verhaltenstraditionen in einer sozialen Gruppe etablieren, von denen die Gruppe manche mit anderen Gruppen teilt und andere dagegen nicht. Je zahlreicher die Verhaltenstraditionen in einer Gruppe sind, desto unwahrscheinlicher ist es, dass andere Gruppen das gleiche Profil[93] von Verhaltenstraditionen haben. Emulation führt daher dazu, dass verschiedene Gruppen sich stärker durch die Gesamtheit aller Probleme unterscheiden, die ihre Mitglieder zu lösen in der Lage sind, als durch einzelne, gruppenspezifische Verhalten.

Imitation besteht dagegen darin, nicht Resultate, sondern Verhalten zu kopieren. Wenn die Mitglieder einer Gruppe durch Imitation voneinander lernen,

93 Mit *Profil* meine ich die Gesamtheit aller Probleme, die die Mitglieder einer Gruppe durch soziales Lernen zu lösen in der Lage sind.

hat das nicht nur den Effekt, dass alle Mitglieder in einer Gruppe ein bestimmtes Problem lösen können, sondern auch, dass sie es auf *die gleiche Art und Weise* lösen. Dadurch unterscheiden sich Gruppen nicht nur durch die Gesamtheit aller Probleme, die zu lösen die jeweiligen Gruppenmitglieder in der Lage sind. Wenn Probleme innerhalb einer Gruppe auf die gleiche Art gelöst werden, aber verschiedene Lösungen möglich sind, dann können sich Gruppen, die das gleiche Problem zu lösen in der Lage sind, auch darin unterscheiden, *wie* sie es lösen. Verhaltenstraditionen, die durch Imitation entstehen, bestehen daher (anders als durch Emulation) in gruppenspezifischen Verhaltensweisen.

Ein weiterer Unterschied besteht in der Art der Verhaltenstraditionen, die durch Emulation oder Imitation entstehen können. Da Emulation darauf abzielt, ein bestimmtes Ergebnis hervorzubringen, ohne besonderes Gewicht auf eine bestimmte Weise zu legen, mit der dieses Resultat erreicht wird, liegt es nahe, dass nur Verhaltenstraditionen entstehen, bei denen das Ergebnis selbst einen bestimmten Wert hat. Dazu gehört vor allem das Lösen von praktischen Problemen wie zum Beispiel die Beschaffung von Nahrung. Folgerichtig würden wir erwarten, dass die Verhaltensweisen, die sich durch Emulation in sozialen Gruppen etablieren, praktischer Natur sind. Soziale Konventionen, die für menschliche Kulturen eine besondere Rolle spielen, haben in der Regel keinen solchen direkt ersichtlichen Nutzen, sondern betonen die Art und Weise, wie etwas getan wird. Durch Emulation könnte sich daher zum Beispiel in einer Gruppe die Fähigkeit etablieren, Tee zu kochen, es gäbe innerhalb der Gruppe jedoch keine richtige oder falsche Art den Tee zuzubereiten, wie etwa bei einer japanischen Teezeremonie (vgl. Nielsen 2009). Soziale Konventionen beinhalten, dass es eine Norm von Seiten der Gruppe gibt, die darin besteht, Dinge auf eine bestimmte Art und Weise zu tun. Imitation allein kann zwar nicht erklären, warum die Ausführung einer Handlung auf eine bestimmte Weise zur Norm wird, aber im Gegensatz zu Emulation ermöglicht sie, dass Lebewesen die *richtige* Ausführung einer Aktion lernen, indem sie lernen, etwas auf eine bestimmte Weise zu tun. Die Fähigkeit zur Imitation scheint daher eine notwendige Voraussetzung für die Entstehung solcher sozialer Konventionen zu sein, wenn diese darin bestehen, etwas auf eine spezifische Weise zu tun.

Schließlich (und in diesem Kontext von besonderer Wichtigkeit) unterscheiden sich Emulation und Imitation in ihrem Potenzial, Verbesserungen an Innovationen zu akkumulieren. Verbesserungen an einem Werkzeug zum Beispiel verändern in vielen Fällen nicht den Zweck, zu dem es genutzt wird, sondern die Effektivität. Das wird in der Regel dadurch erreicht, dass man es auf eine andere Art und Weise herstellt, entweder um den Herstellungsprozess oder die Handhabung zu vereinfachen oder um es besser seinem Zweck anzupassen. Da ein Lebewesen durch Emulation jedoch in erster Linie etwas über den Zweck eines Werkzeugs lernen kann und nicht über die Technik, mit der es gefertigt wird, werden durch Emulation solche Verbesserungen auch nicht vermittelt und können daher auch nicht in sozialen Gruppen konserviert werden. Imitation dagegen scheint geradezu ideal, um diesen kumulativen Prozess in Gang zu setzen (vgl. Tomasello et al. 1993). Zum einen hat Imitation nicht nur zur Folge, dass das Lösen bestimmter Probleme zum Standard in sozialen Gruppen wird, sondern auch, dass eine *bestimmte* Lösung sich als Standard etabliert. Je mehr Individuen jedoch über dieselbe Technik verfügen, ein Werkzeug herzustellen, desto mehr mögliche Individuen gibt es, die diese Technik verbessern können. Durch die Zunahme potenzieller Verbesserer wird die Wahrscheinlichkeit, dass Verbesserungen überhaupt stattfinden, drastisch erhöht. Zum anderen kann, wenn einmal eine bessere Technik gefunden wurde, diese durch Imitation als neuer Standard in der Gruppe etabliert werden und so zum Ausgangspunkt für weitere Verbesserungen werden. Dadurch, dass durch Imitation die genaue Technik vermittelt wird, können Lebewesen immer direkt die aktuellste Version eines Werkzeugs oder einer Praxis lernen, die unter Umständen das Produkt von Verbesserungen vieler Generationen ist. Während also Emulation zwar ein erfolgreicher Standardisierungsmechanismus ist, kann nur Imitation zur Akkumulation von Verbesserungen an Innovationen führen und dadurch einen Kreislauf aus Innovation und Standardisierung in Gang setzen (Tomasello 1999, S. 39). Es stellt sich demnach die Frage, ob es nicht-menschliche Tiere gibt, die über die Fähigkeit zur Imitation verfügen.

6.4.2 Imitation bei nicht-menschlichen Tieren

Ist Imitation eine spezifisch menschliche Fähigkeit? Emulation erleichtert die soziale Transmission von Wissen und führt im Vergleich zu Social Priming zu einer Zunahme von Verhaltenstraditionen in sozialen Gruppen. Einzelne Gruppen können sich dadurch unterscheiden, dass Lösungen für bestimmte Probleme in der einen, nicht jedoch in der anderen Gruppe bekannt sind. Imitation führt ebenso zu einer Zunahme von Verhaltenstraditionen. Im Gegensatz zu Emulation sind die Verhaltensweisen, die sich durch Imitation in Gruppen etablieren, allerdings homogen, was zur Folge hat, dass verschiedene Gruppen sich nicht nur dadurch unterscheiden, dass sie unterschiedliche Probleme lösen können, sondern auch dadurch, dass sie manchmal die gleichen Probleme auf unterschiedliche Weise lösen. Überdies ermöglicht Imitation technologischen Fortschritt durch die Akkumulation von Verbesserungen an einzelnen Innovationen und ist daher, anders als Emulation, ein geeigneter Standardisierungsmechanismus für den Wagenhebereffekt.

Auf den ersten Blick scheint vieles dafür zu sprechen, dass manche Tiere zwar durch Emulation von ihren Artgenossen lernen können, aber nur der Mensch erfolgreich Verhalten imitieren kann. Zwar finden wir bei Schimpansen, verglichen mit anderen Tieren, eine Vielzahl verschiedener Verhaltenstraditionen, aber bedeutend weniger, als es in menschlichen Kulturen gibt. Manche dieser Verhaltenstraditionen scheinen auf den ersten Blick eher den Vorhersagen für Imitation zu entsprechen, wie die Tatsache, dass Insektenangeln innerhalb einer Gruppe gleich, aber in verschiedenen Gruppen unterschiedlich gefertigt und benutzt werden. Aber Imitation ist nicht die einzige mögliche Erklärung dafür, dass die Mitglieder einer Gruppe ein Problem auf die gleiche Weise lösen. Es gibt zwar meistens mehrere Lösungen für ein Problem, aber nicht alle sind gleich einfach oder zu entdecken. Wenn eine Lösung wesentlich einfacher herauszufinden oder eine Technik einfacher ausführbar ist, kann auch Emulation zu einer Homogenität im Lösen von einzelnen Problemen führen. Dabei spielt auch Social Priming eine wichtige Rolle. Wie bereits diskutiert ist es unwahrscheinlich, dass sich, wie Sterelny (2003, S. 62 - 63) argumentiert, diese gruppenspezifischen Verhalten auf der Grundlage bloßen Social Primings etabliert haben (vgl. Kap. 6.3). Aber auch wenn Tiere durch Emulation lernen, hat die soziale Gruppe den Effekt, dass sie die Umwelt für ihre Mitglieder vorstrukturiert. Die Tatsache etwa, dass andere Gruppenmitglieder eine bestimmte Art von Stock benutzen, um nach Termiten zu angeln, macht diese Art von Stock für ein Individuum viel geläufiger und erhöht die Wahrscheinlichkeit, dass es mit einem ähnlichen Stock versucht, Insekten zu sammeln. Social Priming und Emulation zusammen können daher durchaus die Entstehung gruppenspezifischer Verhaltensweisen begünstigen. Ein weiteres Problem besteht darin, dass bei Feldstudien die Bedingungen nicht so genau kontrollierbar sind wie im Labor. Man kann daher nie komplett ausschließen, dass es doch irgendwelche Unterschiede in den jeweiligen Umwelten gibt, die Unterschiede im Verhalten verschiedener Populationen erklären. Zum Beispiel kann es sein, dass eine bestimmte Art von Stock zwar besser geeignet, aber in der einen Umwelt schwerer zu finden ist. Viele Verhaltenstraditionen bei Schimpansen können daher konsistent als das Ergebnis von Emulation erklärt werden (vgl. Tomasello 1999, S. 28 – 31). Ein Rätsel in diesem Zusammenhang sind die gruppenspezifischen Fellpflegetechniken, die Ähnlichkeiten mit sozialen Konventionen aufweisen und daher nahelegen, dass sie durch Imitation zustande gekommen sind. Aber es gibt sehr wenige solche Traditionen, was unter der Annahme, dass Schimpansen doch imitieren können, verwunderlich ist, da wir dann die Entstehung einer Vielzahl von Traditionen dieser Art erwarten würden. Außerdem scheint die Konvention auch nicht besonders stark zu sein: Auch wenn das Verhalten der einzelnen Mitglieder homogen ist, haben Verstöße scheinbar keine Konsequenzen, wie das diskutierte Beispiel der Immigrantin Gwekulo zeigt. Dagegen haben soziale Konventionen beim Menschen einen normativen Charakter und Verstöße gegen soziale Konventionen werden in vielen Fällen auf die eine oder andere Art von der Gruppe geahndet.[94] Eine Möglichkeit dieses gruppenspezifische Fellpflegeverhalten ohne Imitation zu erklären könnte darin bestehen, dass dabei immer zwei Individuen gleichzeitig involviert sind, die ihr Verhalten miteinander koordinieren müssen (Whiten 2005, S. 53). Wenn mein Partner seine Hand auf meine presst und den Arm dabei in die Höhe streckt, dann tue ich das automatisch auch. Die Tiere müssen die Methode also gar nicht unbedingt durch Beobachtung lernen, sondern durch Interaktion mit anderen Tieren, die schon eine bestimmte Technik benutzen. Auch Verhaltenstraditionen, die sozialen Konventionen ähneln, sind demnach keine starke Evidenz dafür, dass Schimpansen imitieren können. Gegen die Annahme, dass Schimpansen imitieren können, spricht jedoch vor allem die Tatsache, dass es keine Hinweise darauf gibt, dass der Prozess, der der Entstehung von Verhaltenstraditionen bei Schimpansen zugrunde liegt, kumulativ ist (Boesch & Tomasello 1998). Die Feldbeobachtungen legen daher nahe, dass Schimpansen nicht durch Imitation, sondern durch Emulation lernen.

Interessanterweise sprechen die Versuche mit Tieren unter kontrollierten Laborbedingungen jedoch dafür, dass Schimpansen sehr wohl dazu in der Lage sind, Probleme durch Imitation zu lösen. Imitation und Emulation erlauben nicht nur überprüfbare Vorhersagen für die Entstehung von Verhaltenstraditionen auf Gruppenebene, sondern auch für den Lernprozess von Individuen, was uns die Möglichkeit gibt, auch im Labor zu untersuchen, ob Tiere durch Emulation oder Imitation lernen können. Eine Möglichkeit um herauszufinden, ob ein Tier durch Emulation oder Imitation lernt, bieten sogenannte *two-action tests*, Probleme, die zwei (oder mehr) mögliche Lösungen haben (vgl. Fawcett et al. 2002). Ein Tier beobachtet dabei, wie ein menschlicher Experimentator oder ein Artgenosse ein Problem löst. Wenn es daraufhin lernt, das Problem selbst zu lösen und seine Lösung der Lösung des Modells gleicht, gilt das als Evidenz dafür, dass es durch Imitation gelernt hat. Wenn das getestete Tier dagegen lernt das Problem auf eine andere Art zu lösen, ist Lernen durch Versuch und Irrtum oder Emulation die bessere Erklärung.[95] Um diese Interpretation zu er-

94 Ein normatives Verständnis sozialer Praktiken entwickelt sich bei Menschen schon im Alter von zwei bis drei Jahren (Rakoczy, Warneken & Tomasello 2008) und schon Kinder im Vorschulalter zeigen eine Motivation, die Einhaltung solcher Normen aktiv durchzusetzen (Schmidt & Tomasello 2012).

95 Versuch und Irrtum und Emulation beschreiben nicht zwei sich ausschließende Lernmechanismen: Durch Emulation lernt ein Lebewesen etwas über ein Ziel, durch Versuch und

möglichen, ist es jedoch entscheidend, Fälle ausschließen zu können, in denen ein Tier zwar dieselbe Lösung wie das Model lernt, aber dies nicht durch Imitation tut. Das am schwierigsten zu lösende Problem besteht darin, dass in vielen Fällen zwar mehrere Lösungen möglich, aber nicht alle gleich einfach zu erlernen sind. Wenn die Lösung, die ein Lebewesen demonstriert bekommt, leichter ist als eine andere Lösung, dann wird es auch durch Versuch und Irrtum in manchen Fällen selbstständig zu dieser Lösung kommen. Eine Lösung dieses Problems besteht darin, dass der Experimentator eine Lösung demonstriert, die selbst zu entwickeln unwahrscheinlicher ist, als eine andere Methode. Das kann zum Beispiel dadurch geschehen, dass die Lösung nicht-funktionale Elemente enthält.

Horner und Whiten (2005) haben eine in diesem Zusammenhang aufschlussreiche Studie durchgeführt. Junge Schimpansen beobachteten einen menschlichen Experimentator dabei, wie dieser einen Stab zunächst mehrmals auf die Oberfläche einer Box klopfte, bevor er mit dem Stock einen Riegel entfernte. Im Anschluss daran steckte er den Stock in eine nun zugängliche Öffnung und klopfte erneut dreimal in die Öffnung, bevor er den Stock benutzte, um an eine Belohnung aus einer anderen Öffnung an der Unterseite der Box zu kommen. Der Clou an diesem Experiment besteht darin, dass manche Aktionen der demonstrierten Lösung funktional sind, andere jedoch nicht (Abb. 4 (b) und (d)). Tatsächlich ist die obere Hälfte der Box durch eine Abdeckung von der Unterseite getrennt, so dass alle Aktionen, die an der Oberseite ausgeführt werden, kausal irrelevant sind. Die einzige funktionale Aktion besteht darin, die Belohnung mit Hilfe des Stocks aus der unteren Öffnung der Box zu holen. Da die Box jedoch undurchsichtig ist, haben die Testsubjekte keine Informationen darüber, welche kausale Rolle die einzelnen Aktionen spielen, um an die Belohnung zu kommen.

Nicht-funktionale Elemente in die Lösung einzubauen, die den Testsubjekten demonstriert wird, ist deshalb von Bedeutung, weil diese mit ziemlicher Sicherheit nicht Teil einer Lösung sind, die ein Tier durch Versuch und Irrtum selbst findet. Wenn sich trotzdem nicht-funktionale Elemente in die Lösung eines Tieres einschleichen, dann ist es unwahrscheinlich, dass es genau diese sind. Die Ergebnisse der Experimente von Horner & Whiten sprechen eine klare Sprache: Von zwölf getesteten Schimpansen im Alter von zwei bis sechs Jahren waren alle bis auf drei in der Lage, das Verhalten des Experimentators zu wiederholen und an die Belohnung zu kommen. Die drei anderen Tiere scheiterten

---

Irrtum kann es herausfinden, wie es dieses Ziel erreicht. Eine andere Möglichkeit das herauszufinden kann in einem Verständnis der funktionalen Eigenschaften eines Problems liegen.

zum Schluss daran, die Belohnung aus der unteren Öffnung zu holen, weil sie das Futterstück durch eine ungeschickte Bewegung zu weit mit dem Stock nach innen geschoben hatten.

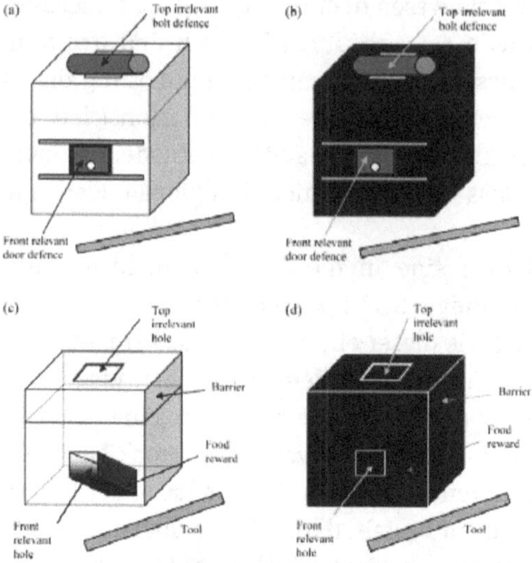

Abbildung 4: Puzzle Box Task von Horner & Whiten (2005, S.167): Bei (a) und (b) muss zunächst ein Riegel entfernt werden, um einen Stock in die entstehende Öffnung einzuführen, bei (c) und (d) kann der Stock direkt in eine Öffnung eingeführt werden. Die einzige kausal relevante Aktion um an das Futter zu kommen besteht darin, den Stab in die Öffnung an der vorderen Unterseite einzuführen. Beide Versuche werden mit den Testsubjekten mit undurchsichtigen ((b) und (d)) sowie mit transparenten ((a) und (c)) Boxen durchgeführt. Wenn die Box undurchsichtig ist, ist für einen Beobachter unersichtlich, welche Aktionen kausal relevant sind und welche nicht. Wenn die Box dagegen transparent ist kann man sehen, dass alle Manipulationen an der oberen Hälfte der Box nicht funktional sind.

Auch sie demonstrierten jedoch die Fähigkeit Verhalten zu imitieren, da sie bei ihren Lösungsversuchen auch die funktional irrelevanten Aktionen des Experimentators an der Oberseite der Box kopierten. Aufgrund einer ganzen Reihe solcher Versuche scheint es gerechtfertigt anzunehmen, dass Schimpansen sowie Orang-Utans durch Imitation lernen können, Probleme zu lösen (Call 2001; Carpenter et al. 1995; Whiten 1998; 2005). Außer bei Schimpansen und Orang-Utans gibt es auf den *two-action test* gestützte Evidenzen dafür, dass auch manche Vögel wie die Japanwachtel (Akins & Zentall 1998), der europäische Star (Campbell et al. 1999; Fawcett et al. 2002) die Trauergrackel (Lefebvre et al. 1997) sowie Ratten (Ray & Heyes 2002) durch Imitation lernen können, obwohl es keine Hinweise auf ausgeprägte Verhaltenstraditionen bei diesen Tieren gibt. Für Schimpansen und Orang-Utans lassen die Ergebnisse den Schluss zu, dass auch einigen ihrer gruppenspezifischen Verhaltensweisen Imitation zugrunde liegt.

Allerdings drängt sich folgende Frage auf: Wenn Imitation hinreichend dafür ist, dass kulturelle Transmission kumulativ ist und einige Tiere über die Fähigkeit verfügen, Verhalten zu imitieren, warum sind ihre Verhaltenstraditionen dann im Vergleich zum Menschen so wenig ausgeprägt? Und, noch viel wichtiger, warum sind sie nicht kumulativ?

Eine naheliegende Antwort auf diese Frage, besteht darin, dass manche Tiere zwar imitieren können, es aber viel seltener tun als Menschen. Dies wird gut im zweiten Teil des Experiments von Horner & Whiten illustriert. Dabei wurden die Tiere mit dem gleichen Problem konfrontiert, allerdings war die Box in dieser zweiten Tessituation nicht undurchsichtig, sondern transparent (Abb. 4 (a) und (c)), wodurch es den Testsubjekten möglich war, zu erkennen, ob eine Aktion kausale Relevanz hatte oder nicht. In dieser Situation führten die getesteten Tiere die kausal irrelevanten Aktionen an der oberen Hälfte der Box nicht mehr aus, sondern gingen direkt dazu über, die Belohnung aus der unteren Öffnung zu holen.[96] Zum einen zeigt das Experiment noch einmal eindrucksvoll, dass Schimpansen über ein gewisses Verständnis von Kausalität verfügen. Anders als in den zuvor diskutierten Beispielen zeigen sie in diesem Experiment sogar, dass sie die kausale Struktur eines Problems aufgrund von Beobachtung verstehen. Außerdem zeigen sie eine erstaunliche Flexibilität in ihrer Fähigkeit, Probleme zu lösen. Nachdem sie durch Imitation bereits eine Methode gelernt haben, lösen sie dasselbe Problem sofort auf eine andere Weise, wenn sie eingesehen haben, dass die zuerst gelernte Methode weniger effektiv ist (Horner & Whiten 2005). Zum anderen weist es jedoch auf einen wichtigen Unterschied zwischen Schimpansen und Menschen hin.

Schimpansen imitieren nur in sehr wenigen Fällen, während Menschen sogar eine Tendenz zur sogenannten *Überimitation* aufweisen: Sie kopieren manchmal selbst dann das Verhalten anderer, wenn dieses offensichtlich unfunktionale Elemente enthält (Nielsen 2009). Das zeigte sich auch in dem Test von Horner & Whiten. Ebenso wie Schimpansen konnten Kinder im Alter von zwei bis vier Jahren den Test mit der undurchsichtigen Box dadurch lösen, dass sie das demonstrierte Verhalten erfolgreich imitierten. Aber anders als bei den Schimpansen hatte die Tatsache, dass in der zweiten Testsituation mit der transparenten Box die kausale Irrelevanz einiger Aktionen ersichtlich war, kei-

96 Ähnliche Ergebnisse produzierte eine Studie mit Orang-Utans (Nielsen & Susianto 2010).

ne Auswirkungen auf die Lösungen der Kinder. Auch im Test mit der durchsichtigen Box kopierten sie die Lösung des Experimentators, ungeachtet der Tatsache, dass es sich dabei um eine offensichtlich umständliche Lösung handelte (Horner & Whiten 2005, S. 176; vgl. auch Nielsen 2009). Ähnliche Versuche haben gezeigt, dass auch erwachsene Menschen in manchen Situationen zur Überimitation tendieren (McGuigan et al. 2011; McGuigan 2012).

Das Phänomen der Überimitation illustriert gut, dass es sich bei Imitation nicht in jedem Fall um eine intelligentere oder effektivere Form sozialen Lernens handelt als bei Emulation. Wenn Vorbilder eine offensichtlich schlechte Lösung präsentieren, oder es nicht deutlich ist, welche Aktionen zur Lösung eines Problems relevant sind, hat Imitation zur Folge, dass uneffektive Lösungen gelernt werden. Emulation kann daher in vielen Fällen sogar adaptiver sein als Imitation (Tomasello 1999, S. 29). Die Wahl der Schimpansen, im einen, nicht aber im anderen Fall das Verhalten des Experimentators zu imitieren, scheint, gemessen an ihrem Ziel (der Belohnung), durchaus rational zu sein. Die Tatsache, dass Schimpansen (wie wahrscheinlich auch andere Tiere) nur selten das Verhalten anderer imitieren, ist daher wenig verwunderlich. Vielmehr stellt sich die Frage, warum Menschen zu Überimitation neigen. Eine Erklärung könnte darin bestehen, dass Kinder nicht in der Lage sind, funktionale von nichtfunktionalen Aspekten einer Lösung zu unterscheiden und alle Aktionen als kausal relevant interpretieren (Lyons et al. 2007; Lyons et al. 2011). Das würde dafür sprechen, dass Schimpansen sich bei der Wahl der Methode (Imitation oder Emulation) intelligenter verhalten als Menschen. Der kulturelle Wagenhebereffekt als das Ergebnis von Imitation wäre demnach das Ergebnis einer beschränkten Fähigkeit des Menschen, funktional relevante Elemente des Verhaltens anderer zu identifizieren. Diese Hypothese scheint jedoch unplausibel. Zum einen wurde Überimitation nicht nur bei Kindern, sondern auch bei erwachsenen Menschen nachgewiesen (McGuigan et al. 2011; McGuigan et al. 2012), und es spricht vieles dafür, dass erwachsene Menschen über ein sehr viel stärker ausgeprägtes Kausalitätsverständnis verfügen als nicht-menschliche Tiere (vgl. Kap. 5.3.1). Zum anderen zeigen Studien, dass schon fünf Jahre alte Kinder verbal berichten können, welche der beobachteten Aktionen funktional relevant sind und welche nicht (Kenward et al. 2011).

Vielmehr scheint das Verhalten der Kinder (und häufig auch von Erwachsenen), auch Aktionen zu imitieren, von denen sie wissen, dass diese kausal irrelevant sind, darauf hinzudeuten, dass sie mit ihrem Verhalten nicht nur das Ziel verfolgen, die Belohnung zu bekommen. Sie scheinen dem Aspekt, die Handlungen auf die richtige Weise auszuführen (so wie sie es vorgeführt bekommen), selbst einen Wert zuzusprechen (Nielsen 2006; 2009). Dieser Interpretation zufolge unterscheidet sich menschliche Imitation von der nicht-menschlicher Tiere wie Schimpansen darin, dass Imitation beim Menschen eine zusätzliche, soziale Funktion erfüllt (vgl. Over & Carpenter 2009). Überimitation bei Menschen ist demzufolge häufig kein Fehler, da eine Handlung nicht danach bewertet wird, wie gut sie sich zur Verwirklichung eines praktischen Ziels (zur Lösung eines Problems) eignet, sondern daran, wie ähnlich sie der Handlung desjenigen ist, der imitiert wird (Nielsen 2009). Worin genau die soziale Funktion davon besteht, das Verhalten anderer zu kopieren, ist selbst eine interessante Frage, die jedoch im Rahmen dieser Arbeit nicht beantwortet werden kann. Anders als beim Menschen gibt es keine Hinweise darauf, dass Imitation bei nicht-menschlichen Tieren eine solche soziale Funktion hat. Die Tatsache, dass Imitation eine solche Funktion beim Menschen, nicht jedoch bei nicht-menschlichen Tieren hat, könnte jedoch die Ursache dafür sein, dass Imitation als Standardisierungsprozess für den Menschen eine zentrale Rolle spielt, während ihr bei nicht-menschlichen Tieren nur eine geringe Bedeutung zukommt.

6.5 Zusammenfassung

Kumulative kulturelle Evolution benötigt Mechanismen, die dazu führen, dass Innovationen einzelner als Standard in der ganzen Gruppe etabliert werden. Diese Mechanismen bestehen in sozialem Lernen. Durch soziales Lernen erhöht die Tatsache, dass ein Individuum etwas gelernt hat, die Wahrscheinlichkeit, mit der andere Gruppenmitglieder das Gleiche lernen. Es gibt verschiedene Arten sozialen Lernens, die zur Standardisierung von Innovationen führen können. Diese unterschiedlichen Arten sozialen Lernens sind jedoch nicht gleich effektiv in der Vermittlung von Wissen und der Standardisierung von Innovationen. Das weit verbreitete Social Priming kann das Lernen von Lebewesen beschleunigen, führt jedoch nur zu wenigen und sehr schlichten Verhaltenstraditionen. Durch Emulation können Lebewesen etwas über die Ziele der Handlungen anderer lernen. Im Gegensatz zu Social Priming beschleunigt Emulation den Standardisierungsprozess weiter, führt zu vielfältigeren Verhaltenstraditionen in einzelnen Gruppen und dazu, dass verschiedene Gruppen sich durch die Art der Probleme, die sie lösen können, unterscheiden. Emulation führt jedoch nicht dazu, dass Gruppenmitglieder Probleme auf dieselbe Weise lösen, ermöglicht daher nicht die Akkumulation von Modifikationen in Gruppen und ist deshalb keine geeignete Grundlage, um einen Kreislauf aus Innovation, Standardisierung und erneuter Innovation in Gang zu setzen. Um von Artgenossen nicht nur zu lernen, wozu ein Werkzeug zu gebrauchen ist, sondern auch wie es gefertigt und benutzt wird, muss ein Lebewesen über die Fähigkeit zur Imitation verfügen. Imitation führt zu einer noch größeren Anzahl gruppenspezifischer Verhaltensweisen, wobei sich Gruppen nicht mehr nur noch durch die Probleme unterscheiden, die ihre Mitglieder lösen können, sondern auch durch die Art und Weise, *wie* diese Probleme gelöst werden. Wenn Lösungen wiedergabetreu imitiert werden, können sich Verbesserungen an der Methode in Gruppen etablieren und akkumulieren. Es spricht vieles dafür, dass manche Tiere wie Schimpansen, Orang-Utans und verschiedene Vogelarten in der Lage sind, durch Imitation zu lernen. Genau wie bei den in den letzten Kapiteln diskutierten Fähigkeiten, scheint es sich auch bei Imitation nicht um eine speziesspezifische Fähigkeit des Menschen zu handeln. Trotzdem gibt es keine Anzeichen dafür, dass der Standardisierungsprozess bei nicht-menschlichen Tieren kumulativ ist. Manche Tiere können zwar erfolgreich Verhalten imitieren, tun es jedoch viel seltener als Menschen. Eine mögliche Erklärung dafür besteht darin, dass Menschen das Verhalten anderer nicht nur aus praktischen Gründen imitieren, sondern dass Imitation beim Menschen überdies eine soziale Funktion erfüllt und Menschen natürlich motiviert sind, Dinge auf die gleiche Weise zu tun wie andere.

7 Kooperation und kumulative kulturelle Evolution

7.1 Die Bedeutung kumulativer kultureller Evolution im Alltag

Der Mensch ist die einzige Spezies, die in der Lage ist, zum Mond zu fliegen. Viele Tiere sind zwar geschickte Problemlöser in manchen Bereichen, und bei einigen finden wir sogar eine basale Werkzeugkultur, aber verglichen mit den Dingen, die Menschen vollbringen können, scheinen die Fähigkeiten aller nicht-menschlicher Tiere bescheiden. Gemäß der Auffassung, die in dieser Arbeit verteidigt wird, können wir das nicht allein durch eine besondere Fähigkeit des Menschen zum Lösen von Problemen erklären, sondern nur dadurch, dass der Mensch heute von den Früchten der Arbeit früherer Generationen profitiert. Feuer, das Rad, Stein- und Metallverarbeitung, Schrift, Elektrizität – all die Dinge sind für uns heute selbstverständlich, aber natürlich waren sie es nicht immer: *Andere* Menschen haben sie einst erfunden oder entdeckt und mit der Zeit ist ihr Wissen zum Wissen der Allgemeinheit geworden. Unsere heutige Lebenssituation ist das Produkt der kumulativen kulturellen Evolution (im Folgenden: kkE) des Menschen, des Kreislaufs von Innovation und Standardisierung.

Das Beispiel des Mondflugs illustriert sehr gut, wie weit die kkE des Menschen dessen technologische Entwicklung vorangerieben hat. Da in solchen Beispielen der Unterschied zu dem, wozu nicht-menschliche Tiere in der Lage sind, am deutlichsten wird, werden technologische Spitzenleistungen häufig als klarer Beleg für eine anthropologische Grenze zitiert. Die Art und Weise, wie kumulative kulturelle Evolution kkE das Leben des Menschen beeinflusst, geht jedoch tiefer und historisch weiter zurück. Sie ist nicht nur eine Voraussetzung für die besonderen Ereignisse, die unsere Geschichtsbücher füllen. Unsere alltägliche Umwelt ist von kkE fundamental geprägt und wäre ohne diese nicht denkbar. Dies lässt sich zum Beispiel am Produktionsprozess einer Dose Coca-Cola – eines Vorzeigeproduktes unserer Alltagswelt – illustrieren, der von Kevin Ashton in einem Blog nachgezeichnet wird (Ashton 2013). Ashton beschreibt zunächst den komplexen Herstellungsprozess der Dose – von der Förderung des Bauxits im Tagebau in Pinjarra in Australien über dessen Verarbeitung zu Aluminium, den Transport nach Downey in Kalifornien, wo das Aluminium gewälzt und nach verschiedenen weiteren Produktionsschritten zu einer Dose geformt wird, bis zum chemischen Prozess, durch den sie ihr bekanntes Design verliehen bekommt. Die Produktionskette des Getränks selbst ist nicht weniger lang.

Coca-Cola wird aus einem Sirup hergestellt, das wesentlich aus vier Zutaten besteht: einem speziellen Zuckersirup (bestehend aus einer Mischung von Fruktose und Glukose), einer Karamellfärbung (E150d), Geschmacksstoffen (mexikanische Vanille, südamerikanische Kokablätter und Kolanüsse aus dem afrikanischen Regenwald) und Koffein. Die Zutaten kommen aus der ganzen Welt und jede einzelne Zutat musste entdeckt und nutzbar gemacht werden. Jeder chemische Prozess, der zur Verarbeitung des Metalls oder der Zutaten gebraucht wird, benötigt seinerseits weitere Zutaten, deren Verwendungsmöglichkeiten irgendwann irgendjemand herausgefunden haben muss. Noch unübersichtlicher wird die Produktionskette, wenn man die im Produktionsprozess benötigten Maschinen und die für den Transport verwendeten Fahrzeuge (Züge, Flugzeuge, Schiffe und LKWs) sowie deren Produktionsgeschichten mit einbezieht. Die Produktionskette jeder einzelnen Dose Coca-Cola ist so lang und erstreckt sich über so viele verschiedene Länder, dass es nicht vorstellbar ist, dass ein einzelner Mensch sie erfinden oder auch nur vollständig nachvollziehen kann. Dasselbe gilt für die einzelnen Produktionsschritte, die jeder für sich das Ergebnis von Innovation, Standardisierung und erneuter Innovation und dadurch das Produkt der kkE des Menschen sind. Folglich ist auch jede fertige Dose Coca-Cola ein Produkt der kkE des Menschen und ohne diese nicht denkbar. Ashtons Essay endet daher mit den folgende Worten (Ashton 2013):

> The number of individuals who know how to make a can of Coke is zero. The number of individual nations that could produce a can of Coke is zero. This famously American product is not American at all. Invention and creation is something we are all in together. Modern tool chains are so long and complex that they bind us into one people and one planet. They are not only chains of tools, they are also chains of minds: local and foreign, ancient and modern, living and dead – the result of disparate invention and intelligence distributed over time and space. Coca-Cola did not teach the world to sing, no matter what its commercials suggest, yet every can of Coke contains humanity´s choir.

Ein genauerer Blick auf ein Vorzeigeprodukt des Alltags und die für seine Produktion nötige Kette von Arbeitsschritten macht deutlich, dass kkE keinesfalls nur für die Wissenschaft, sondern für alles, was uns Menschen umgibt, von Bedeutung ist. Unser Essen, unsere Kleidung, unsere Häuser, unsere Autos, unsere Computer und selbst unsere Überzeugungen und Wünsche – sie alle sind ohne den Kreislauf von Innovation und Standardisierung nicht vorstellbar und gehen daher über das, was jeder einzelne Mensch zu leisten imstande ist, weit hinaus.[97] Die Tatsache, dass unsere Fähigkeit zum Mond zu fliegen ein Produkt der kkE ist, ist interessant, weil sie uns zeigt, wie weit dieser Prozess die Menschheit bisher gebracht hat und weil sie in uns ein vages Gefühl dafür weckt, was der Mensch in Zukunft möglicherweise zu leisten imstande sein wird. Aber erst wenn wir unsere Aufmerksamkeit auf den Effekt der kkE auf unseren Alltag richten, erfassen wir die wahre Bedeutung dieses Prozesses für den Menschen, da uns dadurch bewusst wird, dass kaum ein Aspekt der Welt, wie wir sie kennen, ohne kkE denkbar wäre.

In der bisherigen Arbeit wurde diskutiert, über welche kognitive Architektur Lebewesen verfügen müssen, um flexibel und innovativ mit ihrer Umwelt interagieren zu können und über welche Fähigkeiten sozialen Lernens sie verfügen müssen, um Innovationen in Gruppen zu akkumulieren und dadurch den kulturellen Wagenhebereffekt in Gang zu setzen. Außerdem wurde diskutiert, wie der Mensch sich in dieser Hinsicht von nicht-menschlichen Tieren unterscheidet. Die Tatsache, dass Menschen im Gegensatz zu nicht-menschlichen Tieren theoretisch rational sind, erklärt, warum sie mehr und bessere Innovationen hervorbringen. Die Tatsache, dass Menschen über effektivere Fähigkeiten zu sozialem Lernen verfügen, erklärt, warum Innovationen nicht mit ihren Urhebern aussterben, sondern der Gruppe als neuer Ausgangspunkt für weitere Innovationen dienen und sich so in Gruppen akkumulieren können. Diese graduellen Unterschiede in der Innovationsfähigkeit und der Fähigkeit von anderen zu lernen summieren sich über die lange Zeit, seit die kumulative kulturelle Evolution des Menschen ihren Anfang genommen hat, zu scheinbar gigantischen Unterschieden, was den Eindruck erweckt, es bestünde ein fundamentaler Unterschied zwischen nicht-menschlichen Tieren auf der einen und dem Menschen auf der anderen Seite.

Aber dieses Bild ist unvollständig. Wir finden zwar bei manchen Tieren (wie Schimpansen oder einigen Rabenvögeln) eine Werkzeugkultur und vieles sieht danach aus, dass sie über Fähigkeiten sozialen Lernens verfügen, die eine Akkumulation von Innovationen in Gruppen ermöglicht (vgl. Kap. 6). Aber soweit wir bisher wissen, werden ihre Werkzeuge nicht Gegenstand weiterer Verbesserungen, nachdem sich ihr Gebrauch in einer Gruppe etabliert hat, so wie es für die technologische Entwicklung des Menschen charakteristisch ist (Boesch & Tomasello 1998). Der für die kkE des Menschen typische Kreislauf von Innovation, Standardisierung und erneuter Innovation scheint bei Tieren kein Kreislauf

97 Damit sind unsere spezifischen Überzeugungen und Wünsche gemeint, nicht Überzeugungen und Wünsche an sich – das, was wir glauben und was wir wünschen, nicht die Tatsache, *dass* wir etwas glauben und wünschen.

zu sein, sondern nach der Standardisierung sein Ende zu finden. Wenn die Unterschiede zwischen Menschen und Tieren in den relevanten Prozessen nur gradueller Natur sind, wäre zu erwarten, zwar weniger Fortschritt und Entwicklung zu beobachten, nicht jedoch, dass wir gar keine solche Entwicklung beobachten.

Das Beispiel der Coca-Cola Dose weist darauf hin, in welcher Hinsicht der Wagenhebereffekt unterbeschrieben ist, wenn man den Kreislauf von Innovation und Standardisierung nur, wie bisher geschehen, in Begriffen der Fähigkeiten von Individuen zu erklären versucht. Eine unüberschaubare Menge an Menschen ist am Prozess der Produktion jeder einzelnen Dose Coca-Cola beteiligt, von den Arbeitern in den Bauxitbergwerken über die Erntehelfer der verschiedenen Zutaten, den in der Verarbeitung involvierten Chemikern bis zu den für den Transport eingesetzten Fahrern, Kapitänen und Piloten. Die Produktion einer Dose Coca-Cola geht nicht nur deshalb über die Möglichkeiten eines Individuums hinaus, weil das dafür benötigte Wissen selbst ein Produkt der kkE ist. Sie setzt mehr Wissen voraus, als sich ein einzelner Mensch jemals aneignen könnte, selbst wenn das dafür benötigte Wissen prinzipiell (etwa durch Bücher oder das Internet) zugänglich ist. Neben dem Faktor Zeit (es würde zu lange dauern, sich das ganze Wissen anzueignen) sind wir kognitiv zu beschränkt, um eine so große Menge an Wissen aufnehmen zu können. Viel wichtiger jedoch ist, dass die Produktion einer Dose Coca-Cola so viele Arbeitsschritte in so vielen verschiedenen Teilen der Welt involviert, dass es schon aus praktischen Gründen nicht vorstellbar ist, dass ein einzelner Mensch eine Dose Coca-Cola ohne die Hilfe anderer Menschen produziert. Produktionsketten wie die von Coca-Cola-Dosen sind notwendigerweise zutiefst kooperative Unternehmungen. Sie lösen das Problem der Beschränkungen der Möglichkeiten von Individuen dadurch, dass die verschiedenen Aufgaben und Anforderungen auf mehrere Schultern verteilt werden. Wenn Menschen nicht zusammenarbeiten würden, um Dinge zu produzieren und Probleme zu lösen, gäbe es die meisten Dinge im Supermarkt nicht, und es gäbe wohl auch keinen Supermarkt. Der bisherige Fokus dieser Arbeit auf die Fähigkeiten von Individuen zur Erklärung der kkE des Menschen muss daher erweitert werden: Erklärungen, in denen Kooperation eine Rolle spielt, übersteigen die Fähigkeiten von Individuen, da Kooperation immer auf andere (in der Regel auf Artgenossen) gerichtet ist. Was ein Individuum kann, ist nicht unabhängig davon erklärbar, was andere Individuen tun. Wir müssen daher nicht nur für den Standardisierungsprozess, sondern auch für die Innovationsfähigkeit ganze Gruppen in den Blick nehmen.

Gegenstand dieses und des folgenden Kapitels ist daher die Rolle von Kooperation in einem allgemeinen Sinn: Wie kann die Eigenschaft von Lebewesen, Dinge gemeinsam zu tun und sich gegenseitig zu unterstützen dazu beitragen, die kkE des Menschen zu erklären und wie unterscheidet sich die Kooperation des Menschen von derjenigen nicht-menschlicher Tiere? In diesem Kapitel sollen dazu zwei Weisen diskutiert werden, auf die Kooperation für eine Erklärung der kkE relevant sein kann. *Zum einen* bündelt Kooperation die Fähigkeiten von Gruppenmitgliedern, wodurch sie die Innovationsfähigkeit von Individuen verstärkt und der Standardisierungsprozess an Effektivität gewinnt. *Zum anderen* spielt Kooperation nicht nur die Rolle eines Verstärkers dieser Fähigkeiten, sondern kann der ontogenetischen sowie der phylogenetischen Entwicklung dieser Fähigkeiten ursächlich zugrunde liegen. Kooperation führt unter bestimmten Bedingungen zur Entwicklung einer stärkerer Motivation, um mit anderen zu kooperieren. Überdies kann Kooperation die Entwicklung bestimmter sozio-kognitiver Fähigkeiten begünstigen, die effektivere Kooperation ermöglichen. Kooperation ist also unter bestimmten Bedingungen die Ursache von umfangreicherer und effektiverer Kooperation, die wiederum die Fähigkeiten von Individuen zu erfolgreichem innovativem Verhalten und sozialem Lernen positiv beeinflusst.

7.2 Kooperation als Verstärker von Innovation und Standardisierung

7.2.1 Kooperatives soziales Lernen

Welche Rolle spielt Kooperation als Verstärker von sozialem Lernen und Innovation? Im Falle des sozialen Lernens ist zunächst die Rolle der Gruppe offensichtlich: Beim sozialen Lernen beeinflusst die soziale Gruppe, zu der ein Individuum gehört, auf unterschiedliche Weise, was es lernt (vgl. Kap. 6). In der Regel wird Lernen durch soziale Gruppen beschleunigt und in vielen Fällen können Lebewesen dadurch Dinge lernen, die sie sonst nicht hätten lernen können. Wie im letzten Kapitel gesehen, besteht die effektivste Form sozialen Lernens darin, das Verhalten erfolgreicher Gruppenmitglieder durch Emulation oder Imitation zu kopieren, wobei Emulation darauf abzielt, das Ziel einer beobachteten Handlung zu kopieren (also mit dem Verhalten dasselbe Ergebnis wie das Vorbild zu erzielen), während Imitation darin besteht, die Vorgehensweise zu kopieren, mit der das Vorbild versucht, ein Problem zu lösen.

Wenn es darum geht, Innovationen zu akkumulieren, hat sich Imitation aus zwei Gründen als überlegen gegenüber der Fähigkeit zu Emulation herausgestellt. *Erstens* führt Imitation dazu, dass Gruppenmitglieder Probleme auf dieselbe Weise lösen. Je mehr Individuen jedoch eine spezifische Technik benutzen, um ein Problem zu lösen, desto höher ist die Wahrscheinlichkeit, dass eines von ihnen eine etablierte Methode verbessert. Wenn zum Beispiel alle Schimpansen in einer Gruppe mit Stöckchen nach Insekten angeln, ist die Wahrscheinlichkeit größer, dass einer von ihnen die Angeln verbessert (etwa dadurch, dass die Enden aufgefächert und dadurch ihre Oberflächen vergrößert werden), als wenn nur ein einziger diese Technik benutzt. Imitation kann dadurch indirekt die Wahrscheinlichkeit für neue Innovationen in einer Gruppe erhöhen (vgl. Kap. 6). *Zweitens* bestehen viele Verbesserungen darin, dasselbe Ziel mit einfacheren oder effektiveren Mitteln zu erreichen. Die Verbesserung einer aufgefächerten Ameisenangel zum Beispiel besteht in einem neuen Design des Werkzeugs, die eine neue Art der Herstellung erfordert. Da durch Emulation jedoch nicht eine Handlung, sondern nur ein Ziel kopiert wird, werden neue Verhaltensweisen, die zum besseren Erreichen *desselben* Ziels führen, durch Emulation eben nicht kopiert (vgl. Kap. 6.4). Das fällt umso stärker ins Gewicht, je komplexer die Handlungen sind. Da Lebewesen durch Emulation nur etwas über Ziele lernen, aber beim Herausfinden, wie sie diese Ziele verwirklichen können, auf sich selbst gestellt sind, können sich durch Emulation nur sehr primitive Werkzeuge, die entweder schon fertig vorgefunden werden (wie zum Beispiel Steine als Hammer), oder deren Bearbeitung so einfach ist, dass jedes Tier die Lösung selbst findet (wie Stöcke, die von Zweigen befreit werden, um als Angel eingesetzt werden zu können), in Gruppen etablieren (Tomasello 1999, S. 29). Verbesserungen von bereits etablierten Innovationen, die die erste Stufe des kumulativen Prozesses darstellen, können daher kaum durch Emulation zum Standard einer Gruppe werden.

Allerdings steht ein Lebewesen, das durch Imitation etwas lernen möchte, vor dem folgenden Problem: Jedes Vorbild tut manche Dinge, die relevant für die Lösung eines Problems sind, und andere, die für die Lösung des Problems keine Rolle spielen. Ein Lebewesen, das von einem anderen durch Imitation lernen will, muss die relevanten von den irrelevanten Aspekten seines Verhaltens unterscheiden können. Dieser Punkt gewinnt mit zunehmender Komplexität des Verhaltens an Bedeutung, da der Zusammenhang zwischen Verhalten und Ziel zunehmend undurchsichtiger wird. Imitation birgt dadurch das Risiko der Überimitation (Nielsen 2009; Lyons et al. 2011; McGuigan et al. 2011). Da mit dem Fortschreiten der kkE Werkzeuge dazu tendieren, an Komplexität zuzunehmen, scheint die kulturelle Entwicklung natürlich begrenzt zu sein, wenn der Standardisierungsmechanismus in bloßer Imitation besteht. Wie im letzten Kapitel gesehen ist Imitation zwar besser für die Akkumulation von Modifikationen an Innovationen geeignet, aber aus der Perspektive von Individuen kann Emulation in vielen Fällen eine adaptivere Methode darstellen (Tomasello

1999). Das ändert sich jedoch, wenn Vorbilder nicht passiv sind, sondern aktiv in den Lernprozess eingreifen.

Durch das aktive Eingreifen eines Lehrers in den Lernprozess verändert sich soziales Lernen von einem einseitigen und ausbeutenden in ein kooperatives Unterfangen (Tomasello 2009, S. XIV):

> Teaching is a Form of altruism, founded on a motive to help, in which individuals donate information to others for their use.

Lehrer können auf verschiedene Weisen und mit unterschiedlichem Effekt den Lernprozess beeinflussen. Zum Beispiel können sie in den Lernprozess eingreifen, indem sie ungeeignete Versuche der Lerner korrigieren, wodurch die Geschwindigkeit des Lernens erhöht wird. Ein Schimpanse etwa findet schneller heraus, wie er mit einem Stein eine Nuss öffnen kann, wenn andere Gruppenmitglieder ihn in den Fällen korrigieren, wenn er zum Beispiel den Stein falsch hält oder der Stein, den er gewählt hat, ungeeignet ist (Sterelny 2003, S. 60). Zum anderen kann aktives Unterweisen die Funktion erfüllen, sicherzustellen, dass bestimmte Dinge überhaupt gelernt werden, die zu lernen für den Nachwuchs wichtig sind, deren Wichtigkeit von diesen jedoch nicht erkannt wird. Indem ein Lehrer seine Schüler zum Beispiel darauf aufmerksam macht, welche seiner Bewegungen für die Lösung eines Problems relevant sind, gewinnt überdies die Fähigkeit Verhalten zu imitieren als Lernmethode an Effektivität, da dadurch Überimitation (vgl. Kap. 6.4) weniger wahrscheinlich wird.

Für den Menschen spielt aktives Unterweisen eine zentrale Rolle. Menschen sind motivierte kooperative Lehrer und teilen bereitwillig ihr Wissen mit anderen (Tomasello 2010, S. 14 ff). Überdies scheinen Kinder besonders angepasst für diese Art zu Lernen zu sein. Sie tendieren dazu, das Verhalten anderer nur dann zu imitieren, wenn diese vorher Blickkontakt aufgenommen und das Verhalten dadurch als „zu imitieren" markiert haben (Csibra & Gergely 2009; Nielsen 2009). Das ermöglicht Kindern durch Imitation zu lernen, ohne verstehen zu müssen, warum es sich bei dem imitierten Verhalten um eine gute Lösung eines Problems handelt (vgl. Shea 2013).[98] Dagegen läuft Imitation ohne eine solche

98 Dieser Mechanismus ist offensichtlich adaptiv in Umwelten, in denen gutmeinende Lehrer ihre Schüler auf wichtige Dinge hinweisen, jedoch anfällig für schlechte Vorbilder. Die Ergebnisse der in Kapitel 6 diskutierten Studie von Horner & Whiten (2005) könnten dadurch in einem ähnlichen Licht betrachtet werden, wie die Ergebnisse des Linda-Problems oder des Vier-Karten Tests in Kapitel 3: Ein Mechanismus, der in geeigneten Umwelten adaptiv ist und gute Ergebnisse produziert, produziert scheinbar irrationale Ergebnisse in unpassenden Umwelten. Eine für diesen Mechanismus unpassende Umwelt könnte zum Beispiel darin bestehen, dass Vorbilder irrelevante Verhaltensaspekte als zu imitieren markieren.

Markierung dessen, was zu imitieren ist, viel stärker Gefahr, zu uneffektiver Überimitation zu werden. Kooperation in der Form aktiven Unterweisens verstärkt daher die Effektivität von Imitation als Standardisierungsmechanismus. Der Umstand, dass der Vorteil von Imitation über Emulation ohne kooperatives aktives Unterweisen viel weniger offensichtlich ist, könnte ein Grund dafür sein, warum Imitation bei Schimpansen, bei denen aktives Unterweisen selten ist, nur eine untergeordnete Rolle spielt (vgl. Kap. 6.4).

Schließlich können Lehrer ihren Schülern das Lernen in Fällen erleichtern, in denen Aufgaben besonders anspruchsvoll sind. Junge Raubkatzen zum Beispiel müssen lernen, wie sie ihre Beute töten können. Ihre Mütter geben ihnen die Möglichkeit, das zu lernen, indem sie selbst ihre Beute nur verletzen und schwächen, und damit ihrem Nachwuchs ein leichtes Opfer zur Übung überlassen.[99] Ebenso erleichtern Menschen ihren Kindern das Erlernen bestimmter Dinge, indem sie Hilfsmittel anbieten, die den Kindern die Aufgaben vereinfachen (wie Stützräder zum Fahrradfahren) oder indem sie ihnen komplexe Zusammenhänge in leichter verständlichen Einzelschritten nahebringen (wie im Mathematikunterricht). Aktives Unterweisen beschleunigt demnach nicht nur den Lernprozess, sondern ermöglicht es Lebewesen, Dinge zu lernen, die sie ohne Hilfe nicht hätten lernen können.

Wenn also Lebewesen aktiv in den Lernprozess anderer Lebewesen eingreifen, welche über die Fähigkeit zur Imitation verfügen, bekommt diese Fähigkeit, die ohnehin das Potenzial birgt, einen kumulativen Prozess anzustoßen (vgl. Kap. 6), einen Schub, der Lernen beschleunigt und die Möglichkeiten dessen, *was* gelernt werden kann, stark erweitert. Kooperatives aktives Unterweisen vervielfacht dadurch das Potenzial von Imitation zur Akkumulation von Verbesserungen bereits etablierter Innovationen in sozialen Gruppen. Diese Art der Kooperation könnte den Effekt von Imitation nicht nur verstärken, sondern überdies eine wichtige Rolle für die Evolution der Fähigkeit des Menschen, durch Imitation zu lernen, gespielt haben, da im Kontext aktiven Unterweisens die Wahrscheinlichkeit nutzloser Überimitation sinkt.[100]

---

99 Wie in Kapitel 6 bereits angedeutet ist aktives Unterweisen bei Tieren selten. Geparden könnten eine seltene Ausnahme darstellen, allerdings sind auch die Berichte solchen aktiven Unterweisens nur anekdotisch und das oben beschriebene Verhalten scheint das einzige zu sein, durch das Mütter ihren Nachwuchs aktiv beim Lernen unterstützen.

100 Beim Menschen wird diese Fähigkeit entscheidend durch seine Sprachfähigkeit ergänzt: Dinge können sprachlich vermittelt werden und das Verstehen einer Sprache ermöglicht es, Zusammenhänge auch ohne Imitation zu begreifen.

7.2.2 Gegenseitige Kooperation

Im letzten Abschnitt wurde kooperatives soziales Lernen diskutiert. Kooperatives soziales Lernen ist eine einseitige Form von Kooperation, bei der ein Individuum ein anderes beim Lernen aktiv unterstützt. Eine andere Form von Kooperation besteht darin, dass verschiedene Individuen beidseitig kooperativ miteinander interagieren. Dabei können zumindest zwei Arten von Kooperation prinzipiell unterschieden werden: das kooperative Lösen spezifischer Probleme und die arbeitsteilige Organisation ganzer Gruppen. Wo diese verschiedenen Formen von Arbeitsteilung gemeinsam auftreten, können sie sich gegenseitig verstärken. Für den Menschen sind beide Formen der Kooperation charakteristisch.

Kooperative Projekte

Die auf den ersten Blick einfachste Form der sogenannten horizontalen Kooperation[101] besteht sicherlich darin, dass Lebewesen gemeinsam Probleme lösen, die sie alleine nicht hätten lösen können. Die Fähigkeit von Individuen, Probleme zu lösen, ist dadurch beschränkt, dass sowohl ihre kognitiven Fähigkeiten als auch ihre Körperkraft und die Zeit, die ihnen zur Lösung von Problemen zur Verfügung stehen, natürlichen Grenzen unterworfen sind. Diese Grenzen können dadurch erweitert werden, dass sich mehrere Individuen zusammenschließen, um ein Problem gemeinschaftlich zu lösen.[102] In der Gruppe verfügen sie zum Beispiel über mehr Kraft und können so größere Beute jagen und sich vor größeren und stärkeren Feinden verteidigen als jedes Individuum für sich genommen. Ein Mensch alleine wäre niemals in der Lage gewesen, ein Mammut zu erlegen, aber mit zunehmender Größe der angreifenden Gruppe steigen die Chancen auf Erfolg. Dasselbe gilt für die Verteidigung: Eine Gruppe von Löwen ist durchaus in der Lage, einen Büffel oder sogar einen Elefanten zu erlegen, wenn diese alleine sind, nicht jedoch, wenn sie sich im Schutz ihrer Gruppe befinden. Kooperation erhöht jedoch nicht nur die direkte körperliche Kraft, sondern auch die Reichweite, in der eine Gruppe ihre Kraft entfaltet. Kooperatives Jagen ermöglicht nicht nur Beute zu erlegen, die zu stark für ein einzelnes Individuum ist, sondern auch Beute, die zum Beispiel zu schnell ist. Größere

---

101 Während der Ausdruck *vertikale Kooperation* manchmal für asymmetrische Kooperation zwischen verschiedenen Generationen verwendet wird (typischerweise zwischen Eltern und ihrem Nachwuchs), bezieht sich *horizontale Kooperation* auf gegenseitige Kooperation wie im Fall der Arbeitsteilung.

102 Der Produktionsprozess einer Dose Coca-Cola ist ein gutes Beispiel dafür.

Kraft ist jedoch nicht nur bei der Jagd oder der Verteidigung von Nutzen, sondern auch, um viele andere Dinge zu tun. Ein Haus oder eine Brücke zu bauen kann von einem Menschen alleine kaum vollbracht werden. Selbst wenn ein Individuum in der Lage ist, etwas alleine auszuführen, können Menschen durch Zusammenarbeit dasselbe oft in kürzerer Zeit erledigen. Vögel brauchen länger, um ein Nest zu bauen und Biber benötigen mehr Zeit, um einen Damm zu konstruieren, wenn sie bei der Arbeit auf sich gestellt sind. Überdies ist die Chance, dass sich in einer Gruppe wenigstens ein Individuum befindet, welches die Lösung eines Problems erkennt, größer, als dass jedes einzelne Individuum eine Lösung findet. Durch Imitation und kooperatives aktives Unterweisen steigt zudem die Wahrscheinlichkeit, dass alle anderen die Lösung des Problems von einem erfolgreichen Individuum lernen. Mercier & Sperber (2011) haben festgestellt, dass in Gruppen, in denen alle Mitglieder die Lösung eines Problems zu kennen glauben, aber nur eine Person über die tatsächlich richtige Lösung verfügt, mit hoher Wahrscheinlichkeit am Ende einer Diskussion alle die richtige Lösung gelernt haben.[103] Die Chance, dass ein Problem von einer Gruppe gelöst wird, ist daher höher, als die Chance, dass ein einzelnes Individuum es löst. Dadurch dass Kraft, Zeit und Intelligenz von Individuen in kooperativen Gruppen gebündelt werden, erhöht sich in Spezies, die Probleme kooperativ lösen, die Fähigkeit, Probleme zu lösen und Innovationen hervorzubringen.

Arbeitsteilung in Gruppen und Spezialisierung

Eine andere Art der Arbeitsteilung besteht darin, dass sämtliche für das Überleben der Gruppe nötigen Aufgaben auf die verschiedenen Mitglieder verteilt werden. Anders als bei der zuvor beschriebenen Kooperation bei bestimmten Aufgaben, wie etwa bei der Jagd, der Verteidigung, dem Aufziehen des Nachwuchses oder dem Bauen von Unterschlüpfen wie Nestern, Höhlen oder Häusern, besteht die Kooperation in diesem Fall darin, dass verschiedene Individuen (oder verschiedene Untergruppen) für unterschiedliche Aufgaben zuständig sind. Diese Art der Arbeitsteilung ist charakteristisch für moderne menschliche Gesellschaften, deren Mitglieder typischerweise einer bestimmten Tätigkeit nachgehen, die für sich genommen nur sehr wenige ihrer eigenen Bedürfnisse

103 In diesem Fall handelte es sich um Probleme wie den Vier-Karten-Test (vgl. Kap. 4.3.1). Mercier & Sperber argumentieren, dass unsere Fähigkeit zu denken (reasoning) nicht die Funktion hat, wahre Überzeugungen zu produzieren, sondern, grob gesprochen, die soziale Funktion, in verbalen Auseinandersetzungen erfolgreich zu sein.

abdeckt. Maurer zum Beispiel bauen Häuser, sie produzieren jedoch keine Nahrungsmittel wie etwa Bäcker (und umgekehrt).

Die Fokussierung von Gruppenmitgliedern auf bestimmte Aufgaben ermöglicht ihre Spezialisierung: Die Tatsache etwa, dass ich mein Brot nicht selbst backen muss (ganz zu schweigen davon, dass ich das dafür benötigte Getreide nicht selbst anpflanzen muss), gibt mir viel Zeit, um mich auf andere Tätigkeiten zu konzentrieren. Dies wiederum ermöglicht es mir, eine größere Expertise in diesen Tätigkeiten zu erlangen, als ein genauso intelligenter Alleskönner, da mir mehr Zeit zum Lernen und zum Sammeln praktischer Erfahrungen zur Verfügung steht. Größere Expertise wiederum erhöht die Wahrscheinlichkeit, dass Individuen etablierte Techniken oder Werkzeuge verbessern: Arbeitsteilung treibt in diesem Sinn die Innovationsfähigkeit von Individuen an. Aber diese Art der Arbeitsteilung hat nicht nur zur Folge, dass Individuen zu Spezialisten werden. Die Tatsache, dass es Experten für alle Bereiche gibt, führt auch dazu, dass es leichter wird, ein Experte in einem bestimmten Bereich zu werden, da Individuen bei sozialem Lernen in der Regel kompetentere (weil spezialisierte) Vorbilder haben. Ein Schimpanse etwa kann mit Sicherheit besser von einem anderen Schimpansen lernen, wie man eine Nuss mit einem Stein öffnet, wenn sein Vorbild kompetent in dieser Tätigkeit ist. Spezialistentum in Gruppen kann daher die Effektivität von sozialem Lernen steigern. Überdies führt Arbeitsteilung nicht nur dazu, dass Individuen zu Spezialisten werden und dass das Spezialist-Werden erleichtert wird: In einem gewissen Sinn ist in Gruppen von Spezialisten jeder Experte für alles. In arbeitsteiligen Gruppen erfüllen die Mitglieder nicht nur spezifische Aufgaben, sondern sie erfüllen sie *für die ganze Gruppe*. Ein Individuum kann sich nur dann voll und ganz auf eine einzige Aufgabe konzentrieren, wenn es von anderen Aufgaben befreit ist. Da es jedoch nicht von den Bedürfnissen befreit ist, die durch diese anderen Aufgaben befriedigt werden sollen, kann es sich nur dann auf wenige Tätigkeiten konzentrieren, wenn andere die anderen benötigten Arbeiten erledigen. Ein Lebewesen kann sich nur dann auf die Verteidigung spezialisieren, wenn andere sich zum Beispiel mit der Nahrungsbeschaffung beschäftigen. In arbeitsteilig organisierten Gruppen befreit jedes Individuum andere Gruppenmitglieder von der Aufgabe, auf die es sich selbst spezialisiert hat. Kooperation ist daher eine notwendige Voraussetzung für Spezialistentum. Die Tatsache, dass Kooperation und Spezialistentum derart Hand in Hand gehen, führt im Idealfall dazu, dass jede Aufgabe, die für ein Lebewesen relevant ist, von Spezialisten gelöst wird – entweder von ihm selbst oder von einem anderen Gruppenmitglied. Mitglieder solcher Gruppen sind daher in dem Sinn Spezialist für alles, indem sie entweder selbst Probleme kompetent zu lösen imstande sind, oder sich an jemanden wenden können, der sich auf das Lösen dieser Probleme versteht. Um sein Auto professionell zu reparieren, kann man die Aufgabe entweder selbst in die Hand nehmen, wenn man weiß wie, oder man übergibt die Aufgabe einem Spezialisten. In dem Sinn, in dem heute auch jemand, der nicht viel von Autos versteht, sein Auto professionell reparieren kann, indem er sich der Expertise eines Spezialisten bedient, sind Mitglieder arbeitsteilig organisierter Spezialistengruppen Experten für alles.[104]

Spezialisten und Standardisierung von Wissen in Gruppen

Neben dem zuvor erwähnten Einfluss von Spezialisten auf die Effektivität von sozialem Lernen durch kompetentere Vorbilder verändert Arbeitsteilung den Standardisierungsprozess dadurch auf eine sehr wichtige Weise. Wenn Gruppenmitglieder von Wissen profitieren können, ohne selbst darüber zu verfügen, können sich Innovationen in Gruppen etablieren, ohne dass alle Gruppenmitglieder deren Herstellungs- oder Verwendungsweise lernen müssen. Neuerungen müssen sich nur in dem Teil der Gruppe etablieren, der sich auf diese Tätigkeit spezialisiert hat. Der Wagenhebereffekt bekommt dadurch eine neue Dimension: Er wird beschleunigt und die Grenzen dessen, was eine Gruppe zu lernen in der Lage ist, werden massiv erweitert.

Diese Beschleunigung hat zwei Gründe. *Zum einen* liegt sie darin begründet, dass wesentlich weniger Lebewesen eine Neuerung lernen müssen, wenn es nur diejenigen tun, die sich auf diesen Bereich spezialisiert haben. *Zum anderen* sind es genau die Lebewesen, die ohnehin schon über eine gewisse Expertise in diesem Bereich verfügen und die daher am ehesten in der Lage sind, eine Technik zu verfeinern. Das ist vor allen Dingen dann der Fall, wenn es sich bereits um eine fortgeschrittene Generation von Neuerung handelt, da diese dazu tendieren, an Komplexität zuzunehmen (vgl. Tomasello 2010, S. XIV).

Die Tatsache, dass Innovationen sich irgendwann nur noch in Untergruppen von Experten etablieren müssen, um zum Standard der ganzen Gruppe zu werden, hat überdies zur Folge, dass eine größere Anzahl von Innovationen

---

104 In der deutschen Sprache unterscheidet man zwischen „sein Auto reparieren" und „sein Auto reparieren lassen". In anderen Sprachen wie z.B. dem Spanischen oder dem Bosnischen dagegen, findet sich diese Unterscheidung nicht wieder und man drückt die Handlung, etwas einem Spezialisten zu übertragen, genauso aus, wie die Aufgabe selbst auszuführen. So schneidet man sich zum Beispiel in Spanien auch dann die Haare (*me corto el pelo*), wenn man zum Friseur geht und sie sich in Wirklichkeit schneiden *lässt*. Ohne solchen linguistischen Evidenzen zu viel Gewicht zu geben, ist dieses Beispiel zumindest Evidenz dafür, dass wir den Rekurs auf Spezialisten in manchen Fällen so konzeptualisieren, dass wir dadurch selbst die Aufgabe erfüllen.

sich in Gruppen etablieren können. Jedes Individuum unterliegt gewissen Beschränkungen bezüglich dessen, was es lernen kann, sowie vor allem auch bezüglich der Menge der Dinge, die zu lernen es in der Lage ist. Die Grenzen dessen, was ein Einzelner lernen kann, werden durch das Spezialistentum erweitert (siehe oben). Die Menge des Wissens, welches sich in einer Gruppe als Standard etablieren kann, wird zusätzlich dadurch erweitert, dass die für dieses theoretische und praktische Wissen benötigten kognitiven Anforderungen auf die einzelnen Gruppenmitglieder verteilt werden. Dadurch ist das, was eine Gruppe an Wissen ansammeln kann, nicht mehr durch die kognitiven Ressourcen jedes einzelnen, sondern durch die gemeinsamen kognitiven Ressourcen aller Gruppenmitglieder begrenzt, und diese Grenzen können mit zunehmender Gruppengröße ausgedehnt werden.

Wie wir in den letzten beiden Abschnitten gesehen haben, kann Kooperation sowohl den Standardisierungsmechanismus verstärken als auch die Innovationsfähigkeit von Individuen und ganzen Gruppen antreiben. Bessere Standardisierungsmechanismen führen dazu, dass Individuen schneller zu Experten werden. Größere Expertengruppen wiederum erhöhen die Wahrscheinlichkeit weiterer Innovationen. Die Spezialisierung der Gruppenmitglieder dagegen, wie sie durch Arbeitsteilung ermöglicht wird, führt zu größerer Expertise, was zur Folge hat, dass Schüler von kompetenteren Vorbildern lernen können. Außerdem verringert Spezialisierung die Anzahl der Individuen, die sich eine Neuerung (wie eine neue Herstellungstechnik eines Werkzeugs) aneignen müssen, um diese in einer Gruppe zu etablieren. Schließlich wird der Effekt, den Kooperation auf die Innovationsfähigkeit der Gruppe haben kann, noch einmal verstärkt, wenn das kooperative Lösen spezifischer Probleme und die arbeitsteilige Organisation ganzer Gruppen gleichzeitig in Gruppen verwirklicht sind: Spezialisten, die kooperativ versuchen ein Problem zu lösen, haben höhere Erfolgschancen, als einzelne Spezialisten oder Gruppen von nicht-Spezialisten allein. Wenn diese verschiedenen Arten von Kooperation gebündelt auftreten, haben sie also den Effekt, dass sich in Gruppen mit zunehmender Geschwindigkeit eine größere Anzahl immer komplexerer Innovationen etablieren kann und der Wagenhebereffekt bedeutend an Dynamik gewinnt.

7.3 Kooperation als Voraussetzung kumulativer kultureller Evolution

In den letzten Abschnitten wurde diskutiert, welchen Effekt Kooperation auf die Innovationsfähigkeit und den Standardisierungsmechanismus in Gruppen hat und wie sie dadurch dem Wagenhebereffekt einen Schub verleihen kann. In diesem Abschnitt soll eine weitere Rolle diskutiert werden, die Kooperation für die kkE des Menschen gespielt haben könnte. Manche Anthropologen sehen in Kooperation nicht nur einen Verstärker des Wagenhebereffekts, sondern seine Voraussetzung (vgl. Vygotsky 1978; Moll & Tomasello 2007; Tomasello 2009). Neben dem verstärkenden Effekt, den Kooperation sowohl auf die Innovationsfähigkeit als auch auf die Effektivität von sozialem Lernen haben kann, argumentieren sie, dass Kooperation eine noch fundamentalere Rolle für die kkE des Menschen spielt. Tomasello zufolge ist Kooperation in der Ontogenese und ebenso in der Phylogenese des Menschen die Ursache der Entwicklung spezifischer kognitiver Fähigkeiten, die für die kkE direkt relevant sind (Tomasello et al. 2005; Tomasello 2009). Worin besteht diese fundamentale Rolle von Kooperation?

Sterelny zufolge besteht der Motor kognitiver Evolution in biologischer Feindseligkeit (Sterelny 2003). In Kapitel 3.3.3 wurde bereits diskutiert, wie die allgemeine biologische Feindseligkeit, wie sie zum Beispiel das Verhältnis von Jäger und Beute charakterisiert, die Evolution entkoppelter Repräsentationen antreiben kann, da sie, anders als die physikalische Umwelt, einen Rückkopplungseffekt erzeugt. Adaptionen von Beutetieren an ihre Jäger führen indirekt häufig zu weiteren Adaptionen, da sie die Jäger unter Druck setzten, sich ihrerseits an die besser angepasste Beute anzupassen und so langfristig die eigene selektive Umwelt verändern. Viele Kognitionswissenschaftler glauben jedoch, dass selbst allgemeine biologische Feindseligkeit, wie sie das Verhältnis zwischen Jäger und Beute charakterisiert, nur eine relativ beschränkte intellektuelle Herausforderung darstellt und daher nicht hinreichend ist, um die Evolution größerer Intelligenz zu erklären (Jolly 1966; Humphrey 1976; Byrne & Whiten 1988; Godfrey-Smith 2013). In seinem Aufsatz *The social function of intellect* (1978) vergleicht Nicholas Humphrey die Welt, in der die Herausforderungen, die von Lebewesen gemeistert werden müssen, in der physikalischen Umwelt und allgemeiner biologischer Feindseligkeit bestehen, mit der Situation Robinson Crusoes aus Daniel Defoes gleichnamigem Roman (Humphrey 1976, S. 305):

> It *(die Herausforderungen der physikalischen und allgemeinen biologischen Umwelt; meine Anmerkung)* is the desert island of Robinson Crusoe – before the arrival of Man Friday. The island is a lonely, hostile environment, full of technological challenge, a world in which

> Crusoe depends for his survival on his skill in gathering food, finding shelter, conserving energy, avoiding danger. And he must work fast, in a truly inventive way, for he has no time to spare for learning simply by induction from experience. But was that the kind of world in which creative intellect evolved? I believe [...] that the real world was never like that, and yet that the real world of the higher primates may in fact be considerably *more* intellectually demanding. My view – and Defoe's, as I understand him – is that it was the arrival of Man Friday on the scene which really made things difficult for Crusoe. If Monday and Tuesday, Wednesday and Thursday had turned up as well then Crusoe would have had every need to keep his wits about him.

Für Humphrey stellen also nicht die physikalischen Probleme wie Werkzeuge oder eine Unterkunft zu bauen, oder biologischer Wettstreit, Tiere zu jagen und sich zu verteidigen, Robinsons größte Herausforderung dar. Ihm zufolge ist erst die bestimmte Art biologischer Feindseligkeit, die zwischen Artgenossen besteht und mit dem Auftauchen eines anderen Menschen entsteht, die Herausforderung, die groß genug ist, um die kostspielige Evolution größerer Intelligenz voranzutreiben. Diese sogenannte *Soziale Intelligenzhypothese* wird in der Regel Humphrey zugeschrieben, aber die Idee, dass die soziale Gruppe einen Einfluss auf die Evolution von Intelligenz hat, wurde schon 1966 von Alison Jolly entwickelt (vgl. auch Godfrey-Smith 2013).

Etwa zur selben Zeit wie Humphrey beschäftigte sich auch Lev Vygotsky mit der Frage nach den Ursachen kognitiver Evolution. Ebenso wie Humphrey und Jolly maß auch Vygotsky der sozialen Gruppe besondere Bedeutung bei (Vygotsky 1978; vgl. Moll & Tomasello 2007). Allerdings identifizierte Vygotsky nicht sozialen Wettstreit, sondern Kooperation – Dinge gemeinsam zu tun und sich gegenseitig zu helfen – als die Eigenschaft, die soziale Gruppen zu einem Motor kognitiver Evolution macht. Moll & Tomasello (2007) sehen die Erklärung dafür darin, dass Vygotsky bei seiner Arbeit einen etwas anderen Fokus hatte als Humphrey. Zum einen unterscheidet sich die Arbeit der beiden durch die Lebewesen, die im Zentrum ihrer Aufmerksamkeit stehen. Humphrey konzentrierte sich auf Primaten und viele der folgenden Vertreter der sozialen Intelligenzhypothese wie de Waal (1982) oder Byrne & Whiten (1988) waren an Menschenaffen wie Schimpansen und Bonobos interessiert. Vygotsky dagegen richtete seine Aufmerksamkeit primär auf Menschen (vgl. Moll & Tomasello 2007, S. 639). Überdies war Humphrey an einer Erklärung der *Phylogenese* der besonderen kognitiven Fähigkeiten von Primaten im Allgemeinen interessiert, während Vygotsky sein Augenmerk in erster Linie auf die *Ontogenese* menschlicher Kognition richtete.

Es liegt daher nahe, die Tatsache, dass Humphrey und Vygotsky durch die Beobachtung verschiedener Lebewesen zu unterschiedlichen Annahmen über die Ursachen kognitiver Evolution gelangten, dadurch zu erklären, dass der kognitiven Evolution nicht-menschlicher Primaten und derjenigen des Menschen verschiedene Ursachen zugrunde liegen. Demnach wäre sozialer Wettstreit die zentrale Ursache der kognitiven Evolution von Primaten. Dagegen wäre Kooperation die Ursache für die kognitive Evolution des Menschen, nachdem dieser sich von seiner stammesgeschichtlichen Linie der Primaten entfernt hatte. Diese Hypothese wurde von Moll & Tomasello (2007) als *Vygotskysche Intelligenzhypothese* in ihrem gleichnamigen Aufsatz verteidigt.

Die Vygotskysche Intelligenzhypothese macht also zwei Annahmen, die in diesem Kontext relevant sind. Zum einen schreibt sie Kooperation eine zentrale Rolle für die kkE des Menschen zu, indem sie (anders als im letzten Teil argumentiert wurde) in Kooperation nicht nur einen Verstärker des Wagenhebereffektes sieht, sondern die ontogenetische und phylogenetische Ursache der Fähigkeiten, die dem Wagenhebereffekt zugrunde liegen. Zum anderen ist Kooperation dieser Hypothese zufolge in einem wesentlichen Sinn eine speziesspezifische Eigenschaft des Menschen. Mit der Vygotskyschen Intelligenzhypothese ist daher auch der Anspruch verbunden, zu erklären (oder zumindest zu einer solchen Erklärung beizutragen), warum wir kkE nicht auch bei nichtmenschlichen Tieren finden (Moll & Tomasello 2007). Das wirft einerseits die Frage auf, welche Rolle Kooperation für die Ontogenese und die Phylogenese von für den Wagenhebereffekt relevanten Fähigkeiten spielt und andererseits, worin sich menschliche Kooperation von der Kooperation anderer Lebewesen unterscheidet.

7.3.1 Die Rolle von Kooperation in der Ontogenese

Welche Rolle spielt Kooperation für die Ontogenese kognitiver Fähigkeiten, die für den Wagenhebereffekt relevant sind? Vergleichende Studien mit unseren nächsten biologischen Verwandten sind in diesem Kontext in vielerlei Hinsicht aufschlussreich. In einer Reihe von Experimenten verglichen Herrmann et al. (2007) die Fähigkeiten zweijähriger Kinder zur Lösung verschiedener Arten von Problemen mit den Fähigkeiten von Schimpansen. Dabei zeigte sich, dass Schimpansen in physikalischen Problemen, für deren Lösung räumliches Vorstellungsvermögen, die Repräsentation von Quantitäten und ein Verständnis von Kausalität benötigt werden, ähnlich gut abschneiden wie die an der Studie teilnehmenden Kinder. In Aufgaben dagegen, die die soziale Kognition wie soziales Lernen durch Beobachtung, Kommunikation und ein Verständnis mentaler Zustände anderer betreffen, liegen sie weit hinter den getesteten Kindern zurück (Herrmann et al. 2007, S. 104). Herrmann et al. schließen daraus, dass der gravierendste kognitive Unterschied zwischen Schimpansen und Menschen in der sozialen Kognition besteht und legen nahe, dass Schimpansen nur wenig von ihrer sozialen Umwelt verstehen. In einer Studie von Hare et al. (2000) wurde dagegen gezeigt, dass Schimpansen wesentlich besser bei Aufgaben zur sozialen Kognition abschneiden, wenn diese nicht in einem kooperativen, sondern einem kompetitiven Kontext stattfinden. Zum Beispiel zeigt sich in kompetitiven ToM-Tests, dass Schimpansen wesentlich mehr über die mentalen Zustände anderer zu verstehen scheinen, als nach Tests mit kooperativem Testdesign ursprünglich angenommen. (Hare et al 2000; vgl. Kap. 5.3.2). Eine ähnliche Interpretation drängt sich auch für Tests bezüglich Kommunikation auf. In einem dieser Tests mussten die Tiere zum Beispiel einen von zwei Behältern wählen, wobei nur unter einem der Behälter ein Stück Futter versteckt war (Hare & Tomasello 2004). Die Tiere wussten nicht, unter welchem der beiden Behälter die Belohnung versteckt war, aber der Experimentator zeigte mit dem Finger auf den richtigen Behälter. Die getesteten Tiere konnten diesen Hinweis nicht nutzen und auch nach vielen Versuchen stieg ihre Erfolgsquote nicht über Zufallsniveau (Hare & Tomasello 2004, S. 574). Scheinbar waren sie nicht in der Lage, die Zeigegesten des Experimentators als Hilfe zu interpretieren. In einem modifizierten Test dagegen, in dem der Experimentator nicht hilfreich auf den richtigen Behälter zeigte, sondern selbst danach zu greifen versuchte und dadurch eine Situation schaffte, in der die Tiere mit dem Experimentator um die Belohnung konkurrierten, schnitten die Tiere wesentlich besser ab. Es ist hinreichend bekannt, dass Schimpansen in ihrer natürlichen Umwelt sehr kompetitiv sind, umso mehr, wenn es um Nahrung geht. Der kooperative Charakter der Testsituation unterscheidet sich also stark von Situationen ihrer natürlichen Umwelt und weist daher nur einen geringen Grad an ökologischer Validität auf (vgl. Kap. 2.2). Schimpansen teilen kein Futter und weisen andere nie darauf hin, wo diese Futter finden können (Tomasello 2009, S. 22). Eine plausible Interpretation dieser Ergebnisse legt daher nahe, dass die geringe ökologische Validität der kooperativen Testsituationen die Ursache für das schlechte Abschneiden der Schimpansen in den Tests ihrer sozial-kognitiven Fähigkeiten darstellt.

Die Experimente von Herrmann et al. zeigen also nicht notwendigerweise, dass Schimpansen nur sehr wenig von ihrer sozialen Umwelt verstehen, aber sie zeigen, dass ihr Verständnis sich stark von dem des Menschen unterscheidet, da es vom sozialen Wettstreit geprägt ist, der ihre natürliche Umwelt charakterisiert. Analog dazu reflektiert das gute Abschneiden der Kinder, dass sie in einer ultrasozialen Umwelt leben, in der sie normalerweise nicht mit anderen (und schon gar nicht mit Erwachsenen) um Nahrung oder andere Dinge konkurrieren.[105] Der Fingerzeig des Experimentators hilft ihnen, den Behälter mit der Belohnung auszuwählen, weil sie ganz natürlich davon ausgehen, dass der Experimentator kooperativ ist und ihnen dabei helfen will, die Belohnung zu finden.

Im Gegensatz zu Schimpansen spiegelt sich die kooperative Natur von Kindern jedoch nicht nur darin wider, dass diese ihren Mitmenschen kooperative Motive unterstellen und in ihnen mögliche (und hilfreiche) Kooperationspartner sehen, sondern auch darin, dass sie selbst bereit sind, mit anderen in allen möglichen Bereichen zu kooperieren. Schon in sehr jungem Alter sind Kinder motivierter als Schimpansen, Probleme mit anderen gemeinsam zu lösen, anderen zu helfen, mit ihnen zu teilen und sie zu informieren (Tomasello 2009; Warneken & Tomasello 2009; Warneken et al. 2011). Auch dieser Unterschied könnte in der unterschiedlich sozialen Umwelt von Menschen und Schimpansen begründet liegen. Sowohl die unterschiedliche Motivation von Kindern und Schimpansen zu kooperieren, als auch die unterschiedliche Fähigkeit, andere als Kooperationspartner identifizieren zu können, könnten dieser Annahme zufolge das Produkt unterschiedlicher ontogenetischer Bedingungen sein. Die Annahme, dass die soziale Umwelt die ontogenetische Entwicklung von Lebewesen zu mehr oder weniger kooperativen Individuen beeinflusst, ist zumindest bei Menschenaffen gut belegt. Schimpansen, die in einem kooperativen Umfeld von Menschen großgezogen werden, sind in vielerlei Hinsicht kooperativer als ihre wilden Artgenossen. Sie sind besser darin, geeignete Kooperationspartner zu identifizieren (Moll & Tomasello 2007) und sie sind motivierter anderen zu helfen (Warneken & Tomasello 2006). In einigen Fällen nutzten die Tiere zum Beispiel Zeigegesten, um andere zu Kooperation aufzufordern. Orang-Utans zeigten in einem Versuch für Menschen auf Werkzeuge, die sie benötigten, um an Futter zu kommen, welches sich außerhalb ihrer Reichweite befand (Call & Tomasello 1994), und Schimpansen zeigten in einer anderen Studie für ihre Pfleger auf Futter, um diese aufzufordern, es ihnen zu geben (Leavens & Hopkins 1998). Wilde Schimpansen oder Orang-Utans kommunizieren dagegen nie mittels Zeigegesten (Moll & Tomasello 2007). Die Tatsache, dass auch die von Menschen großgezogenen Schimpansen Zeigegesten nur imperativ (d.h. auffordernd) benutzten, macht auch deren Verwendung dieser Gesten nicht zu kooperativem Verhalten. Allerdings zeigt die Tatsache, dass sie Zeigegesten nur im Umgang mit Menschen und nicht mit anderen Schimpansen benutzen, dass sie

105 Dass soll natürlich nicht bedeuten, dass Menschen niemals miteinander konkurrieren. Aber es besteht große Einigkeit darin, dass Gruppen von Menschen ungleich kooperativer sind als Gruppen anderer Primaten (Tomasello 2009; Siehe auch Kap. 8).

lernen können, hilfreiche Kooperationspartner von Konkurrenten zu unterscheiden und diejenigen als hilfreich einzustufen, die ihnen in der Vergangenheit bereits geholfen haben. Das wird auch dadurch bestätigt, dass sie lernen, bei Aufgaben, die nur kooperativ gelöst werden können, kooperative Artgenossen als Partner zu rekrutieren (Melis et al. 2006). Das Aufwachsen in einer kooperativen Umwelt hat bei Schimpansen jedoch nicht nur zur Folge, dass sie Kooperationspartner besser identifizieren und Kooperation erfolgreicher koordinieren können, sondern auch, dass sie selbst motivierter sind, anderen zu helfen. Während es bei wilden Schimpansen nie beobachtet wird, dass ein Tier einem anderen instrumentell hilft eine Aufgabe zu bewältigen, helfen von Menschen großgezogene Schimpansen zum Beispiel dabei, Gegenstände zu erreichen, die sich außerhalb der Reichweite eines Experimentators befinden (Warneken & Tomasello 2006, S. 1301). Da eine kooperative Umwelt in der Ontogenese von Schimpansen, die unsere engsten biologischen Verwandten sind, sowohl deren Motivation zu altruistischer Kooperation als auch deren Verständnis, andere als potenzielle Kooperationspartner zu erkennen (eine notwendige Fähigkeit um kooperative Handlungen mit anderen zu koordinieren und dadurch effektiver zu machen), positiv beeinflusst, ist es plausibel anzunehmen, dass das soziale Umfeld während der Ontogenese auch für den Menschen eine entscheidende Rolle für die Entwicklung von Kooperation spielt.[106] Dass Menschen kooperativer sind als Schimpansen, könnte demzufolge dadurch erklärt werden, dass sie in einer kooperativeren Umwelt heranwachsen.

Kooperation in der Ontogenese des Menschen könnte jedoch auch noch eine fundamentalere Rolle spielen. Viele Studien zeigen, dass menschliche Kooperation durch das, was Tomasello als *geteilte Intentionalität* bezeichnet, charakterisiert ist (vgl. Tomasello et al. 2005). Geteilte Intentionalität ist grob gesprochen ein Bündel von Fähigkeiten und Motivationen um psychologische Zustände wie Aufmerksamkeit, Interessen oder Intentionen mit anderen zu teilen (Tomasello et al. 2005). In kooperativen Interaktionen, denen geteilte Intentionalität zugrunde liegt, verfolgen die Kooperationspartner nicht einfach *dasselbe* Ziel, sondern ein *gemeinsames* Ziel, das durch einen normativen Charakter gekennzeichnet ist: Die Kooperationspartner binden oder verpflichten sich gegenseitig zu dem angestrebten Ziel und wissen um die Verpflichtung, die der jeweils andere eingegangen ist, so dass ein grundloser Rücktritt aus dieser

106 Direkt lässt sich das nur schwer überprüfen, da vergleichende Studien zwischen Kindern, die in kooperativen Umwelten aufwachsen, und Kindern die in kompetitiven Umwelten aufwachsen aus ethischen Gründen wohl kaum durchführbar sind.

Verpflichtung einen Verstoß gegen etablierte Normen darstellt (Gräfenhain et al. 2009; Liebal, Carpenter & Tomasello 2013). Wie typisch dieses normative Verständnis kooperativer Interaktionen für den Menschen ist, zeigen schon Experimente mit einjährigen Kindern, die Überraschung zeigen, wenn die Kooperation von Seiten eines Experimentators grundlos unterbrochen wird (indem er zum Beispiel grundlos ein Spiel unterbricht), und die in solchen Fällen aktiv auf verschiedene Weisen versuchen, die Kooperation wiederherzustellen (Liszkowski et al. 2004). Schimpansen dagegen zeigen keinerlei Überraschung in solchen Fällen und unternehmen selbst dann keine Versuche, die Kooperation wiederherzustellen, wenn es in ihrem Interesse liegt (weil sie zum Beispiel benötigt wird, um Futter zu bekommen) (Moll & Tomasello 2007). Vieles deutet darauf hin, dass Schimpansen (und wahrscheinlich allen nicht-menschlichen Tieren) ein solches normatives Verständnis sozialer Interaktionen fehlt. Überdies sind viele kooperative Interaktionen des Menschen dadurch charakterisiert, dass die Kooperationspartner komplementäre Rollen einnehmen, sich der Funktion der verschiedenen Rollen bewusst sind und motiviert sind anderen, wenn nötig, bei der Erfüllung ihrer Rolle behilflich zu sein (Tomasello et al. 2005). Eine Voraussetzung dafür ist ein Verständnis von Perspektive, der Tatsache also, dass beide Kooperationspartner das Gleiche wahrnehmen, aber auf verschiedene Weise. Moll und Tomasello argumentieren, dass ein solches Verständnis auf geteilter Aufmerksamkeit beruht (Moll & Tomasello 2007, S. 647):

> Thus, consider how infants might come to understand that another person might see the same situation as they do, but from a different perspective. Just following someone else's gaze direction to another location is not enough. A difference in perspective can occur only when two people see the same thing, but differently (Perner et al. 2003). And so we would argue that young infants can come to appreciate that others see the same thing as they do, but from a different perspective only in situations in which they first appreciate the sharedness of attention, the joint attention on a single thing and then note differences.

Dadurch wird eine zusätzliche Rolle von Kooperation in der Ontogenese von Menschen deutlich: Sie ist die Grundlage, auf der wir ein Verständnis von Perspektive entwickeln. Ein solches Verständnis ermöglicht zum einen eine bessere Fähigkeit zur Koordination kooperativer Interaktionen mit anderen. Zum anderen argumentieren Moll & Tomasello, dass ein Verständnis davon, dass sich die eigene Perspektive von der anderer unterscheidet, es ermöglicht, eine Vogelperspektive auf die Außenwelt zu entwickeln (Moll & Tomasello 2007, S. 642). Dieses Wissen, dass die Welt sich von der subjektiven Perspektive unterscheidet, ist auch außerhalb kooperativer Kontexte wichtig und ermöglicht einen effektiveren Umgang mit der physikalischen Welt und kann dadurch auch die Fähigkeit von Individuen, physikalische Probleme zu lösen (etwa Werkzeuge zu bauen), positiv beeinflussen.

Ein kooperatives soziales Umfeld in der Ontogenese des Menschen fungiert demnach nicht nur als Verstärker von Fähigkeiten und der Motivation zu Kooperation. Kinder entwickeln in einem kooperativen Umfeld zusätzlich ein normatives Verständnis von kooperativen Interaktionen und damit einhergehend eine besondere Motivation mit anderen zu kooperieren (Gräfenhain et al. 2009). Außerdem sind kooperative Interaktionen mit geteilter Aufmerksamkeit die Grundlage eines Verständnisses von Perspektive. Beides zusammen hat zur Folge, dass Kooperation sowohl häufiger als auch effektiver ist als bei Lebewesen, die ohne geteilte Intentionalität miteinander kooperieren. Die Entwicklung einer Vogelperspektive kann überdies dazu beitragen, auch physikalische Probleme effektiver zu lösen.

7.3.2 Kooperation als phylogenetische Bedingung

Nach dem heutigen Stand der Forschung verfügen nur Menschen über das Bündel von Fähigkeiten und Motivationen, das geteilter Intentionalität zugrunde liegt (Moll & Tomasello 2007). Anders als bei kooperativen Interaktionen von Menschen, die ein *gemeinsames* Ziel verfolgen, verfolgen Schimpansen Tomasello zufolge nur das *gleiche* Ziel: Ihre Kooperation weist keinen normativen Charakter auf, sie sind wenig motiviert, anderen bei der Erfüllung ihrer Rolle behilflich zu sein und sie scheinen auch nur wenig von der Rolle ihrer Kooperationspartner zu verstehen, was sich zum Beispiel darin zeigt, dass sie nicht in der Lage sind, komplementäre Rollen zu übernehmen. Moll und Tomasello argumentieren daher, dass geteilte Intentionalität eine Adaption des Menschen ist, die jünger ist, als der letzte gemeinsame Vorfahre von Schimpanse und Mensch (Tomasello et al. 2005, S. 687). Menschen sind dieser Sicht zufolge nicht nur kooperativer als Schimpansen, weil sie in ihrer Ontogenese von kooperativeren Gruppen geprägt werden, sondern auch und vor allem, weil sie von Geburt an über besondere Motivationen und Fähigkeiten verfügen, durch die sie besonders effektiv mit anderen kooperieren können: Sie sind motiviert, psychologische Zustände mit anderen zu teilen, und häufige kooperative Interaktionen, die geteilte Aufmerksamkeit und geteilte Ziele involvieren, sind die Grundlage, auf der sie ein Verständnis von Perspektive entwickeln (Tomasello et al. 2005; Moll & Tomasello 2007).

Wenn Menschen von Geburt an über besondere Fähigkeiten verfügen, um mit anderen zu kooperieren, stellt sich die Frage, worin sich die Umwelt des frühen Menschen von derjenigen anderer Tiere unterschied. Warum hat die natürliche Selektion beim Menschen die Evolution spezifischer Fähigkeiten und Motivationen mit anderen zu kooperieren bevorzugt, während sie bei nichtmenschlichen Tieren zur Evolution kompetitiver oder, wie sie manchmal bezeichnet wird, *machiavellischer* Intelligenz führte (Byrne & Whiten 1988; Tomasello 2009)? Tomasello et al. (2005, S. 687f.) zufolge wären diese Fähigkeiten in kompetitiven Gruppen wenig adaptiv (siehe Kap. 8). Um sich entwickeln zu können, mussten Menschen daher zunächst ihre kompetitive Primatennatur ablegen und sozialer Wettstreit in menschlichen Gruppen musste durch friedliche Kooperation ersetzt werden. Laut dieser Hypothese ist Kooperation also nicht nur ein wichtiger ontogenetischer Faktor für die Entwicklung bestimmter Fähigkeiten und Motivationen, die der spezifischen Art menschlicher Kooperation zugrunde liegen, sie ist auch deren phylogenetische Ursache. Das wirft natürlich die Frage auf, warum Menschen sich überhaupt von kompetitiven in kooperative Primaten entwickelt haben und warum es eine solche Entwicklung nicht bei anderen Primaten gegeben hat. Dieser Frage soll im nächsten Kapitel nachgegangen werden.

7.4 Zusammenfassung

In diesem Kapitel wurden verschiedene Dimensionen aufgezeigt, in denen Kooperation für die kumulative kulturelle Evolution von Bedeutung ist. Kooperation in Gruppen kann die Fähigkeiten der Gruppenmitglieder bündeln und dadurch sowohl die Innovationsfähigkeit der Gruppe als auch den Prozess der Standardisierung entscheidend verstärken. Dies hat zur Folge, dass sich mehr und komplexere Innovationen in einer Gruppe als Standard etablieren können. Neben der Rolle als Verstärker des Wagenhebereffektes spielt Kooperation eine noch fundamentalere Rolle als ontogenetische oder phylogenetische Ursache für Motivationen und Fähigkeiten, die für die kkE relevant sind. In der Phylogenese sind kooperative Gruppen eine Voraussetzung für die Evolution spezifischer sozio-kognitiver Fähigkeiten und Motivationen (geteilte Intentionalität), die sich erst durch eine kooperative Umwelt in der Ontogenese entfalten. Darüber hinaus liegen kooperative Interaktionen, die geteilte Intentionalität involvieren, der Bildung gemeinsamer Ziele und einem Verständnis von Perspektive zugrunde. Dadurch sind sie die Ursache noch umfangreicherer und effektiverer Kooperation und können die Innovationsfähigkeit von Lebewesen auch außerhalb der kooperativen Kontexte, in denen dieses Verständnis erworben wird, verbessern. Durch diese Doppelrolle von Kooperation, sowohl als Verstärker als auch als ontogenetische und phylogenetische Ursache spezifischer Fähigkeiten, die dem Wagenhebereffekt zugrunde liegen, könnte Kooperation die Rolle derjenigen Fähigkeit spielen, die Innovation und Standardisierung zu einem Kreislauf verbindet und so den Wagenhebereffekt der kkE erst anschiebt (vgl. Moll & Tomasello 2007). Kooperation eine so entscheidende Rolle für eine Erklärung der spezifischen kkE des Menschen zuzuschreiben legt jedoch nahe, dass menschliche Kooperation sich fundamental von derjenigen nicht-menschlicher Tiere unterscheidet, was die Frage aufwirft, warum nur Menschen sich von kompetitiven in kooperative Primaten entwickelt haben.

8 Die Evolution von Kooperation

8.1 Kooperation bei Tieren

Kooperation wurde in der Geschichte der Evolutionstheorie häufig als ein merkwürdiges Phänomen betrachtet. Von Darwins Freund und Zeitgenossen Thomas Huxley, der als einer der enthusiastischsten Verteidiger Darwins auch als *Darwins Bulldogge* bezeichnet wurde, bis zu Richard Dawkins, einem der einflussreichsten zeitgenössischen Evolutionsbiologen, wurde die Natur meist als Kampf aller gegen alle verstanden (Sterelny 2007). Die Tatsache, dass die natürliche Selektion diejenigen Lebewesen bevorzugt, die reproduktiv erfolgreicher sind als andere, und die Anderen dagegen aussiebt, führt dazu, dass Lebewesen in direkter Konkurrenz zu ihren Artgenossen stehen. Daher sollten die Lebewesen, die am erfolgreichsten ihren eigenen Vorteil verfolgen, den größten selektiven Vorteil haben. Kooperation scheint da nur schlecht ins Bild zu passen. Viele kooperative Handlungen verfolgen nicht das Ziel eines direkten eigenen Vorteils, sondern sind im Gegenteil auf den Vorteil anderer gerichtet. Kooperation ist in vielen Fällen zu einem gewissen Grad altruistisch, wobei Altruismus aufgefasst wird „als Verhalten, dass kostspielig für dessen Urheber ist, aber nützlich für andere Lebewesen, wobei Kosten und Nutzen in der Einheit reproduktiver Fitness gemessen werden“ (Okasha 2005, S. 703, meine Übersetzung). Die Fitness eines Lebewesens bezeichnet das Ausmaß, in dem ein Lebewesen durch seinen reproduktiven Erfolg zu seinem genetischen Erfolg beiträgt, der in der Anzahl der Gene besteht, die an die nächste Generation weitergegeben werden. Ein Lebewesen, das zum Beispiel Nahrung mit einem anderen teilt und ihn dadurch vor dem Verhungern rettet, erhöht dadurch dessen Fitness, da der andere nur lebendig die Chance hat, weitere Nachkommen zu produzieren. Da Lebewesen jedoch in Konkurrenz zu ihren Artgenossen stehen, verringert kooperatives Verhalten gleichzeitig die eigene relative Fitness (und nicht absolute, sondern relative Fitness entscheidet über genetischen Erfolg (vgl. Sterelny 2003, S.124)), weshalb Lebewesen mit altruistischen Verhaltensdispositionen der Theorie der natürlichen Selektion zufolge ausgesiebt werden sollten. Das Phänomen kooperativen Handelns scheint also im Widerspruch zu unseren Auffassungen über den Mechanismus der Evolution zu stehen.

Dieser Widerspruch wurde im Fall des Menschen manchmal als nicht so problematisch dargestellt. Obwohl Kooperation bis hin zum völligen Altruismus unbestreitbar viele Handlungen des Menschen charakterisiert, wurde das manchmal nicht als Problem der Theorie der natürlichen Selektion gesehen, sondern vielmehr als Beweis für eine Sonderrolle des Menschen in der Welt. Alfred Wallace zum Beispiel, der etwa zeitgleich zu Darwin eine Theorie der natürlichen Selektion entwickelte, glaubte, dass der Mensch mit seiner Moral und seiner Intelligenz in einem gewissen Sinn die Natur transzendiert und dadurch gewissermaßen außerhalb der Gesetze der natürlichen Selektion steht (vgl. Dugatkin 1999, S. 30).

Für den Rest der Natur dagegen prognostiziert die Theorie der natürlichen Selektion in den Augen vieler Theoretiker grenzenlosen Egoismus. Dabei wurde die aus einem Gedicht von Alfred Tennyson (1850) entlehnte Wendung *nature, red in tooth and claw* zum Ausdruck des Verständnisses der Natur, welches die Theorie der natürlichen Selektion vermittelt: Eine Welt, die durch den Kampf aller gegen alle geprägt ist und in der die Zähne und Klauen der konkurrierenden Lebewesen vom Blut der anderen rot gefärbt sind. In einer solchen Welt sah Huxley, ebenso wie viele andere, die den Zusammenhang von natürlicher Selektion und biologischem Wettstreit betonen, keinen Platz für Kooperation. So schreibt Dugatkin (Dugatkin 1999, S. 29):

> In Huxley´s eyes the animal kingdom was a ruthless jungle, and a soft-bellied cooperator would stand no chance against a more cunning individual, who would stop at nothing. With respect to cooperation, Huxley had adopted [the] view of "nature, red in tooth and claw".

Echte altruistische Kooperation wäre diesem Bild zufolge tatsächlich eine Eigenschaft, die den Menschen als einzigartig auszeichnen würde. Nicht nur wäre der Mensch das einzige Lebewesen, das anderen hilft oder auf besondere Weise mit anderen kooperiert, auch würde er sich außerhalb der natürlichen Selektion und damit außerhalb der Gesetze, die für alle anderen Lebewesen gelten, bewegen. Kooperation wäre tatsächlich Ausdruck einer Sonderstellung des Menschen in der Natur.[107]

Allerdings ist diese Sicht aus zwei Gründen problematisch: Zum einen erklärt der Hinweis, dass Kooperation beim Menschen außerhalb der natürlichen Selektion entstanden ist, nicht, wie Kooperation entstehen konnte. Tatsächlich ist diese Ansicht häufig religiös motiviert und begründet die behauptete Sonderstellung des Menschen in der Natur durch eine von Gott gewollte Ordnung. Solche religiösen Erklärungen unterlaufen jedoch den wissenschaftlichen An-

---

107 Nicht alle Evolutionstheoretiker, die biologisches Leben als durch den Kampf aller gegen alle charakterisiert auffassen, räumen dabei dem Menschen diese Sonderstellung ein. Einige leugnen auch, dass Kooperation eine Rolle für menschliches Verhalten spielt. Das scheint mir jedoch aus heutiger Sicht nur schwer zu verteidigen.

spruch an Erklärungen und sind daher unbefriedigend. Ohne eine solche Erklärung bleibt Kooperation beim Menschen jedoch höchst mysteriös. Wenn es dagegen eine natürliche Erklärung für menschliche Kooperation gibt, spricht auch nichts mehr dagegen, dass die natürliche Selektion die Evolution von Kooperation in anderen Arten begünstigt hat.

Zum anderen ist die Annahme, dass es keine Kooperation unter Tieren gibt, deskriptiv falsch. Schon Darwin erkannte, dass Kooperation im Tierreich weit verbreitet ist und daher die Theorie der natürlichen Selektion dieser Tatsache Rechnung tragen muss (siehe Kap. 8.3.4). 1908 verfasste der russische Naturforscher Pjotr Kropotkin sein Buch *Mutual Aid*, in dem er seine auf Forschungsreisen durch Sibirien gewonnenen Erfahrungen festhielt (Kropotkin 1908, zitiert nach Dugatkin 1999, S. 31):

> In all these scenes of animal life which crossed before my eyes, I saw mutual aid and mutual support carried on to an extent which made me suspect in it a feature of the greatest importance for the maintenance of life, the preservation of each species and its further evolution.

Kropotkin kam auf seinen Reisen durch Sibirien zu dem Schluss, dass Kooperation eine fundamentale Eigenschaft allen Lebens ist und eine zentrale Rolle in der Evolution aller Spezies spielt. Das Ausmaß der beobachteten Kooperation in der Form gegenseitiger Hilfe beeindruckte Kropotkin, der ein gebürtiger Prinz war, so sehr, dass er Abstand von seinen aristokratischen Geburtsprivilegien nahm und zum politischen Anarchisten wurde (vgl. Dugatkin 2011). Die politischen Implikationen dahingestellt, wurden zumindest Kropotkins empirische Thesen bezüglich des Ausmaßes an Kooperation in der Natur von der Ethologie des 20. Jahrhunderts bestätigt: Kooperation in allen möglichen Formen und Ausprägungen ist in der Natur allgegenwärtig. Viele Spezies sind auf das Jagen in Gruppen angewiesen. Einige nutzen dabei den taktischen Vorteil, den das Jagen in Gruppen bietet: Schimpansen etwa jagen Stummelaffen, indem manche das Opfer verfolgen, andere von der Seite die Fluchtmöglichkeiten versperren und wieder andere der Beute schließlich den Weg abschneiden (Boesch & Boesch 1989; Boesch & Boesch-Achermann 2000). Bei der Gruppenjagd auf Sardinen umkreisen einige Delfine den Schwarm, der daraufhin seine Form in die einer Kugel verändert, in der die Tiere auf engem Raum konzentriert werden. Andere Delfine treiben derweil die Tiere von unten durch das Ausstoßen von Sauerstoff nach oben, während wieder andere von oben in den Schwarm stoßen, um die Sardinen zu jagen. Dabei wechseln die Tiere die verschiedenen Rollen, so dass jedes Tier manchmal die Jagd der anderen unterstützt und manchmal von den anderen unterstützt wird (Gazda et al. 2005). Ähnliches taktisches In-die-Enge-Treiben findet sich bei Wölfen und Wildhunden, die ihre Beute zum Teil durch lange Hetzjagden ermüden und gleichzeitig durch ihre zahlenmäßige Überlegenheit geschickt die Wege versperren, um so ihr Opfer in die Enge treiben (Creel & Creel 1995). Andere Tiere nutzen nicht nur den taktischen Vorteil von Kooperation, sondern auch die bloße zusätzlich Kraft: Löwen können schwache Elefanten im Rudel erlegen. Sogar Ameisen sind auf das Jagen in Gruppen angewiesen und können durch zahlenmäßige Überlegenheit Beute erlegen, die um ein Vielfaches größer ist als sie selbst, wie etwa Schnecken oder Heuschrecken. Gegenseitige Hilfe findet sich jedoch auch außerhalb des Jagdkontexts. Impala Gazellen etwa pflegen sich gegenseitig das Fell an Stellen, die sie nicht selbst reinigen können (vgl. Dugatkin 1999, S. 95f.). Viele Tiere sind für diese Aufgabe sogar auf die Hilfe anderer Spezies angewiesen, wie zum Beispiel Haie, Krokodile oder Nashörner, die von kleineren Tieren, wie Putzerfischen oder verschiedenen Vogelarten, von Parasiten befreit werden (Bshary & Grutter 2006).

Kooperation ist jedoch nicht nur als Verhalten verbreitet, von dem beide Kooperationspartner offensichtlich profitieren, wie in der Gruppenjagd oder der Putzsymbiose zwischen verschiedenen Arten, sondern auch in der Form der gegenseitigen Hilfe. So teilen viele Tiere nicht nur zusammen erbeutete Nahrung, sondern auch mit Individuen, die nicht an der Jagd beteiligt waren, aber die Nahrung dringend benötigen. Vampirfledermäuse in Costa Rica zum Beispiel ernähren sich vom Blut von Säugetieren und benötigen etwa alle zwei Tage Blut, um nicht zu verhungern. Die harten Konsequenzen mangelnden Jagderfolgs von Individuen werden bei diesen Tieren jedoch häufig von der Gruppe dadurch abgemildert, dass erfolgreiche Jäger gefressenes Blut hochwürgen und dieses mit den erfolglosen Jägern teilen (Wilkinson 1984). Am weitesten verbreitet ist das Teilen von Nahrung zwischen Generationen: Viele Lebewesen sind bei ihrer Geburt noch nicht in der Lage, sich selbst zu ernähren und somit auf die Hilfe erwachsener Tiere angewiesen, die in den Nachwuchs investieren, indem sie für ihn auf die Jagd gehen und selbst auf Nahrung verzichten. In den meisten Fällen handelt es sich dabei um die biologischen Eltern, aber in einigen Fällen beteiligen sich auch andere Tiere an der Pflege des Gruppennachwuchses. Erdmännchen etwa wechseln sich mit der Betreuung des Nachwuchses ab und die Betreuer, die bei Erdmännchen *nie* die biologischen Eltern sind, müssen in der Zeit der Betreuung auf Nahrung verzichten. Dasselbe Phänomen findet sich auch bei einigen Vögeln wie dem Weißstirnspint (Emlen et al. 1981). Die Kosten der Kinderbetreuung bestehen für diese Tiere dabei längst nicht nur in der Nahrung, die sie teilen und dem Aufwand, den sie investieren, sondern in erster Linie darin, dass sie in der Zeit ihres Engagements darauf verzichten, sich selbst fortzupflanzen. Dieses Phänomen, das bei Vögeln als *Nesthelfer* (helpers at the nest) bekannt ist, findet sich jedoch auch bei vielen anderen sozialen Tieren wie Nacktmullen und bei sozialen Insekten wie Ameisen, Bienen, sowie in einigen Fällen sogar bei nicht-sozialen Tieren, wie zum Beispiel bei Rothörnchen, die manchmal verwaiste Jungtiere adoptieren (Gorrell et al. 2010).

Manche andere kooperative Verhaltensweisen gefährden die eigene Fitness sogar noch stärker als Verhalten, das die Fitness anderer erhöht. Viele Tiere riskieren oder opfern sogar ihr Leben, um ihre Gruppe zu beschützen und laufen so Gefahr, überhaupt keine Nachkommen zu zeugen. In vielen Fischschwärmen gibt es einzelne Individuen, die als *Späher* fungieren und große sich nähernde Tiere erkunden, um herauszufinden, ob von diesen Gefahr droht. Diese Späher sind die potenziell ersten Opfer. Grüne Meerkatzen warnen ihre Gruppe mit Alarmrufen, wenn sie einen Angreifer wie eine Schlange, einen Leoparden oder einen Adler entdecken (Cheney & Seyfarth 1990). Das Ausstoßen solcher Alarmrufe ist für sie jedoch nicht nur dadurch kostspielig, dass es die Fitness der anderen erhöht, sondern auch und vor allem, da sie mit ihren Rufen die Aufmerksamkeit von Angreifern auf sich ziehen. Noch dramatischer ist das Ausmaß von Kooperation bei Bienen, die bereit sind, das Nest vor Eindringlingen mit ihrem Leben zu verteidigen (denn Bienen sterben, nachdem sie zugestochen haben).

Diese Aufzählung verschiedener kooperativer Verhalten bei nicht-menschlichen Lebewesen ist nur ein kleiner Ausschnitt dessen, was es an Kooperation im Tierreich zu finden gibt. Kooperation ist allgegenwärtig, findet sich in der einen oder anderen Form oder Ausprägung bei fast allen Lebewesen und manchmal wird sogar argumentiert, dass wir das Zusammenspiel der Gene, die Lebewesen zugrunde liegen, am besten als kooperatives Unterfangen verstehen sollten (mit dem Ziel, ein gutes Vehikel zur Reproduktion zu konstruieren) (Sterelny 2007, S. 51). Kooperation, das gemeinschaftliche Lösen von Problemen bis hin zu altruistischem Helfen, unterscheidet den Menschen sicherlich *nicht* von nicht-menschlichen Tieren. Kooperation kann so verstanden daher auch nicht die Antwort auf die Frage sein, warum nur beim Menschen für Motivationen und Fähigkeiten für noch mehr und effektivere Kooperation selektiert wurde, die erst den Kreislauf von Innovation und Standardisierung beim Menschen ermöglicht. Es gibt jedoch noch eine weitere Möglichkeit, wie Kooperation uns von nicht-menschlichen Tieren unterscheiden könnte.

8.2 Das Problem des Altruismus

Kooperation in der Natur ist allgegenwärtig. Die Vielfalt an Kooperation auch bei nicht-menschlichen Tieren spricht eindeutig gegen die Einmaligkeit von menschlicher Kooperation und scheint im Gegenteil die Ähnlichkeit des Menschen mit dem Rest der Natur zu unterstreichen. Allerdings wurde Kooperation bisher nicht als technischer Term eingeführt, sondern mit dem Begriff in dem allgemeinen Sinn ein Verhalten bezeichnet, das darin besteht, mit anderen zusammenzuarbeiten um Probleme zu lösen oder anderen zu helfen und diese zu unterstützen. Ein solches Verhalten führt in vielen Fällen zu eigenen Fitnesseinbußen. In dem Maße, in dem ein Verhalten die Fitness anderer erhöht und dadurch die eigene Fitness verringert, können wir Kooperation als *altruistisch* bezeichnen (Okasha 2008). Dadurch ergibt sich jedoch folgendes explanatorisches Problem: Die Fitness eines Lebewesens wird in der erwarteten Anzahl an Genen gemessen, die ein Lebewesen durch Reproduktion an die nächste Generation weitergibt und kann so als die erwartete Anzahl an Nachkommen verstanden werden. Die natürliche Selektion bevorzugt daher Lebewesen mit größerer Fitness gegenüber Lebewesen mit geringerer Fitness. Daher sollten Eigenschaften, die die Fitness ihres Trägers positiv beeinträchtigen, sich in Populationen ausbreiten und Eigenschaften, welche die Fitness negativ beeinflussen, verschwinden. Denn wenn eine Eigenschaft dazu führt, dass ein Lebewesen weniger Nachkommen hat als andere und diese Eigenschaft vererbt wird, so dass auch sein Nachwuchs (und dessen Nachwuchs) sich schlechter reproduziert als andere, werden Abstammungslinien, die über diese Eigenschaft verfügen (und mit ihnen die Eigenschaft selbst) von der natürlichen Selektion ausgesiebt. Daraus folgt, dass es kooperatives Verhalten, welches die eigene Fitness negativ beeinträchtigt, gar nicht geben sollte, oder zumindest, dass Kooperation immer, wenn sie in einer Population auftaucht, ausgesiebt werden sollte. Kooperation, so scheint es, kann keine *evolutionär stabile Strategie sein,*[108] da kooperative Populationen von eigennützigen Individuen unterwandert werden sollten. Trotzdem hat sich Kooperation offensichtlich bei allen

108 Das Konzept einer *evolutionär stabilen Strategie* (evolutionary stable strategy) geht zurück auf John Maynard Smith und Robert Price, die damit eine Verhaltensstrategie bezeichnen, die, wenn die meisten Mitglieder einer Population sie übernehmen, nicht von anderen Strategien unterwandert werden kann, da keine andere (Mutanten-) Strategie zu einer höheren reproduktiven Fitness führt (Maynard Smith & Price 1973, S. 15). Wenn wir uns also fragen, warum Kooperatives Verhalten nicht von eigennützigem Verhalten unterlaufen wird, dann müssen wir danach fragen, unter welchen Bedingungen Kooperation eine evolutionär stabile Strategie darstellt.

möglichen Lebewesen entwickelt und ist in der Natur sowohl weit verbreitet als auch stabil. Die Tatsache, dass es Kooperation gibt, obwohl sie scheinbar im Widerspruch zur Theorie der natürlichen Selektion steht, bezeichnet Martin Nowak daher als „den wahrscheinlich verwunderlichsten Aspekt der Evolution" (Nowak 2006, S. 1563, meine Übersetzung). Dieses *scheinbare Paradoxon* (Carter 2005, S. 213) bezeichnet man in der Literatur auch als das *Problem der Evolution von Altruismus* oder einfach als das *Problem des Altruismus* (Carter 2005).

Um dieses scheinbare Paradoxon zu vermeiden, gibt es theoretisch zwei Möglichkeiten: Die erste Möglichkeit besteht darin, die Theorie der natürlichen Selektion abzulehnen. Das scheint jedoch keine ernsthafte Option zu sein.[109] Die zweite Möglichkeit besteht darin aufzeigen, wie die Verbreitung von Kooperation mit dem Mechanismus der natürlichen Selektion doch kompatibel sein kann. Genauer gilt es zu zeigen, *unter welchen Umständen* die beiden kompatibel sind. Da die natürliche Selektion genetischen Erfolg bevorzugt, besteht die Herausforderung darin, aufzuzeigen, wie kooperatives Verhalten nicht nur anderen, sondern den kooperierenden Individuen selbst diesbezüglich nützen kann. Eine Antwort auf das Problem des Altruismus besteht demnach darin, die Umweltbedingungen auszubuchstabieren, unter denen sich kooperatives Verhalten für ein Individuum auszahlt. Wie sich zeigen wird, gibt es verschiedene Antworten auf das Problem des Altruismus, d. h. es gibt verschiedene Umweltbedingungen, unter denen die Disposition mit anderen zu kooperieren tatsächlich von der natürlichen Selektion bevorzugt wird. Abhängig davon, worin die evolutionären Wurzeln kooperativen Verhaltens bestehen, ändert sich jedoch auch der Charakter der Kooperation bezüglich der Frage, wer mit wem worin und in welchem Ausmaß kooperiert. Wenn Kooperation als Anpassung an unterschiedliche Umwelten entstanden ist, ist es sinnvoll, von verschiedenen Arten von Kooperation zu sprechen. Eine Möglichkeit, wie sich menschliche Kooperation von Kooperation bei nicht-menschlichen Tiere unterscheiden könnte, besteht demnach darin, dass es sich dabei um eine andere Art von Kooperation handelt.

Der Rest dieses Kapitels wird den verschiedenen Lösungen des Problems des Altruismus gewidmet sein. Dabei stellen sich für jede Lösung die Fragen, wie sie das Problem des Altruismus umgeht, worin die kognitiven Anforderungen der jeweiligen Art von Kooperation bestehen und welche Rolle die jeweiligen Lösungen für die Evolution menschlicher Kooperation und der Kooperation nicht-menschlicher Tiere gespielt haben.

---

109 Wenn Lebewesen sich hinsichtlich einer Eigenschaft unterscheiden, diese Eigenschaft ihre Fitness positiv beeinflusst und vererbbar ist, dann wird diese Eigenschaft in der Spezies an Häufigkeit zunehmen (Okasha 2008).

8.3 Die Evolution von Kooperation

8.3.1 Eigennützige Kooperation

Das Problem des Altruismus besteht darin, zu erklären, wie stabile Kooperation in einer kompetitiven (oder, wie Sterelny (2003) sagt, *feindseligen*) Welt entstehen konnte oder, mit anderen Worten, wie die Evolution von Kooperation trotz der Tatsache, dass sie auf die eine oder andere Art zu eigenen Fitnesseinbußen führt, kompatibel mit der natürlichen Selektion sein kann. Die einfachste Möglichkeit, dieses Problem zu lösen, besteht darin zu zeigen, dass Kooperation *nicht in jedem Fall* zu Fitnesseinbußen führt und daher auch keine Spannung zwischen ihrer Evolution und der Theorie der natürlichen Selektion besteht.

Wie in Kapitel 7.2 diskutiert wurde, erhöht Kooperation in vielen Fällen den erwarteten Nutzen aller Beteiligter, da sie in Gruppen Probleme lösen können, die die Möglichkeiten von Individuen übersteigen. Zum Beispiel können Gruppen im Vergleich zu einzelnen Individuen effektiver größere Beute jagen oder sich vor stärkeren Angreifern verteidigen. Dugatkin spricht in solchen Fällen von *Nebenprodukt-Mutualismus* (byproduct mutualism), da die Kooperation nur ein Nebenprodukt der eigennützigen Interessen der Beteiligten darstellt (Dugatkin 1999, S. 116; vgl. auch Dugatkin & Alfieri 2002). Diese Art eigennütziger Kooperation stellt für die Theorie der natürlichen Selektion keine besondere Herausforderung dar. Wenn kooperatives Handeln die Fitness der beteiligten Lebewesen erhöht, dann hat Nicht-Kooperieren direkte negative Konsequenzen, da Nicht-Kooperieren zu einer schlechteren Fitnessbilanz führt. Dugatkin spricht dabei vom *Boomerang Effekt* (Dugatkin 1999, S. 112). Die natürliche Selektion bevorzugt demnach Lebewesen, die über die Verhaltensdisposition verfügen, sich mit anderen zusammenzuschließen, wenn es sich bezahlt macht. Die kognitive Anforderung an die kooperierenden Lebewesen besteht darin, Umwelten, in denen Kooperation von Vorteil ist, von Umwelten, in denen sie nicht von Vorteil ist, zu unterscheiden (Dugatkin & Alfieri 2002). Ein gutes Indiz dafür, dass es sich bei einem Verhalten um egoistische Kooperation handelt, liegt vor, wenn Lebewesen nur in Situationen kooperieren, in denen es für sie von Nachteil wäre, nicht zu kooperieren (Dugatkin 1999, S. 113). Es gibt zahlreiche Beispiele dafür, dass viele Tiere in der Lage sind, Situationen in dieser Hinsicht zu bewerten. Löwen zum Beispiel jagen größere Tiere im Rudel, während sie kleinere Beute in der Regel alleine jagen (Scheel & Pecker 1995). Die Anzahl der jagenden Löwen beim kooperativen Jagen variiert dabei mit der Größe der Beute – genau dies ist bei egoistischer Kooperation zu erwarten. Zum einen werden für die Jagd größerer Beute mehr Jäger benötigt. Zum anderen ist die

Menge an Fleisch, die jeder einzelne bekommt, abhängig von der Menge der Jäger, auf die die Beute verteilt wird, weshalb bei zu vielen Jägern sich das Jagen in Gruppen nicht mehr lohnt. Ebenso wird die Gruppenjagd von Schimpansen in der Literatur häufig als Beispiel egoistischer Kooperation verstanden (vgl. Moll & Tomasello 2007; Tomasello 2010[110]). Verschiedene Lebensräume wie zum Beispiel der Gombe und der Tai Nationalpark unterscheiden sich hinsichtlich des erwarteten Nutzens einer Gruppenjagd. Während in Gombe die kooperative Jagd keinen höheren Nutzen (in Form von mehr Fleisch) für die Individuen darstellt, ist die Gewinnerwartung von kooperativem Jagen im Taipark für jedes Tier deutlich höher, als die von einzelnen Jägern (vgl. Dugatkin 1997).[111] Zwar jagen beide Populationen in Gruppen, aber während in der Gombe Population jeder Schimpanse ein anderes Tier jagt und das Jagen in Gruppen daher besser als *gleichzeitiges* Jagen denn als *kooperatives* Jagen verstanden werden sollte (Boesch 1994), jagen die Schimpansen in Tai einzelne Beutetiere gemeinsam. Dabei zeigen sie ein gewisses Maß an Koordination (die einzelnen Tiere besetzen verschiedene Positionen, um die Beute in die Enge zu treiben), wodurch der Effekt der Gruppenjagd größer ist, als die Summe dessen, was jeder einzelne tut. Außerdem teilen sie die Beute zwar nach unseren Maßstäben nicht fair auf, aber doch auf eine Art und Weise, die die Gruppenjagd für alle Beteiligten zu einer effektiveren Jagdmethode macht als die individuelle Jagd und die gleichzeitig diejenigen übergeht, die sich nicht an der Jagd beteiligen (Boesch 1994). Egoistische Kooperation läuft dadurch nur wenig Gefahr von nicht-kooperativen Individuen ausgenutzt zu werden. In manchen Fällen ist der Fitnessvorteil, den egoistische Kooperation bietet, weniger offensichtlich als im Fall des kooperativen Jagens. Spatzen zum Beispiel rufen häufig Artgenossen herbei, wenn sie etwas zu Fressen finden, und fressen selbst erst dann, wenn andere Spatzen eingetroffen sind. Da es sich in diesen Fällen nicht um Nahrung handelt, die gejagt werden muss, und die Nahrung auch nicht der Kooperation bedarf, um zugänglich gemacht zu werden, scheint es sich auf den ersten Blick bei diesem Verhalten um kostspieliges, altruistisches Teilen zu handeln. Tatsächlich jedoch nehmen sie das Teilen der Nahrung im Tausch gegen größere Sicherheit in

---

110 Tatsächlich argumentiert Tomasello, dass es sich bei der Gruppenjagd von Schimpansen nicht um kooperatives Jagen handelt, was jedoch daran liegt, dass er einen sehr anspruchsvollen Kooperationsbegriff zugrunde legt und von Kooperation nur dann spricht, wenn geteilte Intentionalität involviert ist. Seine Analyse der Gruppenjagd von Schimpansen deckt sich jedoch mit der Interpretation als egoistische Kooperation (ohne geteilte Intentionalität).

111 Das liegt vor allem daran, dass Schimpansen im Taipark ca. fünf Mal so viel Zeit benötigen, um einen Fang zu machen, wie Schimpansen in Gombe und individuelles Jagen dadurch wesentlich kostspieliger wird (vgl. Boesch 1994, S. 661).

Kauf. Genauere Untersuchungen haben gezeigt, dass Spatzen ihre Artgenossen nur dann auf Nahrung aufmerksam machen, wenn sie die Situation als potenziell gefährlich wahrnehmen, etwa wenn ein Stück Brot in der Nähe einer Hecke liegt, aus der eine Katze kommen kann (Elgar 1986). Je mehr Spatzen an einem Ort sind, desto schwieriger wird es für einen Angreifer, sich unbemerkt zu nähern. Falls doch ein Angriff stattfindet, sinkt mit mehreren potenziellen Opfern die Wahrscheinlichkeit, dass ein bestimmter Spatz Ziel des Angriffs wird. Der Wert von mehr Sicherheit hängt natürlich auch davon ab, wie wertvoll die Nahrung ist, die man dafür eintauscht. Tatsächlich gibt es eine Korrelation zwischen der Wahrscheinlichkeit, mit der ein Spatz Verstärkung ruft und der Menge an Nahrung, die vorhanden ist. Elgar fand heraus, dass Spatzen bereit sind, ein höheres Risiko einzugehen, wenn Nahrung knapp und daher wertvoller ist (wie zum Beispiel im Winter) und das Teilen demnach höhere Kosten verursacht. Überdies hängt die Frage, mit wie vielen anderen Spatzen sie teilen, davon ab, als wie gefährlich sie die Situation einschätzen. In Situationen, die potenziell gefährlicher sind, rufen sie länger nach Verstärkung und warten auf das Eintreffen einer größeren Menge an Artgenossen, bis sie selbst zu fressen beginnen. Die Frage also, ob Spatzen zum Teilen bereit sind, hängt offensichtlich nur davon ab, welchen Vorteil sie sich selbst davon versprechen.

Eigennützige Kooperation ist im Tierreich weit verbreitet und spielt sicherlich auch für den Menschen eine große Rolle: In vielen Fällen in denen Menschen zusammenarbeiten, versprechen sich beide Seiten einen Vorteil davon. Hier ist Kooperation eine Handlung wie jede andere, der eine Art Kosten-Nutzen-Rechnung zugrunde liegt, und die nur ausgeführt wird, wenn das Verhalten eine positive Gewinnerwartung aufweist. Solche Kosten-Nutzen-Rechnungen wären jedoch eine unglaublich große kognitive Anforderung, von denen wir eigentlich nicht annehmen, dass Tiere sie zu leisten in der Lage sind (vgl. auch Kap. 4). Es ist recht unwahrscheinlich, dass zum Beispiel Spatzen die genaue Menge an Nahrung, die es in einer Umwelt gibt, überhaupt repräsentieren können und sie mit der Gefahr (in welcher Einheit auch immer diese gemessen wird) verrechnen. Neben der Tatsache, dass Spatzen sicherlich nicht über die nötigen repräsentationalen Ressourcen verfügen, scheint es unmöglich, dass sie über die Kapazitäten verfügen, um diese Rechnung gut zu machen. Tatsächlich scheint diese Aufgabe sogar in vielen Fällen die Kapazitäten des Menschen zu übersteigen. Wie bereits in Kapitel 4 gesehen, können Entscheidungen, deren Ergebnis dem von solchen expliziten Kosten-Nutzen-Rechnungen ähnelt, jedoch auch durch einfache Heuristiken gefällt werden. Die Spatzen können sich zum Beispiel an einfach wahrnehmbaren Dingen wie der Tagestemperatur (die mit der Jahreszeit und dadurch der Menge an verfügbarer Nahrung korreliert) oder der Größe und Form der gefundenen Nahrung (die mit der Teilbarkeit korreliert) orientieren, um erfolgreiche Entscheidungen zu treffen (Elgar 1986). In Umwelten, die in dieser Hinsicht stabil genug sind, könnte die Disposition, unter bestimmten Bedingungen zu teilen (d.h. zu kooperieren), sogar angeboren sein und die kognitiven Anforderungen für eigennützige Kooperation dadurch noch weiter gesenkt werden.

Die kognitiven Anforderungen für egoistische Kooperation sind also sehr gering, weshalb wir die Fähigkeit dazu sicherlich mit einer großen Menge anderer Arten teilen. Aber trotz der Tatsache, dass wir Kooperation in vielen Fällen als bloßes Nebenprodukt eigennütziger Ziele verstehen können, gilt das sicherlich nicht für jegliches kooperative Verhalten. Manchmal tun Lebewesen tatsächlich Dinge, welche die Fitness anderer zum Preis eigener Fitnesseinbußen erhöhen. Erst für diese Fälle stellt sich das Problem des Altruismus.

8.3.2 Gesamtfitness und Verwandtenselektion

Unter welchen Umständen kann sich die Disposition, selbst Fitnesseinbußen in Kauf zu nehmen, um anderen zu helfen, in einer Population verbreiten? Um diese Frage beantworten zu können, muss man zunächst den Zusammenhang verstehen, in dem die Fitness eines Lebewesens mit der Wahrscheinlichkeit steht, mit der sich eine seiner Eigenschaften in seiner Spezies verbreitet. Die Verbreitung einer Eigenschaft in einer Population ist das Ergebnis von biologischer Vererbung und natürlicher Selektion. Die Funktion biologischer Vererbung besteht darin, Ähnlichkeiten zwischen Lebewesen und ihren Nachkommen herzustellen (vgl. Sterelny 2003, S. 152). Sie führt dazu, dass Kopien mancher meiner Gene (die im einfachsten Fall meinen Eigenschaften zugrunde liegen)[112] auch in meinem Nachwuchs zu finden sind. Dabei spricht man von *Identität durch Abstammung* (identity by descent) (vgl. Nowak 2006). Wenn ein bestimmtes Gen überdies positiv zu meinem reproduktiven Erfolg beigetragen hat, besteht eine gewisse Wahrscheinlichkeit, dass eine Kopie dieses Gens auch positiv zum reproduktiven Erfolg meines Nachwuchses beitragen wird. In diesem Fall führt die natürliche Selektion dazu, dass die Anzahl von Kopien dieses Gens in einer Population zunimmt und das Gen sich verbreitet. Wenn ein Gen dagegen negativ zum reproduktiven Erfolg beiträgt, wird es von der natürlichen Selektion ausgesiebt, weil es nicht mehr in folgende Generationen kopiert wird.

112 Es ist sicher häufig eine Vereinfachung einzelne Gene mit bestimmten phänotypischen Eigenschaften zu identifizieren, die jedoch zu Anschauungszwecken nützlich ist.

Eine Eigenschaft, die meinen eigenen reproduktiven Erfolg erhöht, vergrößert demnach die Wahrscheinlichkeit, dass diese Eigenschaft sich in einer Population verbreitet, weil mein reproduktiver Erfolg mit der Wahrscheinlichkeit korreliert ist, mit der eine Kopie eines zufälligen Gens (und damit auch desjenigen Gens, welches meinen erfolgreichen Eigenschaften zugrunde liegt) in der nächsten Generation vorhanden ist. Die Wahrscheinlichkeit, dass zum Beispiel ein Mensch (wie auch die meisten Tiere) ein beliebiges Gen an eines seiner Kinder vererbt, beträgt ca. 50%. Je mehr Nachwuchs ein Lebewesen hat, desto größer ist daher die Wahrscheinlichkeit, dass ein zufälliges Gen an die nächste Generation vererbt wird.

Nachkommen sind jedoch nicht die einzigen Lebewesen, die über identische Kopien mancher unserer Gene verfügen. Abhängig davon, in welchem Abstammungsverhältnis wir zu anderen Lebewesen stehen (ob Vater, Großmutter, Onkel, Cousine, etc.), teilen wir eine bestimmte Anzahl an Genen mit diesen Lebewesen. Da zum Beispiel auch meine Schwester sich fortpflanzen kann und sie mit einer gewissen Wahrscheinlichkeit ein Gen, welches sie mit mir teilt, an ihren Nachwuchs vererbt, trägt sie (wie potenziell alle meine Verwandten) zur Anzahl der Kopien meiner Gene bei, die in der nächsten Generation vorhanden sind. Dadurch ist der genetische Erfolg meiner Verwandten direkt relevant für meinen eigenen genetische Erfolg. Nicht meine eigene Fitness alleine bestimmt die Anzahl aller Kopien meiner Gene, die in der nächsten Generation vorhanden sind, sondern auch die Fitness meiner Verwandten, meine *indirekte Fitness*. Die Summe meiner eigenen (direkten) Fitness und der Fitness meiner Verwandten (meine indirekte Fitness) bezeichnet man als *Gesamtfitness* oder *inklusive Fitness (*Sterenly 2007, S. 57).

Ob ein bestimmtes Gen sich ausbreitet, hängt daher letztlich nicht davon ab, wie es zur direkten Fitness eines Lebewesens beiträgt, sondern wie es zu dessen Gesamtfitness beiträgt. Neben Genen, die zu meinem eigenen reproduktiven Erfolg beitragen, werden daher auch Gene von der natürlichen Selektion begünstigt, die einem Verhalten zugrunde liegen, welches die Chancen meiner Verwandten auf reproduktiven Erfolg erhöht. Indem kooperatives Verhalten die Reproduktionschancen meiner Verwandten erhöht, erhöht sie meine Gesamtfitness und dadurch auch die Wahrscheinlichkeit, dass das dieses Verhalten kodierende Gen an Häufigkeit zunimmt. Denn wenn ich über die Disposition mit Verwandten zu kooperieren verfüge und diese Eigenschaft genetisch kodiert ist, dann verfügen meine Verwandten mit einer gewissen Wahrscheinlichkeit über eine identische Kopie dieses Gens und sowohl mein eigener reproduktiver Erfolg als auch der meiner Verwandten tragen zur Wahrscheinlichkeit bei, mit der die Eigenschaft mit Verwandten zu kooperieren an die nächste Generation vererbt wird. Durch diesen Effekt von Kooperation auf meine Gesamtfitness steht

Kooperation nicht mehr im Widerspruch zur natürlichen Selektion. Den Selektionsmechanismus, der dieser Art von Kooperation zugrunde liegt, bezeichnet man als *Verwandtenselektion* (kinselection). Verwandtenselektion erklärt also, wie die Motivation zu altruistischer Kooperation, die einen negativen Effekt auf die Fitness seines Trägers hat, in einer Population an Häufigkeit zunehmen kann, weil sie einen positiven Effekt auf die Fitness anderer Lebewesen hat, die mit einer gewissen Wahrscheinlichkeit über dieselbe Eigenschaft verfügen.

Hamiltons Regel

Kooperatives Verhalten kann die Gesamtfitness jedoch offensichtlich nur dann erhöhen, wenn die Kosten für die direkte Fitness geringer sind als der Nutzen durch die indirekte Fitness. Diese Regel geht auf William D. Hamilton zurück, den Begründer der Theorie der Verwandtenselektion, und wird nach ihm als *Hamiltons Regel* bezeichnet (Hamilton 1964). Die Kosten bestehen dieser Regel zufolge in der Anzahl der Gene, die ich durch eigene Vererbung weniger an die nächste Generation weitergebe – etwa weil ich mich um den Nachwuchs anderer kümmere, anstatt mich selbst zu reproduzieren. Sie werden berechnet, indem man die Anzahl der Lebewesen, die ich weniger an Nachwuchs habe, mit dem Grad der Verwandtschaft zwischen mir und meinem Nachwuchs multipliziert.[113] Der Nutzen hängt dementsprechend von dem Effekt meiner Kooperation ab – davon wie sehr der reproduktive Erfolg meiner Verwandten durch meine Kooperation erhöht wird, multipliziert mit dem Grad der Verwandtschaft zwischen mir und deren Nachwuchs. Wenn der Nutzen die Kosten übersteigt, so Hamiltons Regel, kann sich altruistisches Verhalten verbreiten.

Der Mensch zum Beispiel ist (wie die meisten Lebewesen) *diploid*, das heißt, er verfügt über zwei vollständige Chromosomensätze. Männliche Spermien und weibliche Eizellen verfügen jeweils nur über einen einfachen Chromosomensatz, die sich zu einem doppelten Chromosomensatz verbinden, wenn Nachwuchs gezeugt wird. Als Folge teilen Väter und Mütter jeweils 50% ihrer Erbinformationen mit einem ihrer Kinder. Die Wahrscheinlichkeit, mit der ein bestimmtes Gen eines Vaters in seiner Tochter zu finden ist, beträgt demnach 50%, weshalb der Grad der Verwandtschaft 1/2 beträgt. Da Geschwister nur 50% ihrer Gene miteinander teilen und die Gene, die sie teilen nur zu jeweils 50% an ihre eigenen Nachkommen vererben, ist der Verwandtschaftsgrad eines Lebewesens zu den Kindern seiner Geschwister nur 1/4, zu den Kindern seiner Cous-

113 Der Grad der Verwandtschaft besteht in der Wahrscheinlichkeit, mit der ein anderes Lebewesen über eine Kopie von einem meiner Gene (identisch durch Abstammung) verfügt.

ins und Cousinen nur 1/16. Hamiltons Regel zufolge ist daher die Gesamtfitnessbilanz eines diploiden Lebewesens negativ, wenn es auf ein eigenes Kind verzichtet (Kosten) und dafür seine Schwester ein Kind mehr bekommt (Nutzen) $(1/2 * 1 > 1/4 * 1)$. Sie ist ausgeglichen, wenn die Schwester zwei Kinder bekommt $(1/2 * 1 = 1/4 * 2)$ und positiv ab dem dritten Kind $(1/2 * 1 < 1/4 * 3)$.

Diese Regel erlaubt daher eine genaue Prognose, wer mit wem wie sehr kooperieren sollte. Generell sollte Kooperation zwischen enger verwandten Lebewesen größer sein als zwischen entfernter verwandten Lebewesen und das Ausmaß der Kooperation sollte derart sein, dass die Kosten-Nutzen-Bilanz für die Gesamtfitness eines Lebewesens positiv ausfällt. In vielen Fällen ist das genau das, was wir vorfinden, wenn wir kooperatives Verhalten bei Tieren untersuchen. Viele Tiere investieren in ihren Nachwuchs, indem sie zum Beispiel Zeit für deren Pflege aufbringen, Nahrung teilen und Jungtiere vor Angreifern beschützen. Tatsächlich ist die Kooperation zwischen Eltern und ihrem Nachwuchs das offensichtlichste Beispiel dafür, wie kooperative Lebewesen nichtkooperativen überlegen sein können, da der Nachwuchs vieler Lebewesen ohne die Kooperation der Eltern für einen gewissen Zeitraum nach der Geburt kaum eine Überlebenschance hätte und sich nicht weiter fortpflanzen könnte. Je länger die Abhängigkeit des Nachwuchses von den Eltern, desto stärker ist daher der selektive Druck für diese Art der Kooperation. Da die Abhängigkeit menschlicher Kinder von ihren Eltern extrem lang ist, ist es plausibel anzunehmen, dass Verwandtenselektion eine wichtige Rolle für die Evolution von Kooperation beim Menschen gespielt hat (vgl. Sterelny 2003, S. 129). Überdies kümmern sich Lebewesen in der Regel um ihren eigenen Nachwuchs und nicht um den von verwandten oder sogar unverwandten Artgenossen. Wenn Tiere sich um den Nachwuchs anderer kümmern, dann sind es jedoch meistens verwandte Lebewesen. Einer Studie von Gorrell et al. (2010) zufolge adoptieren zum Beispiel Eichhörnchen manchmal verwaiste Jungtiere. Dabei handelt es sich zum einen immer um verwandte Tiere (Waisen ohne Verwandte wurden im Beobachtungszeitraum nie adoptiert) und zum anderen wurden Jungtiere tatsächlich nur dann adoptiert, wenn es in Übereinstimmung mit Hamiltons Regel die Gesamtfitness der Tiere erhöhte.[114] Dasselbe gilt für viele Spezies, die bei der Pflege des Nachwuchses anderer helfen, wie Erdmännchen oder verschiedene Vogelarten. Häufig beteiligen sich Lebewesen dann an der Aufzucht ihrer Geschwister, wenn die Chancen, selbst Nachwuchs großzuziehen, gering sind. Für Bienenfresser zum Beispiel, die keine geschützte Stelle finden, um ihren eigenen

114 Das ist zum Beispiel dann der Fall, wenn ein Eichhörnchen wenig eigenen Nachwuchs hat.

Nachwuchs großzuziehen, ist es vorteilhafter, die Überlebenschancen von Verwandten zu erhöhen, als eine ganze Brutsaison ausfallen zu lassen. Wenn Bienenfresser sich an der Aufzucht von Nachwuchs anderer beteiligen, wählen sie immer den Nachwuchs der engsten Verwandten, wie von Hamilton prognostiziert (Dugatkin 1999, S. 62). Verwandtschaft ist auch eine gute Erklärung für das große Maß an Kooperation bei Honigbienen, die zum Beispiel selbst auf Nachwuchs verzichten, um sich der Aufzucht ihrer Brüder und Schwestern widmen zu können und die ihr Nest unter Einsatz ihres Lebens verteidigen. Anders als die meisten anderen Lebewesen sind Bienen haplodiploid: Weibliche Bienen sind diploid, d. h. sie tragen sowohl das Erbgut einer Mutter als auch das eines Vaters, während männliche Bienen keinen biologischen Vater haben und nur das Produkt ihrer Mutter sind. Haplodiploidie führt dazu, dass Verwandtschaftsverhältnisse nicht mehr symmetrisch sind, d. h. dass zum Beispiel Väter enger mit ihren Töchtern verwandt sind als Töchter mit ihren Vätern. Vor allem jedoch führt Haplodiploidie zu einem 50% engeren Verwandtschaftsverhältnis zwischen den diploiden weiblichen Bienenschwestern als zwischen Geschwistern in diploiden Spezies, wohingegen weibliche Bienen nur zu ¼ mit ihren Brüdern verwandt sind. Sowohl das Ausmaß der Kooperation als auch die Tatsache wer mit wem kooperiert (weibliche Bienen, die viel enger miteinander verwandt sind, sind wesentlich kooperativer als männliche) spiegeln erstaunlich genau diejenigen Verwandtschaftsverhältnisse wider, aufgrund der Kooperation die Gesamtfitness der Bienen Hamiltons Regel zufolge erhöht (Dugatkin 1999 S. 50).

Die kognitive Voraussetzung besteht offensichtlich darin, dass Lebewesen zwischen verwandten und unverwandten Artgenossen unterscheiden müssen. Diese Herausforderung ist unter verschiedenen Umweltbedingungen unterschiedlich anspruchsvoll. Am einfachsten ist sie in Gruppen, deren Mitglieder alle miteinander eng verwandt sind, wie zum Beispiel bei Bienen, bei denen der Großteil der Kolonie aus Schwestern besteht. In solchen Gruppen können im Idealfall alle Lebewesen miteinander kooperieren. Schwieriger ist diese Herausforderung in Gruppen, die sich sowohl aus verwandten als auch nicht verwandten Lebewesen zusammensetzen. Die genannten Beispiele von Verwandtenselektion zeigen, dass viele nicht-menschliche Lebewesen dazu in der Lage sind, auch wenn es nicht immer klar ist, welche Mechanismen genau dieser Fähigkeit zugrunde liegen. Bei manchen Lebewesen könnte Verwandtschaft durch chemische Botenstoffe erkannt werden. Die kognitiven Anforderungen dafür sind gering, da Verhaltensreaktionen auf die Wahrnehmung bestimmter Gerüche festverdrahtet sein können. Da Geschwister in der Regel gemeinsam aufwachsen, kann auch die Zeit, die ein Lebewesen mit anderen in seiner Jugend verbracht hat, ein Indikator für den Grad der Verwandtschaft sein (Liebermann et al. 2003). Eine kognitive Anforderung, um diesen Hinweis zu nutzen, könnte in der Fähigkeit Individuen zu erkennen und zu unterscheiden bestehen. In jedem Fall ist Verwandtenselektion ein Mechanismus, der die Evolution von Kooperation sowohl bei Menschen als auch bei vielen Tieren erklären kann. Allerdings ist diese Art der Kooperation nur auf miteinander verwandte Lebewesen beschränkt und kann daher nicht erklären, warum wir manchmal altruistisch mit nicht-verwandten Lebewesen kooperieren. Gerade für den Menschen ist Verwandtenselektion daher nicht hinreichend, um das Ausmaß an Kooperation zu erklären. Es muss also noch andere Lösungen für das Problem der Kooperation geben.

8.3.3 Direkte Reziprozität

Eine Theorie, die die Evolution altruistischer Kooperation unter nicht-verwandten Lebewesen erklärt, ist die Theorie des *reziproken Altruismus* oder der *direkten Reziprozität* (vgl. Trivers 1971; Okasha 2001; Dugatkin & Alfieri 2002). Dieser Theorie zufolge, die von verschiedenen Wissenschaftlern wie Robert Trivers (1971), Robert Axelrod und William Hamilton (1982) sowie John Maynard Smith (1982) auf ähnliche Weise entwickelt wurde, basiert die Evolution von Altruismus auf Gegenseitigkeit. Die Kosten für Kooperation, so die Idee, könnten aufgewogen werden, wenn Kooperation mit Kooperation beantwortet wird, und der daraus entstehende Nutzen den Nutzen von eigennützigem Verhalten übersteigt. Der Theorie liegt die Beobachtung zugrunde, dass sich die Situation, in der sich Lebewesen in der Interaktion mit anderen Lebewesen befinden, häufig der Struktur nach als *Gefangenendilemma* (vgl. Kuhn 2007) beschreiben lässt, wie es in der Spieltheorie diskutiert wird, wobei Kosten und Nutzen in reproduktiver Fitness gemessen werden. Ausgehend davon, dass Lebewesen in der Interaktion miteinander entweder kooperieren oder betrügen (nicht kooperieren) können, ergeben sich die folgenden vier Möglichkeiten aus der Perspektive eines Lebewesens: Es kann kooperieren, wenn der andere auch kooperiert, es kann kooperieren, wenn der andere betrügt, es kann betrügen, wenn der andere kooperiert und es kann betrügen, wenn der andere betrügt. Gegeben, dass die Kosten für Kooperation für den Geber (denjenigen, der kooperiert) geringer sind als der Nutzen für den Empfänger, ergeben sich folgende Konstellationen: Wenn beide miteinander kooperieren, ist der erwartete Gewinn für beide sehr gut, da der erwartete Nutzen für beide die Kosten übersteigt (vgl. Kap. 7). Wenn einer kooperiert und der andere betrügt, ist die Gewinnerwartung für den Betrüger am höchsten, da er vom Verhalten des anderen profitiert, ohne selbst Kosten für kooperatives Verhalten zu bezahlen. Dagegen ist die Bilanz für den Kooperierenden in diesem Fall am schlechtesten, da er Kosten für die Kooperation trägt, ohne dass ein Nutzen für ihn entsteht. Wenn beide betrügen, ist die Gewinnerwartung zwar jeweils besser, als wenn sie kooperieren und der andere betrügt, aber schlechter, als wenn beide kooperieren. Aus der Perspektive jedes Individuums ist Betrügen in jedem Fall vorteilhafter als zu kooperieren: Wenn der andere betrügt, ist Kooperation kostspielig, da man keinen eigenen Nutzen erhält. Wenn der andere kooperiert, ist zwar der Nutzen von Kooperation höher als die Kosten, aber eine noch bessere Kosten-Nutzen-Bilanz kommt zustande, wenn man den Nutzen der Kooperation des anderen bekommt, ohne selbst Kosten tragen zu müssen. Da diese Strategie für beide am besten ist, sollten also beide immer betrügen. Die Gewinnerwartung, wenn beide betrügen, ist jedoch geringer als die Gewinnerwartung, wenn beide kooperieren. Das Dilemma beim Gefangenendilemma besteht demnach darin, dass die beste Strategie nur zu einem suboptimalen Ergebnis führt (vgl. Kuhn 2007). Mit anderen Worten kann die Tatsache, dass beidseitige Kooperation beidseitigem Betrügen überlegen ist, nicht die Evolution von Kooperation erklären. Populationen kooperativer Lebewesen sollten von Betrügern unterwandert[115] werden, da diese eine wesentlich höhere Gewinnerwartung haben. Ebenso haben in gemischten Populationen (aus kooperativen Lebewesen und Betrügern) immer die Betrüger einen Fitnessvorteil, weshalb auch hier Kooperation von der natürlichen Selektion ausgesiebt werden sollte. Unter diesen Bedingungen wäre demnach Betrügen eine evolutionär stabile Strategie, da es für kein Individuum erfolgsversprechend wäre, seine Strategie zu ändern und zu kooperieren.

Anders als im Gefangenendilemma interagieren Lebewesen in der Natur jedoch nicht nur ein einziges Mal miteinander. Da die Bedingungen immer dieselben sind, kann die Situation als Gefangenendilemma beschrieben werden, das unbekannt häufig wiederholt wird. In einer Computersimulation von Axelrod & Hamilton wurden 62 Strategien, die von verschiedenen Wissenschaftlern aus unterschiedlichen Gebieten entwickelt wurden, gegeneinander daraufhin getestet, welche in einem wiederholten Gefangenendilemma am besten abschneiden würde (Axelrod & Hamilton 1981). Erstaunlicherweise erwies sich ein sehr einfacher Algorithmus, die vom Biologen und Mathematiker Anatol Rapoport eingereichte *tit-for-tat* (tft) (etwa: wie du mir so ich dir) Strategie, als der effektivste. Diese Strategie besteht darin, beim ersten Aufeinandertreffen mit einem anderen Individuum zu kooperieren und danach die Handlungen des anderen zu kopieren. Wenn also der andere auch kooperiert, gibt tft vor, beim

---

115 *Unterwandert* bedeutet, dass Betrüger sich besser vermehren und kooperative Individuen ausgesiebt werden.

nächsten Zusammentreffen wieder zu kooperieren. Wenn der andere dagegen betrügt, wird gemäß tft im nächsten Durchgang betrogen.

Betrüger haben in gemischten Populationen (aus Betrügern und kooperativen Lebewesen) langfristig den geringen Nutzen aus Interaktionen mit anderen Betrügern, den hohen Nutzen mit bedingungslos kooperativen Lebewesen, plus den jeweils einmaligen hohen Nutzen, wenn sie auf Lebewesen treffen, die sich gemäß der tft Strategie verhalten. Bedingungslos kooperative Individuen haben langfristig den hohen Nutzen aus den Interaktionen mit anderen kooperativen Partnern, müssen diesen jedoch mit den hohen Kosten aus den Interaktionen mit Betrügern verrechnen. Je mehr kooperative Lebewesen es in ihrer Umgebung gibt, desto größer ist ihr Nutzen; gleichzeitig steigt jedoch der Nutzen von Betrügern in noch stärkerem Maße. Populationen bedingungslos kooperativer Lebewesen würden daher immer von Betrügern unterwandert und schließlich übernommen werden. Anders sieht dagegen die Bilanz von Lebewesen aus, die ihre Kooperation abhängig davon machen, ob ein Lebewesen in der Vergangenheit kooperiert hat oder nicht. Lebewesen, die der tft Strategie folgen, haben langfristig den hohen Nutzen aus den Interaktionen mit anderen kooperativen Lebewesen, aber anders als bedingungslos kooperative Individuen tragen sie jeweils nur ein einziges Mal die Kosten einseitiger Kooperation, da sie in folgenden Interaktionen mit Betrügern selbst betrügen werden. Während sich der höhere Nutzen von gegenseitiger Kooperation (im Vergleich zu gegenseitigem Betrügen) summiert und mit häufigen Interaktionen stetig zunimmt, sind ihre Kosten für Kooperation mit Betrügern nur einmalig. Dadurch übersteigt der Nutzen von Kooperation langfristig die einmaligen Kosten deutlich und führt gegenüber Betrügern zu einem klaren Fitnessvorteil. Wenn Lebewesen also regelmäßig miteinander interagieren, Kooperation eine ausreichend hohe Gewinnerwartung hat und das Verhalten eines Lebewesens in einer Situation Einfluss darauf hat, wie der Interaktionspartner sich bei der nächsten Interaktion verhält (ob er kooperiert oder betrügt), kann sich die tft Strategie in einer Gruppe verbreiten und zu einem Gleichgewicht führen, das nicht von anderen Strategien unterlaufen werden kann (Axelrod & Hamilton 1981, S. 1393).[116] Wenn schließlich alle Lebewesen die tft Strategie verfolgen, kooperieren alle miteinander, ausgenommen der Fälle in denen jemand aus Versehen betrügt.[117]

---

116 Direkte Reziprozität kann Nowak zufolge entstehen, wenn die Wahrscheinlichkeit, mit einem Lebewesen in Zukunft noch einmal zu interagieren, höher ist als die Kosten-Nutzen-Bilanz der kooperativen Handlung (Nowak 2006, S. 1561).

117 Tatsächlich ist *tft* so beschrieben zu einfach, um zu stabiler Kooperation zu führen, kann jedoch in verschiedener Hinsicht leicht verändert werden, um stabile Kooperation zur Folge zu haben. Für den Rahmen dieser Arbeitet genügt das idealisierte ursprüngliche Modell. Eine

Die kognitiven Anforderungen für diese Art der Kooperation bestehen intuitiv in der Fähigkeit, Individuen zu erkennen und sich daran zu erinnern, wie diese sich das letzte Mal verhalten haben. Diese Anforderungen sind jedoch in unterschiedlichen Umwelten unterschiedlich anspruchsvoll, wobei der entscheidende Umweltfaktor in der Anzahl der Individuen besteht, mit denen ein Lebewesen regelmäßig interagiert (Dugatkin & Alfieri 2002). Lebewesen, die zum Beispiel aus Mangel an Interaktionspartnern im Extremfall nur mit einem einzigen Partner interagieren, müssen diesen für tft nicht als Individuum von anderen unterscheiden, und die Anforderungen an ihr Gedächtnis sind beschränkt, da sie sich nur an die letzte Interaktion erinnern müssen. Lebewesen dagegen, die mit vielen verschiedenen Individuen regelmäßig interagieren, müssen Individuen voneinander unterscheiden und sich an spezifische Ereignisse erinnern können (Dugatkin & Alfieri 2002, vgl. auch Axelrod & Hamilton 1981, S. 1392). Weiter entwickelte kognitive Fähigkeiten können überdies dazu beitragen, ungewolltes Betrügen als solches zu erkennen und nicht mit Betrügen bei der nächsten Interaktion zu strafen, wodurch Kooperation effektiver werden kann.

Das Wissen um die kognitiven Anforderungen von reziprokem Altruismus zusammen mit dem Wissen über die daran gekoppelten ökologischen Bedingungen gibt uns gute Kriterien, anhand derer wir entscheiden können, ob es sich bei beobachteter Kooperation um reziproken Altruismus handelt oder nicht. Viele kooperative Verhaltensweisen, die wir bei Tieren beobachten, erfüllen diese Kriterien. Das bekannteste Beispiel für reziproken Altruismus ist sicherlich das Verhalten von Vampirfledermäusen in Puerto Rico, dass Gerald Wilkinson untersucht hat (Wilkinson 1984). Vampirfledermäuse ernähren sich von Blut und verhungern, wenn sie nicht alle zwei bis drei Tage Nahrung finden. In diesen Fällen bekommen sie jedoch manchmal Hilfe von Artgenossen, die gefressenes Blut hochwürgen und mit hungrigen Gruppenmitgliedern teilen. Wilkinson hat jedoch beobachtet, dass weder alle Vampirfledermäuse ihren Artgenossen zu Hilfe kommen noch allen Fledermäusen, die dringend Nahrung benötigen, geholfen wird, wobei diejenigen, die keine Nahrung bekommen, häufig auch diejenigen sind, die in der Vergangenheit anderen nicht geholfen haben. Zusammen mit der Tatsache, dass die Tiere in der Lage sind, Individuen zu erkennen und die Gedächtnisanforderungen erfüllen (vgl. Dugatkin & Alfieri 2002), spricht vieles dafür, dass das Teilen von Nahrung bei Vampirfledermäu-

Übersicht der vorgeschlagenen Verbesserungen findet sich zum Beispiel bei Joyce (2007, S. 28 f.) und bei Nowak (2006, S. 1560).

sen auf reziprokem Altruismus beruht.[118] Reziproker Altruismus ist jedoch nicht auf wenige intelligente Arten beschränkt, da die kognitiven Anforderungen dafür in vielen Umwelten sehr gering sind. Impala Gazellen etwa reinigen sich gegenseitig das Fell von Parasiten (vgl. Dugatkin 1999, S. 95). Die Kooperation ist dabei wesentlich weniger kostspielig, als sie für den Empfänger nützlich ist. Typischerweise wechseln sich die Tiere bei der gegenseitigen Fellpflege nach wenigen Minuten ab. Sie geben also keinen besonderen Vertrauensvorschuss und bringen die Aufgabe nur dann zu Ende, wenn der Partner zwischendurch den Gefallen zurückzahlt, wodurch sie nur wenig Gefahr laufen, ausgenutzt zu werden. Die kognitiven Anforderungen für diese Art der reziproken Kooperation sind sehr gering und werden von Impalas bestimmt erfüllt: Zum einen müssen sie nicht in der Lage sein, Individuen zu erkennen, da für ihre Kooperation nur relevant ist, was der Partner gerade getan hat, und frühere Verhalten nicht einem Individuum zugeordnet werden müssen. Zum anderen sind dadurch auch die Anforderungen an das Gedächtnis minimal, da die relevante Zeitspanne ein paar Minuten nicht überschreitet. Dugatkin & Alfieri (2002) zufolge ist reziproker Altruismus weit verbreitet und findet sich sogar in einfachen Tieren wie Guppies und Würmern.

Die Theorie der direkten Reziprozität kann also erklären, wie altruistisches Verhalten von der natürlichen Selektion begünstigt werden kann, auch wenn die Interaktionspartner nicht miteinander verwandt sind. Reziprozität spielt sicherlich auch für Kooperation beim Menschen eine wichtige Rolle. Der Psychologe Jonathan Haidt beschreibt die Motivation Gleiches mit Gleichem zu vergelten als tief in der menschlichen Psychologie verankert (Haidt 2006, S. XI) und Tomasello zufolge entwickelt sich reziproke Kooperation beim Menschen mit der Ontogenese der dafür benötigten kognitiven Fähigkeiten (Moll & Tomasello 2007). Allerdings ist die Theorie des reziproken Altruismus nicht hinreichend, um Kooperation in Fällen zu erklären, in denen es nicht wahrscheinlich ist, dass Lebewesen in Zukunft miteinander erneut interagieren werden. Menschen kooperieren in vielen Fällen mit Fremden, die den Gefallen in Zukunft mit großer Wahrscheinlichkeit nicht zurückzahlen werden. Zum Beispiel geben Spieler beim sogenannten Diktator-Spiel, in dem eines von zwei Individuen einen Geldbetrag bekommt, und diesen mit dem anderen nach eigenem Gutdünken teilen kann, im Durchschnitt ca. 30% des Betrags ab, auch wenn der

---

118 Neben Reziprozität scheint auch der Verwandtschaftsgrad eine relevante Rolle dafür zu spielen, wer mit wem kooperiert (Wilkinson 1984). Ale et al. (2013) argumentieren, dass Verwandtenselektion und Reziprozität in vielen Fällen Hand in Hand gehen und sich dann gegenseitig verstärken.

andere ihnen unbekannt ist, sich nicht mit ihm im Raum befindet und das Spiel vor allem nicht wiederholt wird (Engel 2011, S. 6). Menschliche Kooperation ist weder auf kooperative Handlungen, die einen direkten eigenen Vorteil zu Folge haben, noch auf Verwandte oder diejenigen beschränkt, von denen wir uns in der Zukunft erhoffen, dass sie unsere Kooperation zurückzahlen.

8.3.4 Gruppenselektion

Verwandtenselektion und reziproker Altruismus sind verhältnismäßig junge Theorien, um die Evolution von Kooperation zu erklären. Das Problem der Evolution von Altruismus wurde jedoch schon zu Darwins Zeiten erkannt und neben denen, die schlicht leugneten, dass es so etwas wie altruistische Kooperation in der Natur gibt, haben andere schon damals Kooperation ernst genommen und als erklärungsbedürftig angesehen. Einer davon war Darwin selbst. Darwin dachte, dass die natürliche Selektion nicht nur auf Individuen wirken kann, sondern auch auf Gruppen von Individuen (Darwin 1871, S. 166, zitiert nach Okasha 2001, S. 26):

> A tribe including many members who ... were always ready to give aid to each other and sacrifice themselves for the common good, would be victorious over most other tribes; and this would be natural selection.

Wenn die natürliche Selektion auf verschiedenen Ebenen wirkt, so die Idee, dann kann es Fälle geben, in denen sie auf verschiedenen Ebenen entgegengesetzt wirkt. Im Fall altruistischer Kooperation wirkt sie auf der Ebene der Individuen gegen die Evolution von Kooperation, da Kooperation zu Fitnesseinbußen gegenüber eigennützigen Gruppenmitgliedern führt. Innerhalb einer Gruppe sind kooperative Individuen gegenüber ihren eigennützigen Artgenossen daher immer im Nachteil. Auf Gruppenebene dagegen trägt Kooperation der Gruppenmitglieder zur Fitness der Gruppe bei. Gruppen deren Mitglieder sich gegenseitig helfen und unterstützen sind weniger kooperativen Gruppen überlegen, weshalb die natürliche Selektion auf dieser Ebene die Evolution von Kooperation begünstigt (Sober 1984; vgl. auch Dugatkin & Alfieri 2002; Nowak 2006, S. 1561). Abhängig davon, welcher Selektionsdruck stärker ist, kann sich dieser Theorie zufolge Kooperation in einer Population entweder verbreiten oder wird ausgesiebt.

Allerdings ist das Konzept der Gruppenselektion und die Frage, wie sie zur Evolution von Kooperation beitragen kann, Gegenstand einer andauernden

Kontroverse und bedarf daher der Klärung.[119] Im Zentrum der Debatte steht die Doppeldeutigkeit des Begriffs der Gruppenfitness. Verteidiger der Gruppenselektionshypothese messen die Fitness einer Gruppe häufig in der durchschnittlichen Anzahl an Nachwuchs der einzelnen Gruppenmitglieder (z. B. Nowak 2006; Okasha 2001; Sober 1984). Dagegen argumentieren Gegner der Gruppenselektionshypothese wie Maynard Smith & Price (1973), dass das Konzept der Gruppenselektion nur dann sinnvoll ist, wenn der Selektionsmechanismus sich nicht (wie bei Verwandtenselektion oder Reziprozität) auf Individuen- oder Gen-Selektion reduzieren lässt und die natürliche Selektion im selben Sinn, in dem sie auf Individuen oder Gene wirkt, auch auf die Gruppe wirkt (vgl. Okasha 2001). Da die Fitness von Individuen in der Anzahl der Individuen gemessen wird, die sie durch Reproduktion an die nächste Generation weitergeben, impliziert die Rede von Gruppenselektion dieser Ansicht zufolge, dass die Fitness von Gruppen in der Anzahl an Nachwuchsgruppen besteht, die aus ihr hervorgehen. Während es jedoch einen Zusammenhang zwischen dem Effekt einer Eigenschaft auf den Reproduktionserfolg seines Trägers und der Verbreitung dieser Eigenschaft gibt (vgl. Kap. 8.3.2), gibt es diesen Zusammenhang nicht zwischen dem Effekt einer Eigenschaft, Gruppen in weitere Gruppen aufzulösen und der Verbreitung dieser Eigenschaft, da eine größere Anzahl an Nachwuchsgruppen nicht notwendigerweise mit einer größeren Anzahl an Nachwuchs korreliert ist (Okasha 2001).

Die Frage, ob Kooperation durch Gruppenselektion entstehen konnte, hängt demnach davon ab, wie wir Gruppenfitness auffassen sollten: als Anzahl an Nachwuchsgruppen oder als durchschnittliche Anzahl an individuellem Nachwuchs der Gruppenmitglieder. Wenn Gruppenfitness in der Anzahl an Nachwuchsgruppen besteht, ist es weder klar, wie Kooperation zu einer höheren Gruppenfitness, noch wie eine höhere Gruppenfitness zur Verbreitung von Kooperation beitragen kann. Gruppenselektion in diesem Sinn kann daher nicht die Evolution von Kooperation erklären. Wenn dagegen Gruppenfitness als die durchschnittliche Fitness der Gruppenmitglieder aufgefasst wird und Kooperation in diesem Sinn einen positiven Einfluss auf die Fitness der Gruppe hat, trägt Gruppenselektion zur Ausbreitung von Kooperation bei (Sober & Wilson 1987; Dugatkin & Alfieri 2001; Okasha 2001).

Während es also umstritten ist, ob wir das Konzept der Gruppenselektion auf die eine oder auf die andere Weise verstehen sollten, ist es weniger umstrit-

---

119 Aufgrund der Komplexität der Gruppenselektionsdebatte kann im Rahmen dieser Arbeit nur auf einige ausgewählte Aspekte eingegangen werden. Eine gute Diskussion findet sich in Okasha (2001).

ten, dass nicht nur die Mitglieder der eigenen Gruppe die relevante selektive Umwelt darstellen, sondern darüber hinaus auch Artgenossen benachbarter Gruppen. Innerhalb einer Gruppe haben kooperative Individuen eine geringere Fitness als eigennützige Individuen, wie auch im zuvor diskutierten Gefangenendilemma. Es gibt daher innerhalb einer Gruppe Selektion *gegen* Kooperation, da kooperatives Verhalten zunächst nur anderen nutzt und dabei Kosten für einen selbst produziert. Mit einer größeren Anzahl an kooperativen Mitgliedern in einer Gruppe steigt der Nutzen für alle – je mehr kooperative Mitglieder eine Gruppe hat, desto größer ist der Fitnessnutzen für jeden einzelnen (Nowak 2006). Trotzdem sind eigennützige Individuen innerhalb der Gruppe immer noch besser gestellt als kooperative Artgenossen, da sie von der Kooperation aller anderen profitieren können, ohne selbst etwas dazu beizutragen. Dieser Fitnessnachteil, den Altruisten gegenüber eigennützigen Gruppenmitgliedern haben, kann jedoch aufgefangen werden, wenn Gruppen mit anderen Gruppen konkurrieren. Je mehr kooperative Mitglieder eine Gruppe hat, desto höher ist die durchschnittliche Fitness der einzelnen Gruppenmitglieder. Mitglieder sehr kooperativer Gruppen haben daher eine höhere Fitness als Mitglieder weniger kooperativer Gruppen (Okasha 2001, S. 30). Die Idee Darwins, dass die natürliche Selektion auf zwei Ebenen wirken kann – innerhalb von und zwischen Gruppen –, und dass der Selektionsdruck zwischen Gruppen den Selektionsdruck innerhalb einer Gruppe übersteigen kann und dadurch Kooperation von der natürlichen Selektion bevorzugt wird, wurde von Wilson (1980) ausgearbeitet (für eine Diskussion vgl. Okasha 2001). Die Frage, ob es sich dabei um Gruppenselektion handelt oder nicht, ist also in erster Linie terminologischer Natur und kann hier ausgeklammert werden. Wenn ich im Folgenden von Gruppenselektion spreche, beziehe ich mich auf den Selektionsprozess, der die Kosten kooperativen Verhaltens innerhalb der eigenen Gruppe durch den Nutzen aufwiegt, der dadurch entsteht, zur kooperativeren Gruppe zu gehören und der in einer höheren durchschnittlichen Fitness der Gruppenmitglieder im Vergleich zu Mitgliedern weniger kooperativer Gruppen gemessen wird.[120]

Durch Gruppenselektion kann sich Kooperation entwickeln, die nicht auf Verwandte oder auf Partner, mit denen in der Vergangenheit bereits erfolgreich kooperiert wurde, beschränkt ist und dessen Evolution daher nicht durch die Theorien der Verwandtenselektion oder des reziproken Altruismus erklärt wer-

---

120 Das ist an dieser Stelle eine rein pragmatische Stipulation, um dem Mechanismus einen Namen zu geben, und ist nicht mit dem Anspruch verbunden, der komplexen terminologischen Debatte gerecht zu werden.

den kann.[121] Die Theorie der Gruppenselektion macht daher andere Prognosen darüber, wer wann mit wem kooperiert und ist demnach eine andere Lösung des Problems der Evolution von Kooperation als die zuvor dargestellten Theorien der Verwandtenselektion oder des reziproken Altruismus. Wie zuvor bereits festgestellt, sind die Theorien der Verwandtenselektion und des reziproken Altruismus nicht hinreichend, um das Ausmaß menschlicher Kooperation zu erklären. Menschen handeln in vielen Fällen altruistisch, in denen weder die Nutznießer ihrer Handlung mit ihnen verwandt sind, noch es wahrscheinlich ist, dass sie in Zukunft selbst Nutznießer einer altruistischen Gegenleistung derjenigen werden, die von ihrer Kooperation profitieren. Gruppenselektion scheint zunächst geeignet, diese Art allgemeiner Kooperation zu erklären, da gemäß der Gruppenselektionshypothese sowohl unabhängig vom Grad der Verwandtschaft der Mitglieder einer Gruppe als auch unabhängig von einem späteren Nutzen durch Reziprozität für Kooperation selektiert wird. Folgerichtig sehen viele in Gruppenselektion eine wichtige, wenn nicht sogar die wichtigste Ursache der Evolution menschlicher Kooperation (vgl. z. B. Sober & Wilson 1998; Dugatkin & Alfieri 2002; Sterelny 2003; Nowak 2006).

Neben der allgemeinen Tatsache, dass menschliche Kooperation eines Mechanismus bedarf, der wie Gruppenselektion für großzügige Kooperation innerhalb von Gruppen selektiert, wird die Sicht, dass Gruppenselektion eine wichtige Rolle für die Evolution menschlicher Kooperation spielte, auch durch psychologische Evidenzen und evolutionäre Überlegungen gestützt. In einer in diesem Kontext häufig zitierten Studie von Henri Tajfel (1970) etwa wurden Jugendliche zunächst aufgefordert die Anzahl an Punkten auf verschiedenen Bildern zu schätzen. Daraufhin wurden sie in zwei Gruppen aufgeteilt: in diejenigen, die die Anzahl der Punkte unterschätzten und in diejenigen, die sie überschätzten. Dabei wurde den Teilnehmern gesagt, dass das Kriterium zur Bildung der Gruppen arbiträr ist und die Gruppen ebenso nach einem anderen Kriterium hätten aufgeteilt werden können. Tatsächlich wurden die Gruppen zufällig und nicht nach diesem Kriterium zusammengestellt. Im zweiten Schritt sollten die Teilnehmer anonym (das heißt in einem separaten Raum, ohne die anderen zu sehen) Geldbeträge zwischen jeweils zwei anderen Teilnehmern verteilen. Die einzige Information, die sie über diese Teilnehmer hatten, bestand darin, ob diese zu ihrer eigenen Gruppe gehörten oder nicht. Die Art und Weise, wie die Beträge verteilt wurden, hatte keine Auswirkungen auf eine eigene spätere Auszahlung. Obwohl also die Teilnehmer die anderen nicht kannten, die Art ihrer

121 Diese Theorien wurden ursprünglich entwickelt, um zu zeigen, dass die Evolution von Kooperation auch ohne Gruppenselektion erklärt werden kann.

Verteilung nicht den eigenen Gewinn beeinflusste und die Gruppen auf etwas so Banalem beruhten wie ihrer Eigenschaft, die Anzahl von Punkten auf einem Bild zu über- oder unterschätzen, zeigt die Studie eine klare Präferenz der Teilnehmer für Mitglieder der eigenen Gruppe. Wenn das Geld auf zwei Mitglieder derselben Gruppe verteilt werden sollte, wurde der Betrag in der Regel geteilt. Wenn es dagegen auf Mitglieder beider Gruppen verteilt werden sollte, wurden Mitglieder der eigenen Gruppe konsistent bevorzugt. Tajfel schließt daraus, dass die Disposition Gruppen zu formen, die im Wettbewerb mit anderen Gruppen stehen, tief in der menschlicher Psychologie verankert ist (Tajfel 1970, S. 98f):

> Perhaps the most important principle of the subjective social order we construct for ourselves is the classification of groups as "we" and "they" – as ingroups (any number of them to which we happen to belong) and outgroups. The criteria for these assignments may vary according to the situation, and their emotional impact may be high or low, but in our societies this division into groups most often implies a competitive relation between the groups. [...] Whenever we are confronted with a situation to which some form of intergroup categorization appears directly relevant, we are likely to act in a manner that discriminates against the outgroup and favors the ingroup.

Menschen scheinen also eine starke Tendenz zu haben, Gruppen zu formen, die mit anderen konkurrieren. Richerson & Boyd (1999) argumentieren, dass sogenannte *Barrieren*, die das Emigrieren von einer Gruppe zu einer anderen Gruppen erschweren, Gruppen stärker voneinander abgrenzen und dadurch den Gruppenselektionsprozess antreiben können. In der evolutionären Geschichte des Menschen könnten kulturellen Traditionen diese Rolle gespielt haben, indem sie die Unterschiede zwischen Individuen *innerhalb* einer Gruppe verringern und gleichzeitig die Unterschiede zwischen Mitgliedern *verschiedener* Gruppen verstärken (Sterelny 2003, S. 127). Besonders die Evolution der Fähigkeit zur Imitation, mit ihrem Potenzial gruppenspezifische Verhaltensweisen zu produzieren (vgl. Kap. 6.4), würde diesen Effekt dieser Ansicht zufolge beschleunigen.

Die Theorie der Gruppenselektion kann die Evolution von Kooperation zwischen Lebewesen weniger beschränkt erklären als die Theorien der Verwandtenselektion und des reziproken Altruismus und vieles deutet darauf hin, dass Gruppenselektion für die Evolution von Kooperation beim Menschen eine wichtige Rolle gespielt hat. Aber auch diese Art der Kooperation ist nicht auf den Menschen beschränkt. Imitation ist zwar (zumindest auf das Ausmaß bezogen) eine menschliche Besonderheit, aber wie in Kapitel 6 diskutiert, ist Imitation nicht notwendig für die Bildung kultureller Traditionen. Auch bei anderen Lebewesen können solche Traditionen demnach zu Barrieren zwischen Gruppen führen und die Rivalität zwischen Gruppen derart anheizen, dass die Zwischen-Gruppenselektion *für* Kooperation die Selektion *gegen* Kooperation innerhalb der Gruppe übersteigt. Dugatkin & Alfieri (2002) interpretieren etwa das Verhalten von Schimpansen, andere Gruppen zu überfallen, als klassisches Beispiel für Gruppenselektion. Der Nutzen für den Gewinner in solchen Auseinandersetzungen ist sehr hoch, da eine siegreiche Gruppe sowohl das Territorium als auch die Weibchen der anderen Gruppe übernimmt. Diesem Nutzen stehen jedoch auch sehr hohe mögliche Kosten für den Verlierer gegenüber. Die unterlegene Gruppe verliert ihr Territorium, ihre Weibchen und wird manchmal sogar komplett ausgelöscht (Nishida et al. 1985). Weil Kosten und Nutzen die Fitness aller Gruppenmitglieder beeinflussen, gibt es Zwischen-Gruppenselektion für Kooperation (sich an diesen Überfällen bzw. der Verteidigung zu beteiligen), da die kooperativere Gruppe größere Erfolgschancen hat. Dagegen gibt es innerhalb der Gruppe Selektion gegen Kooperation, da es besser ist, in der zweiten Reihe zu stehen, andere die gefährliche Arbeit machen zu lassen und von dem Nutzen für die ganze Gruppe zu profitieren.

Genau wie bei den anderen Arten von Kooperation sind auch die kognitiven Anforderungen für Gruppenselektion, abhängig von der jeweiligen Umwelt, unterschiedlich hoch. Soziales Lernen mag zwar beim Menschen und einigen anderen Tieren die Ursache für Gruppenzusammenhalt und Rivalität zwischen Gruppen sein, aber sicher nicht bei mexikanischen Blattschneideameisen, bei denen eine der vielen Königinnen allein die Aufgabe übernimmt, Nahrung für alle anderen Mitglieder ihrer Kolonie herbeizuschaffen (Hagen et al. 1988; vgl. auch Dugatkin 1999). Anders als bei den meisten sozialen Insekten kann der hohe Grad an Kooperation bei diesen Ameisen *nicht* durch die enge Verwandtschaft der Gruppenmitglieder erklärt werden, da die Mitglieder dieser Kolonien unverwandt sind (Hagen et al. 1988, S. 199).[122] Die altruistische Futtersuchameise ist also gegenüber den anderen Ameisenköniginnen im Nachteil. Die Kosten dafür werden jedoch durch starke Zwischen-Gruppenselektion ausgeglichen: Die Ameisen stehen in territorialer Rivalität zu Nachbarkolonien, die in einem Kampf mündet, bei dem eine Kolonie vollständig ausgelöscht wird. Welche Kolonie bei solchen Auseinandersetzungen gewinnt, hängt einzig von der Größe der beiden Kolonien ab, und eine auf die Futtersuche spezialisierte Königin ist scheinbar die effektivste Methode, um die Kolonie mit Nahrung zu versorgen

122 Tatsächlich sind es zwei verschiedene Spezies, die von Hagen et al. untersucht wurden, *Veromessor pergandei* und *Acromyrmex versicolor*. Die beiden Arten kooperieren zwar auf verschiedene Weise, aber die evolutionäre Erklärung durch Gruppenselektion ist die gleiche.

und dadurch eine größtmögliche Anzahl an Nachwuchs aufzuziehen (Dugatkin 1999).

Kooperation als Folge von Gruppenselektion ist also, genau wie Kooperation unter Verwandten oder reziproker Altruismus, keine Besonderheit des Menschen. Ebenso wenig ist Gruppenselektion hinreichend, um das Ausmaß menschlicher Kooperation vollständig zu erklären. Durch Gruppenselektion wird zwar für breite Kooperation (ohne Rücksicht auf Verwandtschaft oder einen späteren Nutzen) selektiert, wenn der Nutzen durch Zwischen-Gruppenselektion groß genug ist. Dieser Nutzen jedoch steht immer noch den Kosten gegenüber, die Kooperation innerhalb der eigenen Gruppe verursacht. Es ist zwar besser, Mitglied der kooperativeren Gruppe zu sein, aber es ist eben noch besser, nur von der Kooperation der anderen zu profitieren und nicht selbst zu kooperieren. Auch durch Gruppenselektion kann Kooperation daher keine evolutionär stabile Strategie sein, da die natürliche Selektion ab einem gewissen Grad an Kooperation wieder eigennütziges Verhalten bevorzugt (Sterelny 2007). Außerdem wird durch Gruppenselektion nur für Kooperation in den Verhalten selektiert, die für die Zwischen-Gruppenselektion relevant sind. Bei Tieren, deren Kooperation wir durch Gruppenselektion erklären, ist diese folgerichtig auf bestimmte Verhaltensweisen oder sogar auf bestimmte Zeiträume, in denen es Rivalität zwischen Gruppen gibt, begrenzt. Schimpansen zum Beispiel kooperieren zwar, wenn sie benachbarte Gruppen überfallen, aber abgesehen davon ist ihr Verhältnis zu Gruppenmitglieder wesentlich stärker durch sozialen Wettstreit als durch Kooperation charakterisiert (Byrne & Whiten 1992; Tomasello 2009). Das Verhalten der erwähnten Ameisen dagegen weist zwar einen hohen Grad an nicht-verwandtschaftlichem und nicht-reziprokem Altruismus auf, ist jedoch zeitlich auf die Gründerzeit der Kolonie begrenzt (Bernasconi & Strassmann 1999). Nachdem die erste Generation an Arbeitern herangereift ist und die Kolonie die Gründerzeit überstanden hat, scheint der Vorteil, der sich durch die Kooperation der Königinnen für alle ergeben hat, zu gering zu werden, weshalb die Königinnen gegeneinander kämpfen, bis nur eine einzige überlebt. Kooperation beim Menschen dagegen ist nicht auf wenige Verhalten oder bestimmte Zeiträume begrenzt. Es muss also noch eine zusätzliche Erklärung für die Evolution menschlicher Kooperation geben.

8.3.5 Indirekte Reziprozität

Wie die vorhergehenden Abschnitte gezeigt haben, gibt es verschiedene Möglichkeiten, wie kooperatives Verhalten sich für Individuen auszahlen kann. Manchmal ist Kooperation nicht mit Fitnesseinbußen verbunden (Kap. 8.3.1) und manchmal werden Fitnesseinbußen durch einen größeren Nutzen für die Gesamtfitness aufgefangen (Kap. 8.3.2). Altruistische Kooperation unter nicht verwandten Lebewesen kann dagegen am besten dadurch erklärt werden, dass die Kosten, die Kooperation für die direkte Fitness verursacht, dadurch aufgewogen werden, dass Lebewesen selbst Empfänger von kooperativem Verhalten anderer werden und dadurch der langfristige Nutzen die Kosten übersteigt, wie durch die Theorien des reziproken Altruismus (Kap. 8.3.3) und der Gruppenselektion (Kap. 8.3.4) dargestellt. Eine Voraussetzung dafür besteht darin, dass Lebewesen zwischen kooperativen und nicht-kooperativen Artgenossen unterscheiden können und das eigene Verhalten vom Verhalten anderer abhängig machen. Die Fähigkeit, zwischen kooperativen und nicht-kooperativen Artgenossen unterscheiden zu können, hat einen doppelten Effekt. Zum einen verbessert sie die Fitnessbilanz von kooperativen Lebewesen, da sie den hohen Nutzen gegenseitiger Kooperation mit kooperativen Artgenossen haben, ohne Gefahr zu laufen, hohe Kosten für Kooperation mit nicht-kooperativen Lebewesen zahlen zu müssen (da sie mit diesen nicht kooperieren). Gleichzeitig verringern sie dadurch den Nutzen von Betrügen, da der verhältnismäßig geringe Nutzen aus beidseitig nicht-kooperativen Interaktionen nicht mehr durch den hohen Nutzen aus Interaktionen mit kooperativen Gruppenmitgliedern aufgestockt wird. In Gruppen, deren Mitglieder zwischen kooperativen und nicht-kooperativen Lebewesen unterscheiden und die ihr eigenes Verhalten auf der Grundlage dieses Wissens steuern können, verliert Betrügen daher an Attraktivität. Für reziproken Altruismus wurde dieser Punkt ausführlich dargestellt (Kap. 8.3.3). Für Gruppenselektion ist es weniger offensichtlich, da innerhalb einer Gruppe auch die Kosten von Kooperation mit nicht-kooperativen Lebewesen aufgefangen werden können (Kap. 8.3.4). Aber wenn kooperative Lebewesen zusätzlich über die Disposition verfügen, Gruppen mit anderen kooperativen Lebewesen zu bilden, erhöht sich die Chance kooperativer Lebewesen, sich in der erfolgreicheren, weil kooperativeren, Gruppe wiederzufinden. Gleichzeitig verringert sich die Chance nicht-kooperativer Lebewesen, dass sie sich in der erfolgreicheren Gruppe wiederfinden und aus der Kooperation der anderen einen Fitnessnutzen ziehen können (Nowak 2006, S. 1561).[123]

Eine bereits erwähnte Möglichkeit, kooperative von nicht-kooperativen Lebewesen unterscheiden zu können, besteht darin, diese Einschätzung auf der Grundlage eigener Erfahrungen aus früheren Interaktionen zu treffen. Die simp-

123 Das gilt zum Beispiel dann, wenn die Größe der Gruppe limitiert ist, da in diesen Fällen mit zunehmender Anzahl kooperativer Lebewesen in einer Gruppe weniger Plätze für nicht-kooperative Lebewesen zur Verfügung stehen.

le *tit-for-tat*-Strategie gibt vor, beim ersten Aufeinandertreffen mit einem Lebewesen zu kooperieren, bei späteren Aufeinandertreffen jedoch nur mit Lebewesen zu kooperieren, die in der Vergangenheit die Kooperation erwidert haben. Da man dieser Strategie zufolge nur ein einziges Mal Gefahr läuft, von einem Betrüger ausgenutzt zu werden, sind die Kosten relativ gering und werden durch den Nutzen langfristiger Kooperation mit kooperativen Artgenossen, die diese Strategie ermöglicht, weit übertroffen.

Eine noch effektivere Strategie besteht darin, die Bewertung anderer nicht ausschließlich auf der Grundlage eigener Erfahrungen in Form vergangener direkter Interaktionen zu treffen, sondern auch andere Informationsquellen auszubeuten. Wenn man noch keine direkten Erfahrungen (in Form von persönlichen Interaktionen) mit einem anderen gemacht hat, kann Verhalten, das man beobachtet hat, ein guter Indikator dafür sein, ob ein anderer ein guter Kooperationspartner ist oder nicht. Eine direkte Konsequenz dieser Fähigkeit besteht zum Beispiel darin, dass Lebewesens manchmal schon bei der ersten Interaktion mit einem anderen wissen, ob sie besser kooperieren oder betrügen sollten. Sie zahlen daher nicht die Kosten, die mit tft bei ersten Interaktionen mit nichtkooperativen Lebewesen anfallen.[124]

Darüber hinaus verändert die Fähigkeit, zusätzlich zu den eigenen Erfahrungen noch weitere relevante Informationen verwerten zu können, entscheidend die Umstände, unter denen sich Kooperation für ein Lebewesen auszahlt. Wenn Lebewesen ihre Entscheidung, mit anderen zu kooperieren, davon abhängig machen, ob diese in der Vergangenheit mit anderen kooperiert haben oder nicht, dann besteht der Nutzen von Kooperation nicht mehr nur noch (wie bei direkter Reziprozität) in der Wahrscheinlichkeit, dass der Nutznießer meines kooperativen Verhaltens mir den Gefallen in Zukunft selbst zurückzahlt, sondern auch *in meiner Reputation* als guter Kooperationspartner, da diese die Wahrscheinlichkeit erhöht, dass Dritte mich in Zukunft als Kooperationspartner wählen. Die Kosten für Kooperation mit einem Artgenossen können so durch den Nutzen von Kooperation mit einem anderen Artgenossen gedeckt werden. Während der in Kapitel 8.3.3 besprochene reziproke Altruismus auch als *direkte Reziprozität* bezeichnet wird, spricht man in dem Fall, in dem ein Gefallen, den ich einer Person getan habe, von einer anderen Person erwidert wird, von *indirekter Reziprozität*, eine Idee, die zuerst von Richard Alexander (1987) entwickelt wurde.

---

124 Richard Alexander spricht dabei von *Beobachter tit for tat* (observer tit for tat) (vgl. Nowak & Sigmund 2005, S. 1296).

Indirekte Reziprozität unterscheidet sich von direkter Reziprozität in verschiedener Hinsicht. Zum einen lohnt sich Kooperation unter anderen Umständen, da ich mit meiner Kooperation nicht nur in die Erwartung investiere, dass mein Interaktionspartner meine Kooperation in Zukunft erwidert, sondern auch (und vor allem) in meine Reputation. Dadurch zahlt Kooperation sich für mich auch in Fällen aus, in denen es sich durch direkte Reziprozität nicht lohnen würde zu kooperieren, etwa wenn die Wahrscheinlichkeit zukünftiger Interaktionen gering ist oder der andere nicht in der Lage ist, meine Hilfe zurückzuzahlen. Die Kehrseite davon, dass Lebewesen mit anderen auf der Grundlage ihrer Reputation kooperieren, besteht darin, dass die Fitnessbilanz von eigennützigen Lebewesen sich verschlechtert, da eigennütziges Verhalten eine negative Reputation zur Folge hat. Im Gegensatz zu direkter Reziprozität, in der Lebewesen sich durch eigennütziges Verhalten in einer Interaktion nur die Chance verspielen, mit diesem Interaktionspartner in Zukunft zu kooperieren, führt eine negative Reputation durch indirekte Reziprozität dazu, dass Lebewesen schlimmstenfalls überhaupt keine Kooperationspartner mehr finden.

Kooperation als soziale Norm

Indirekte Reziprozität senkt also die Kosten für Kooperation und erhöht die Kosten für nicht-kooperatives Verhalten. Wenn daher Lebewesen ihre Kooperationspartner aufgrund ihrer Reputation auswählen, dann gibt es selektiven Druck, in allen möglichen Situationen zu kooperieren, sowohl der positiven Konsequenzen einer guten Reputation wegen, als auch um die negativen Konsequenzen einer schlechten Reputation zu vermeiden. Diese sind manchmal weitaus kostspieliger, als keine Kooperationspartner mehr zu finden. Ohtsuki & Iwasa (2004) argumentieren, dass mit dem Einfluss von Reputation sich Kooperation zu einer sozialen Norm entwickelt. Reputation kann nur dann eine wichtige Rolle spielen, wenn mehr oder weniger Einigkeit in einer Gruppe darüber herrscht, welches Verhalten zu einer positiven und welches Verhalten zu einer negativen Reputation beiträgt, denn ohne einen solchen Standard sinkt die Wahrscheinlichkeit, dass ein Lebewesen Kooperation aufgrund seiner Reputation zurückgezahlt bekommt. Da kooperatives Verhalten viele Formen annehmen kann und Verhalten abhängig von vielen Faktoren in dieser Hinsicht als positiv oder negativ bewertet werden muss, benötigt man etwas wie eine gemeinsame Währung, die manche Verhalten als gut und anderes als schlecht klassifiziert (Ohtsuki & Iwasa 2004). Zum Beispiel sollte eigennütziges Verhalten gegenüber einem Gruppenmitglied, das selbst eine Reputation für eigennütziges Verhalten hat, weniger schlecht bewertet werden, als eigennütziges Verhalten gegenüber einem als kooperativ bekannten oder hilfebedürftigen Gruppenmitglied. Gleichzeitig kann Reputation nur eine Rolle spielen, wenn Lebewesen am Verhalten anderer auch dann interessiert sind, wenn sie nicht selbst involviert sind (Nowak 2006, S. 1561). Ohtsuki & Iwasa zufolge könnte eben dieses permanente Bewerten des Verhaltens anderer in Bezug auf eine in der Gruppe geteilte Vorstellung davon, was lobenswert und was zu verurteilen ist, die Grundlage davon sein, dass Kooperation den Status einer sozialen Norm erlangt, mit der Folge, dass Verstöße gegen diese Norm von der Gruppe geahndet werden (Ohtsuki & Iwasa 2004).

Die Fitnessbilanz eigennütziger Lebewesen ist in Gruppen, in denen die Reputation eines Gruppenmitglieds ausschlaggebend dafür ist, ob andere mit ihm kooperieren oder nicht, ohnehin nicht besonders gut. Wenn eigennütziges Verhalten jedoch zusätzlich noch bestraft wird, verschlechtert sie sich weiter. Abhängig davon, wie schwer die Strafe ist (zum Beispiel der Ausschluss aus der Gruppe), können die Folgen so gravierend sein, dass es sich auch dann nicht lohnt zu betrügen, wenn es nur eine geringe Chance gibt, dafür bestraft zu werden (vgl. Sterelny 2003, S. 126). Bestrafung wirft dabei auf den ersten Blick selbst ein explanatorisches Problem auf, denn Bestrafung ist nicht nur für den Bestraften kostspielig, sondern auch für denjenigen der bestraft. Eine Konfrontation mit einem anderen Artgenossen birgt zum Beispiel die Gefahr, sich selbst zu verletzen (dos Santos et al. 2013). In vielen Fällen profitieren jedoch nur andere von der Strafe, wenn sie mit dem Bestraften in Zukunft interagieren. Während es also gut für alle ist, in einer Gruppe zu sein, in der andere für eigennütziges Verhalten bestraft werden (weil es für jeden gut ist, wenn die anderen nicht eigennützig handeln), sind diejenigen im Vorteil, die nicht selbst die Strafe ausführen. Das Problem der Evolution von Altruismus scheint sich für die Evolution von Bestrafung erneut zu stellen. Tatsächlich jedoch sind die Kosten für Bestrafung in Gruppen, in denen Reputation eine Rolle spielt, aus verschiedenen Gründen nicht besonders hoch. Wenn die soziale Norm in Kooperation besteht und die Bestrafung von Normverstößen als kooperativ interpretiert wird, dann kann Bestrafung selbst zur sozialen Norm werden (Sterelny 2003, S. 126). Dadurch kann man für eigennütziges Verhalten nicht mehr nur von seinem direkten Interaktionspartner, sondern von jedem Gruppenmitglied bestraft werden. Das erhöht das Risiko derjenigen, die eine Norm verletzen, auch in Fällen, in denen sie ihrem Interaktionspartner körperlich überlegen sind. Gleichzeitig sinken die Kosten derjenigen, die eigennützige Lebewesen bestrafen, wenn sie eine Koalition bilden, da sich dadurch das Risiko jedes einzelnen verringert. Wenn Bestrafen als kooperativer Akt interpretiert wird, trägt Bestrafen überdies positiv zur Reputation bei (dos Santos et al. 2013). Und wenn Bestrafung zu einer positiven Reputation beiträgt, können die Kosten der Bestrafung langfristig durch einen späteren Nutzen als Folge der positiven Reputation überwogen werden. Gleichzeitig kann eine Reputation, andere zu bestrafen, die Kosten für Bestrafung reduzieren, da sie eine glaubwürdige Drohung darstellt, die in vielen Fällen dazu führt, dass Artgenossen sich nach den Regeln richten und Bestrafungen nur selten ausgeführt werden müssen.[125] Schon wenige Gruppenmitglieder mit einer Reputation, Normverstöße zu bestrafen, können einen entscheidenden Effekt auf das Ausmaß an Kooperation in einer Gruppe haben (dos Santos et al. 2013). In Gruppen, in denen Kooperation zur Norm geworden ist und Normverstöße hart bestraft werden, gibt es daher Selektion gegen eigennütziges Verhalten und für breite Kooperation zwischen allen Gruppenmitgliedern, unabhängig von Verwandtschaft, direktem Nutzen der Kooperationspartner und davon, ob der Nutznießer der Kooperation sich in Zukunft erkenntlich zeigen wird (vgl. Nowak 2005; dos Santos et al. 2013).

Indirekte Reziprozität durch Reputation und Bestrafung ist daher ein plausibler Kandidat, um menschliche Kooperation zu erklären (Richerson & Boyd 1999; Nowak 2005; dos Santos et al. 2013). Zum einen hat indirekte Reziprozität Selektion gegen eigennütziges Verhalten zur Folge, was zu einem kooperativen und friedlichen Klima in Gruppen führt. In solchen Gruppen, in denen Lebewesen nicht permanent auf der Hut sein müssen, von anderen übervorteilt zu werden und in denen breite Kooperation sich auszahlt, kann Kooperation zur sozialen Norm werden, die auf einer geteilten Vorstellung von *richtig* und *falsch* beruht. Sie stellen damit die Art von Umwelt dar, in der für besonders starke Motivationen zu kooperieren, sowie für Fähigkeiten, durch die Kooperation effektiver wird – für geteilte Intentionalität – selektiert wurde (Tomasello et al. 2005; vgl. Kap. 7.3.2).

Zum anderen kann indirekte Reziprozität die häufig altruistische Kooperation des Menschen erklären, die nicht durch Eigennutz, Verwandtschaft, direkte Reziprozität oder Gruppenselektion erklärt werden kann. Einerseits könnte auch Kooperation, die sich nicht für uns auszahlt, das Ergebnis indirekter Reziprozität sein. In einem System indirekter Reziprozität sind die genauen Chancen, dass ein kooperatives Verhalten zurückgezahlt wird, nur sehr schwer zu kalkulieren. Da Kooperation jedoch meistens billig ist und häufig zurückgezahlt wird, während nicht zu kooperieren sehr kostspielig sein kann, könnte eine ungenaue Heuristik, der zufolge immer kooperiert wird, wenn es keine guten Gründe gibt, nicht zu kooperieren (wie zum Beispiel eine schlechte Reputation des Interaktionspartners), gut genug sein (vgl. Kap. 4.4.2). Andererseits gibt es Evidenzen dafür, dass viele unserer Entscheidungen tatsächlich durch Reputation beeinflusst sind, wie zum Beispiel das Verhalten von Menschen im Ultima-

125 dos Santos et al. (2013) sprechen dabei von *punishment reputation*.

tum Spiel und dem Diktator Spiel. Beim Ultimatum-Spiel bekommt einer von zwei Spielern einen Geldbetrag, den er nach Belieben zwischen sich selbst und seinem Mitspieler aufteilen kann. Wenn der Mitspieler dieser Verteilung zustimmt, dann bekommen beide ihren Anteil, wenn er dagegen das Angebot ablehnt bekommen beide nichts (vgl. Engel 2011). Um den Nutzen zu maximieren sollte der zweite Spieler jedes Angebot annehmen, das größer als Null ist, da Null das für ihn schlechteste Ergebnis ist. Der andere Spieler sollte um seinen Nutzen zu maximieren das kleinste Angebot unterbreiten, dass vom anderen akzeptiert wird. Tatsächlich bieten Spieler meist zwischen 40% und 50% der Summe ihrem Mitspieler an, während Mitspieler Angebote unter 30% in der Regel ablehnen (Nowak et al. 2000). Die Tatsache, dass Spieler bereit sind, Angebote unter 30% abzulehnen, ist ein Beispiel für kostspieliges, altruistisches Strafen, da Spieler auf Geld verzichten, um andere für deren eigennütziges Verhalten (eine unfaire Verteilung des Geldes) zu bestrafen, ohne einen zukünftigen Nutzen daraus zu ziehen (da das Spiel nicht wiederholt wird). Dos Santos et al. (2011) argumentieren, dass altruistisches Strafen sich nur in auf Reputation basierenden sozialen Gruppen entwickeln kann. Noch drastischer zeigt sich die Motivation zu altruistischem Strafen in der ursprünglichen Version des Ultimatum-Spiels von Kahneman et al. (1986), in der Spieler *auf eigene Kosten* Mitspieler bestraften, die sich *anderen gegenüber* unfair verhalten haben. Die Tatsache, dass die meisten Angebote tatsächlich höher als 30% sind, spricht dafür, dass andere sich der unausgesprochenen Androhung der Strafe bewusst sind und das Wissen um die mögliche Strafe zu einem gerechteren Ergebnis führt. Eine alternative Interpretation besteht darin, dass das faire Teilen des ersten Spielers im Ultimatum-Spiel nicht der impliziten Drohung geschuldet, sondern Ausdruck seines generellen Altruismus ist. Die Ergebnisse des Diktator-Spiels scheinen diese Hypothese zunächst zu bestätigen. Auch bei diesem Spiel teilt der erste Spieler einen Betrag zwischen sich und einem Mitspieler auf. Aber anders als im Ultimatum-Spiel kann der Mitspieler kein Veto einlegen und muss jedes Angebot akzeptieren. Da in dieser Variante die Androhung einer Strafe entfällt, sollten Spieler ihren Mitspielern deutlich weniger Geld abgeben, als im Ultimatum-Spiel. Das ist jedoch nicht der Fall. Spieler geben auch ohne die Gefahr, bestraft zu werden, im Schnitt ca. 30% des Betrages ab (Engel 2011, S. 6). Tatsächlich scheinen die Ergebnisse jedoch nicht Ausdruck von generellem Altruismus zu sein, sondern sprechen direkt dafür, dass im Umgang mit Fremden indirekte Reziprozität am Werk ist. Wie Hoffman et al. (1996) festgestellt haben, geben Spieler umso weniger, je anonymer die Testsituation gestaltet ist. Wenn zum Beispiel sichergestellt war, dass niemand (auch nicht der Experimentator) wissen würde, welche Entscheidung man getroffen hat, haben 64% der Beteiligten überhaupt kein Geld abgegeben. Eine naheliegende Interpretation besteht darin, dass das Wissen, von einem Experimentator beobachtet zu werden, zur Folge hat, dass Testsubjekte (wahrscheinlich unbewusst) die Auswirkungen ihres Handelns auf ihre Reputation (hier: in den Augen des Experimentators) in ihre Entscheidung mit einbeziehen.

Es spricht also vieles dafür, dass der Mechanismus indirekter Reziprozität menschlicher Kooperation zugrunde liegt. Zum einen deckt sich das beobachtete Verhalten – der Wert, den wir Reputation beimessen, sowie unserer Motivation zu altruistischem Strafen – mit den Prognosen der Hypothese, dass unsere Kooperation auf einem System der Reputation beruht. Zum anderen führt indirekte Reziprozität zu einem kooperativen Klima in Gruppen, wie es Tomasello zufolge für die Evolution von geteilter Intentionalität benötigt wird.

Indirekte Reziprozität bei Tieren

Bei Tieren gibt es nur wenige gut belegte Beispiele dafür, dass sie ihr Verhalten anderen gegenüber davon abhängig machen, wie diese sich in Interaktionen mit Dritten verhalten haben. Ein Beispiel könnten die von Amotz Zahavi untersuchten Graudrosslinge sein, die Artgenossen bei der Aufzucht von deren Nachwuchs unterstützen, indem sie Jungtiere mit Nahrung versorgen (Zahavi 1974). Weibchen bevorzugen bei der Paarung Tiere, bei denen sie besonders viel Einsatz bei der Brutpflege beobachtet haben, was dazu führt, dass männliche Graudrosslinge Jungtieren Futter regelrecht aufdrängen. Zahavi zufolge signalisieren sie damit, dass sie stark genug sind, um Futter im Überfluss finden zu können und empfehlen sich dadurch als guter Paarungspartner (vgl. Joyce 2007). Die Reputation als kooperativ könnte daher lediglich die Rolle eines Indikators biologischer Fitness spielen. In anderen Fällen könnte Reputation jedoch auch als Indikator für Kooperation selbst relevant sein. Ein Beispiel, in dem Reputation für Kooperation direkt eine Rolle spielen könnte, sind Paviane in Gombe, die manchmal Gruppenmitglieder rekrutieren, um dominante Tiere zu überwältigen und Zugang zu Weibchen zu bekommen. Diejenigen Tiere, die anderen dabei helfen, haben eine größere Chance, später selbst Hilfe zu bekommen, wenn sie Unterstützer rekrutieren wollen (Dugatkin 1999). Allerdings bekommen sie in den meisten Fällen Hilfe von den Tieren, denen sie zuvor geholfen haben und da der Verwandtschaftsgrad der beobachteten Tiere nicht bekannt ist, kann auch Verwandtenselektion nicht vollkommen ausgeschlossen werden. Bshary & Grutter (2006) zufolge spielt Reputation eine Rolle bei der Symbiose zwischen Putzerfischen und ihren „Klienten". Klienten beobachten und bewerten die Arbeit von Putzerfischen bei anderen Klienten und bevorzugen Putzerfische, die sie bereits bei der Arbeit gesehen und als positiv bewertet haben – diejenigen, die Parasiten entfernt und nicht den von den Putzerfischen bevorzugten Schleim des Klienten gefressen haben. Es lohnt sich also für Putzerfische kooperativ zu sein und nicht den Schleim ihrer Klienten zu fressen, wenn potenzielle Klienten sie beobachten. Tatsächlich lernen Putzerfische, sich unter Beobachtung entsprechend zu verhalten. Ein besonders interessanter Kandidat für indirekte Reziprozität sind Singhammer. Gemäß einer Studie von Akcay et al. (2010) überwachen Singhammer das Verhalten ihrer Nachbarn und bestrafen diese für Aggressionen gegenüber Dritten (wie zum Beispiel das Eindringen in das Revier eines anderen Nachbarn). Die Tiere kooperieren also nicht nur auf der Grundlage von beobachtetem Verhalten, sondern bestrafen auch andere für ihre Aggressivität gegenüber Dritten. Dieses Verhalten ist vor allem deshalb so besonders, weil altruistisches Strafen – das kostspielige Bestrafen von nicht-kooperativem Verhalten anderen gegenüber – bei anderen Tieren bisher nicht beobachtet wurden (Riedl et al. 2012).[126] Ob es sich bei dem Verhalten von Singhammern jedoch tatsächlich um altruistisches Strafen handelt, ist zweifelhaft. Sie investieren durch Bestrafen nicht in ihre Reputation, da Bestrafen nicht die Wahrscheinlichkeit erhöht, dass andere sich erkenntlich zeigen. Dagegen könnte Bestrafen einen langfristigen direkten Nutzen für die Tiere selbst haben, da sie durch das Vertreiben aggressiver Nachbarn die Wahrscheinlichkeit minimieren, selbst Opfer eines Übergriffs zu werden. In diesem Fall würde das Verhalten jedoch (anders als von Akcay et al. vorgeschlagen) nicht auf indirekter Reziprozität basieren. Die Kooperation wäre ein Nebenprodukt von eigennützigem Verhalten.

Kognitive Anforderungen

Die geringe Bedeutung von Reputation bei nicht-menschlichen Tieren macht es unwahrscheinlich, dass indirekte Reziprozität eine wichtige Rolle für eine Erklärung von Kooperation bei Tieren spielt. Um das zu erklären, muss man genauer die Umstände untersuchen, unter denen sich ein System indirekter Reziprozität entwickeln kann. Ein wichtiger Faktor besteht in den kognitiven Fähigkeiten der Gruppenmitglieder. Die Aufgabe, Kooperationspartner auf der Grundlage von Reputation auszuwählen, stellt ähnliche kognitive Anforderungen an Lebewesen wie direkte Reziprozität (vgl. Kap. 8.3.3). Zum einen stellt die Fähigkeit vergangenes Verhalten als Indikator dafür zu nehmen, ob jemand ein guter Kooperationspartner ist oder nicht, gewisse Anforderungen an das Gedächtnis. Diese müssen, wie bei direkter Reziprozität, nicht notwendigerweise

---

126 Zu den wenigen Tieren, bei denen das explizit getestet wurde, gehören Schimpansen, die jedoch niemals andere für deren Verhalten gegenüber Dritten bestrafen (Riedl et al. 2012).

hoch sein – ein Klientenfisch kann einen Putzerfisch aufgrund eines gerade beobachteten Verhaltens als Putzer wählen. Aber je mehr (und je länger) ein Lebewesen Informationen über ein anderes speichern kann (je besser also sein Gedächtnis ist), desto aussagekräftiger wird die Reputation des anderen. Wenn das kooperative Verhalten, das der Reputation zugrunde liegt, länger in der Vergangenheit liegt, müssen Lebewesen Individuen erkennen und unterscheiden können, da sie die Reputation einzelnen Lebewesen zuordnen müssen. Anders als bei direkter Reziprozität müssen Lebewesen überdies in der Lage sein, Verhalten anderer, in das sie nicht selbst involviert sind, zu beurteilen. Auch hier gilt, dass die Reputation von Artgenossen ein umso besserer Indikator für deren Kooperationsbereitschaft ist, je mehr Verhaltensweisen Lebewesen beurteilen können. Worin auch immer die kognitiven Anforderungen dafür bestehen, ist es nicht ausgeschlossen, dass manche Tiere diese, wie auch die zuvor genannten, erfüllen.

Damit jedoch Kooperation durch den Beitrag, den sie zu meiner Reputation liefert, sich auszahlt, reicht es nicht, dass ich (und meine Artgenossen) über diese kognitiven Fähigkeiten verfüge. Die Wahrscheinlichkeit, dass andere meine Reputation kennen, muss hoch genug sein. Genauer kann sich Kooperation durch indirekte Reziprozität Nowak zufolge nur dann entwickeln, wenn die Wahrscheinlichkeit, dass andere meine Reputation kennen, höher ist als meine Kosten im Verhältnis zu dem Nutzen, den meine Kooperation (für jemand anderen) produziert (2006, S. 1561). Beide Seiten der Gleichung – sowohl die Wahrscheinlichkeit, dass Gruppenmitglieder meine Reputation kennen, als auch das Kosten-Nutzen-Verhältnis – können durch externe Faktoren wie die Struktur und die Umweltbedingungen der sozialen Gruppe beeinflusst werden. Wenn Gruppenmitglieder zum Beispiel auf engem Raum viel Zeit miteinander verbringen, ist das Verhalten aller Gruppenmitglieder zu jeder Zeit beobachtbar. Umwelten, die eigennützige Kooperation wie gemeinschaftliches Jagen begünstigen, könnten daher geeignete Umweltbedingungen darstellen. Zum einen begünstigen sie Kooperation schon deshalb, weil diese einen direkten eigenen Nutzen produziert, weshalb die Kosten für Kooperation gering sind (vgl. Kap. 8.3.1). Zum anderen sind in solchen Umwelten Interaktionen von zwei oder mehreren Gruppenmitgliedern häufig. Lebewesen können zum Beispiel bei Gruppenjagden ihre Kooperationspartner beobachten und besonders gute Kooperationspartner in Zukunft bevorzugen. Wenn die gemeinschaftliche Jagd einen höheren Nutzen hat als individuelles Jagen, haben Individuen daher einen Anreiz, sich als gute Kooperationspartner zu zeigen, um ihre Chancen für zukünftige Kooperation mit anderen zu erhöhen.

Reputation und Sprache

Viel mehr noch als die Umweltbedingungen ist jedoch Sprache ein starker Motor für indirekte Reziprozität (Nowak & Sigmund 2005). Durch Sprache muss Verhalten anderer nicht direkt beobachtet werden, sondern kann kommuniziert werden, was die Wahrscheinlichkeit, dass andere die Reputation ihrer Gruppenmitglieder kennen, immens erhöht (Sterelny 2003, S. 136). Dadurch steigen die Kosten für eigennütziges Verhalten, da eine schlechte Reputation umso kostspieliger ist, je bekannter sie ist. Umgekehrt steigt der Nutzen für Kooperation, da mit mehr Individuen, die meine gute Reputation kennen, auch meine Chancen steigen, für kooperatives Verhalten „belohnt" zu werden. Dies hat einen wichtigen Effekt auf das Ausmaß, in dem Lebewesen miteinander kooperieren. Denn mit steigender Wahrscheinlichkeit, dass andere von meiner Kooperation erfahren, ändert sich auch die Kosten–Nutzen-Bilanz, unter der Kooperation sich für mich auszahlt. Durch Sprache lohnt sich Kooperation nicht nur in Fällen, in denen der Nutzen meiner Kooperation die Kosten weit übersteigt, sondern auch, wenn es nur einen geringen Nutzenüberschuss gibt (vgl. Nowak 2006). Sprache hat dadurch den Effekt, dass in viel zahlreicheren Situationen kooperiert wird.

Die Tatsache, dass der Sprache eine so wichtige Bedeutung für die Evolution starker indirekter Reziprozität zukommt, kann erklären, warum Tiere nicht auf der Grundlage eines Systems indirekter Reziprozität miteinander kooperieren. Selbst für Tiere, die über die kognitiven Ressourcen verfügen, um das Verhalten anderer in Bezug auf deren Kooperationsbereitschaft zu bewerten, die über hinreichende Gedächtniskapazitäten verfügen und die in der Lage sind, Individuen zu unterscheiden, lohnt es sich nur dann durch Kooperation in ihre Reputation zu investieren, wenn andere ihr Verhalten direkt beobachten.[127] Erst wenn Lebewesen die kognitiven Voraussetzungen für Sprache erfüllen ändert sich die Kosten-Nutzen-Bilanz von Kooperation so sehr, dass breite Kooperation in allen möglichen Tätigkeiten und mit allen möglichen Individuen auf der Grundlage eines Systems indirekter Reziprozität entstehen kann. Die Tatsache, dass Tiere Reputation nicht kommunizieren können, erklärt daher, warum Kooperation als Investition in Reputation für Tiere meistens eine schlechte Investition ist. Es spricht daher vieles dafür, dass es sich bei Kooperation auf der

---

127 Dabei müssen sie natürlich nicht wissen, dass ihr Verhalten diesen Effekt hat. Graudrosslinge könnten einfach über die angeborene Disposition verfügen, mit lautem Flügelschlagen auf sich aufmerksam zu machen, wenn sie den Nachwuchs anderer selbstlos füttern. Das ist bei Graudrosslingen sogar wahrscheinlich, da das Verhalten zum einen populationsübergreifend auftritt und zum anderen Kooperation aus Reputationszwecken auf dieses eine Verhalten beschränkt ist.

Grundlage von indirekter Reziprozität tatsächlich um eine spezifisch menschliche Form von Kooperation handelt.

8.4 Indirekte Reziprozität und kumulative kulturelle Evolution

Wie im letzten Kapitel diskutiert, spielt Kooperation eine zentrale Rolle für eine Erklärung der kumulativen kulturellen Evolution des Menschen. Zum einen wirkt Kooperation auf verschiedene Weisen als Verstärker sowohl auf die Innovationsfähigkeit von Gruppen als auch auf den Standardisierungsprozess (Kap. 7.2). Zum anderen spielte Kooperation eine wichtige Rolle für die Evolution sowie die Ontogenese spezifischer Fähigkeiten und Motivationen, die effektive Kooperation ermöglichen (Kap. 7.3). Die Tatsache, dass nicht-menschliche Lebewesen allem Anschein nach nicht über geteilte Intentionalität verfügen, könnte der Grund dafür sein, dass Kooperation bei ihnen weniger häufig und vor allem weniger effektiv ist. In Anbetracht der wichtigen Rolle, die Kooperation für die kkE des Menschen spielt, wäre das eine gute Erklärung dafür, dass auch bei den Lebewesen, die über die Fähigkeit zu innovativem Verhalten und zu effektivem sozialen Lernen verfügen, der kulturelle Standardisierungsprozess nicht kumulativ ist. Allerdings stellt sich die Frage, wie es überhaupt dazu kommen konnte, dass Menschen sich von ihrer kompetitiven Primatennatur so weit entfernten und sich, anders als alle anderen Primaten, zu kooperativen Lebewesen entwickelten.

Gegenstand dieses Kapitels war die Evolution von Kooperation. Wie sich gezeigt hat, ist kooperatives Verhalten in der Natur weit verbreitet und findet sich in der einen oder anderen Form bei allen Lebewesen (Kap. 8.1) Dabei stellt eine Erklärung der Evolution von Kooperation die Evolutionstheorie vor eine Herausforderung. Kooperatives Verhalten nutzt typischerweise anderen, während es für einen selbst Fitnesskosten verursacht und daher von der natürlichen Selektion ausgesiebt werden sollte (Kap. 8.2). In Kapitel 8.3 wurden verschiedene Lösungen für dieses Problem diskutiert. Manchmal ist kooperatives Verhalten gar nicht kostspielig (Kap. 8.3.1), manchmal werden die Kosten für die direkte Fitness durch einen Nutzen für die indirekte Fitness überwogen (Kap. 8.3.2) und manchmal zahlt sich die Investition in Kooperation durch einen späteren Nutzen aus (Kap. 8.3.3 – 8.3.5). Abhängig davon, als Folge welches Selektionsmechanismus sich Kooperation in einer Art entwickelt hat, unterscheidet sich kooperatives Verhalten hinsichtlich der Parameter, wer wann mit wem und wie sehr kooperiert. Wir können daher die verschiedenen Antworten auf das Problem der Evolution von Kooperation als verschiedene Arten von Kooperation auffassen. Ob eine bestimmte Art von Kooperation in einer Spezies entsteht, hängt sowohl davon ab, ob ihre Mitglieder in einer günstigen Umwelt leben, als auch davon, ob sie über die nötigen kognitiven Fähigkeiten verfügen. Es spricht vieles dafür, dass für die Evolution menschlicher Kooperation alle genannten Selektionsmechanismen eine Rolle spielten. Da in geeigneten Umwelten die kognitiven Anforderungen für die meisten Arten von Kooperation jedoch sehr niedrig sein können, finden wir die meisten Arten von Kooperation auch bei vielen nicht-menschlichen Tieren. Eine Ausnahme stellt jedoch die zuletzt besprochene indirekte Reziprozität dar. Anders als bei anderen Arten von Kooperation können dabei mangelnde kognitive Fähigkeiten nicht durch günstige Umweltbedingungen aufgefangen werden. Indirekte Reziprozität kann sich nur in Arten entwickeln, die über effektive Kommunikationsfähigkeiten wie Sprache verfügen. Vieles spricht daher dafür, dass es sich bei breiter Kooperation auf der Grundlage indirekter Reziprozität tatsächlich um eine einzigartig menschliche Eigenschaft handelt.

Welche Rolle spielt indirekte Reziprozität um den Wagenhebereffekt zu erklären? Es ist plausibel anzunehmen, dass indirekte Reziprozität die Innovationsfähigkeit und Standardisierung in menschlichen Gruppen verstärkt, wie in Kapitel 7.2 diskutiert. Dadurch spielt sie sicherlich eine wichtige Rolle für eine Erklärung der spezifischen kkE des Menschen, für die Geschwindigkeit also, in der die Akkumulation von Innovationen beim Menschen voranschreitet. Die Evolution von indirekter Reziprozität muss jedoch nicht notwendigerweise eine Voraussetzung dafür sein, dass der Standardisierungsprozess überhaupt kumulativ wird. Tomasello et al. (2005) zufolge besteht diese Voraussetzung in Gruppen, die kooperativer waren als Gruppen verwandter Primaten und dadurch die Evolution von spezifischen Motivationen und Fähigkeiten mit anderen zu kooperieren – die Evolution geteilter Intentionalität – begünstigten (vgl. Kap. 7.3.3). Es gibt zwei gute Gründe für die Annahme, dass die Kooperation in diesen Gruppen *nicht* auf indirekter Reziprozität beruhte. Zum einen besteht eine Voraussetzung für die Evolution indirekter Reziprozität darin, dass Lebewesen über effektive Kommunikationsfähigkeiten wie Sprache verfügen (vgl. Kap. 8.3.5). Sprache ist jedoch selbst wesentlich intersubjektiv und setzt daher die Fähigkeit geteilter Intentionalität schon voraus (Flender, Kitto & Bruza 2009). Überdies wurde Sprache nicht einfach irgendwann erfunden, sondern ist selbst sicherlich ein Produkt der kkE. Da indirekte Reziprozität nicht ihre eigene Voraussetzung bewirken kann, kann sie auch nicht die selektive Umwelt für die Evolution geteilter Intentionalität gewesen sein.

Der andere Grund besteht darin, dass indirekte Reziprozität gar nicht notwendig scheint, um Menschen kooperativ genug gemacht zu haben. Zwar wurde in diesem Kapitel darauf hingewiesen, dass alle anderen Arten von Kooperation beschränkt sind hinsichtlich der Frage, wer mit wem wie sehr kooperiert.

Es hat sich jedoch auch gezeigt, dass es für jeden einzelnen der Selektionsmechanismen plausibel ist, dass er für die Evolution menschlicher Kooperation eine Rolle spielte. Ale et al. (2013) haben gezeigt, dass schon Verwandtenselektion und direkte Reziprozität, wenn sie in gemischten Gruppen gemeinsam auftreten, die Evolution von Kooperation stark begünstigen. Wenn daher die Mechanismen für eigensinnige Kooperation, direkte Reziprozität, Verwandtenselektion und Gruppenselektion alle gleichzeitig auf den Menschen wirkten, könnte das auch ohne indirekte Reziprozität schon zu einem beträchtlichen Ausmaß an Kooperation geführt haben. Überdies hat sich gezeigt, dass das Ausmaß an Kooperation, das jeder einzelne Selektionsmechanismus verursacht, nicht nur von der Umwelt abhängt, in der sich Lebewesen befinden, sondern auch von deren kognitiven Fähigkeiten. Zum Beispiel kann ein gutes Gedächtnis und die Fähigkeit Individuen zu erkennen Kooperation durch direkte Reziprozität verstärken (vgl. Kap. 8.3.4), und die Fähigkeit zu sozialem Lernen kann durch ihren Effekt, kulturelle Traditionen auszubilden, stärkere Gruppenselektion zur Folge haben (vgl. 8.3.5). Die kognitiven Fähigkeiten des Menschen, gepaart mit dem glücklichen Umstand, in einer Umwelt gelebt zu haben, die für die Evolution verschiedener Arten von Kooperation günstig war, könnten daher auch ohne eine speziesspezifische Art der Kooperation dazu geführt haben, den kulturellen Wagenhebereffekt in Gang zu setzten.

9 Schluss

9.1 Rückblick

Der Mensch ist, in evolutionären Maßstäben gemessen, eine recht junge Spezies, die erst vor gut 100 000 Jahren entstand. Unsere nächsten Verwandten sind Schimpansen und Bonobos. Der letzte gemeinsame Vorfahre dieser drei Spezies lebte vor ca. 6 Millionen Jahren. Noch heute teilen wir ungefähr 98 % unseres Erbguts mit Schimpansen und Bonobos und sind damit sogar enger mit diesen verwandt, als diese mit anderen Menschenaffen wie Gorillas und Orang-Utans (Dawkins 1992). In einer anderen Hinsicht unterscheidet sich der Mensch jedoch viel stärker von Schimpansen und Bonobos, als diese sich von anderen eng verwandten Arten unterscheiden. Menschen kaufen im Supermarkt ein, sie telefonieren, fahren Autos, erfinden Computer und fliegen sogar zum Mond. Die Fähigkeit des Menschen, all diese Dinge zu tun, liegt jedoch nicht alleine in einer besonderen Erfindungsgabe von Individuen begründet, sondern sie basiert auf einer Akkumulation von Wissen über viele Generationen hinweg. Sie ist das Produkt seiner kumulativen kulturellen Evolution (kkE). Diese Eigenschaft, Wissen zu konservieren und zu akkumulieren, ist eine menschliche Besonderheit, deren Wirkung alle Lebensbereiche des Menschen durchdringt. Sie unterscheidet uns von allen nicht-menschlichen Tieren und lässt uns wundern, wie wir bei aller biologischen Ähnlichkeit mit manchen Tieren doch so verschieden sein können.

Eine Möglichkeit, dieses menschliche Alleinstellungsmerkmal zu erklären, besteht in der Annahme einer speziesspezifischen Fähigkeit – einer anthropologischen Differenz. In der Geschichte der Philosophie wurden viele verschiedene Fähigkeiten vorgeschlagen, die *den Unterschied* zwischen dem Menschen und allen anderen Tieren ausmachen sollten. Nicht alle sind für die spezifische Fragestellung dieses Buchs relevant. Überdies ist eine echte anthropologische Differenz – *eine* Schlüsselfähigkeit, die der Mensch zu einem bestimmten Zeitpunkt seiner evolutionären Geschichte erworben hat – zwar eine Möglichkeit, um die Unterschiede zu nicht-menschlichen Tieren zu erklären, sie ist jedoch nicht die einzige Möglichkeit. Wie gesehen spielen eine Reihe verschiedener Fähigkeiten eine Rolle, um die kkE des Menschen zu erklären: Überzeugungen und überzeugungsartige Zustände, Inferenzen und Heuristiken, ein Verständnis von Kausalität und von mentalen Zuständen, soziale Lernfähigkeiten wie Emulation und Imitation und nicht zuletzt Kooperation. Es könnte sich demnach durchaus herausstellen, dass der Mensch sich in vielerlei Hinsicht von nicht-menschlichen Tieren unterscheidet, oder mit anderen Worten: dass es nicht nur *eine einzige* anthropologische Differenz gibt.

In dieser Arbeit wurden im wesentlichen drei Fähigkeiten daraufhin untersucht, wie sie zur kkE beitragen sowie daraufhin, ob wir sie auch bei nicht-menschlichen Tieren finden: die Fähigkeit von Individuen Innovationen hervorzubringen, die Fähigkeit von Gruppen Innovationen ihrer Gruppenmitglieder zu konservieren und zu akkumulieren, sowie die Motivation und die Fähigkeit mit anderen zu kooperieren. Nachdem im zweiten Kapitel zunächst methodologische und erkenntnistheoretische Fragen der Tierverhaltensforschung diskutiert wurden, wurde ab dem dritten Kapitel der Hauptfrage dieses Buchs nachgegangen, der Frage nach einer anthropologischen Differenz, die die Einmaligkeit der kkE des Menschen erklären kann.

Kumulative kulturelle Evolution besteht im Kreislauf von Innovation, Standardisierung und erneuter Innovation. In den Kapiteln 3 – 5 wurde daher zunächst die Innovationsfähigkeit untersucht. Über welche kognitiven Voraussetzungen müssen Lebewesen verfügen, um überhaupt zu innovativem Verhalten in der Lage zu sein? *Eine* Voraussetzung für erfolgreiches innovatives Verhalten besteht darin, dass Lebewesen ihre Umwelt auf eine Weise repräsentieren, die es ihnen ermöglicht, flexibel mit ihr zu interagieren. Die *zweite* Voraussetzung besteht in geeigneten Informationsverarbeitungsprozessen, die diese Repräsentationen in erfolgreiches Verhalten übersetzen.

In Kapitel 3 wurden die repräsentationalen Voraussetzungen diskutiert. Zunächst wurde die Arbeitshypothese verteidigt, dass Überzeugungen hinreichend für flexibles Verhalten sind. Dazu wurde aufgezeigt, worin sich Überzeugungen von den Repräsentationen derjenigen Lebewesen unterscheiden, deren Verhalten in unflexiblen, festverdrahteten Reaktionen auf spezifische Reize besteht. *Zum einen* sind Überzeugungen durch einen rein informationalen Gehalt charakterisiert. Dadurch sind sie von spezifischen Verhaltensreaktionen entkoppelt und können für die Produktion einer großen Menge verschiedener Verhaltensweisen eine Rolle spielen. *Zum anderen* ist ihr Gehalt explanatorisch relevant für das Verhalten, das sie produzieren. Daher können nur Lebewesen, die über die Fähigkeit verfügen, Repräsentationen mit neuen Verhaltensweisen zu verbinden, auch Überzeugungen haben. Die Tatsache, dass Überzeugungen relevant für eine potenziell unendlich große Menge verschiedener Verhaltensweisen sind, spricht dagegen, dass nicht-menschliche Tiere echte Überzeugungen haben, da ihr Verhaltensrepertoire im Vergleich zum Menschen mehr oder weniger beschränkt ist. Allerdings wurde argumentiert, dass das Haben von Überzeugungen gar nicht notwendig ist, um flexibel mit der Umwelt interagieren zu können. Denn auch die Repräsentationen vieler nicht-menschlicher Tiere erfüllen die Kriterien, die Überzeugungen hinreichend für innovatives Verhalten machen. Daher wurde die Auffassung verteidigt, dass es sich bei Überzeugungen von Menschen und überzeugungsartigen Zustände nicht-menschlicher Tiere nicht um fundamental verschiedene Zustände handelt. Vielmehr sollten wir den Übergang von einfachen, an Verhalten gekoppelten Repräsentationen zu Überzeugungen als fließend auffassen.

Die Kapitel 4 und 5 widmeten sich den Informationsverarbeitungsprozessen, die der Übersetzung von Repräsentationen in Verhalten zugrunde liegen. Dabei wurden zwei Theorien diskutiert, denen zufolge es menschliche Entscheidungsprozesse sind, die eine anthropologische Differenz darstellen könnten. In beiden Fällen wurde diese Annahme zurückgewiesen. Die in Kapitel 4 diskutierte Standardansicht von Rationalität beruht auf zu stark idealisieren Bedingungen. Das macht sie zu einer schlechten deskriptiven Theorie darüber, wie Menschen Entscheidungen treffen und damit zu einem ungeeigneten Maßstab, um die Entscheidungsprozesse nicht-menschlicher Tiere zu bewerten. Die in Kapitel 5 diskutierte Theorie theoretischer Rationalität scheint dagegen vielversprechender zu sein. Tatsächlich hat sich gezeigt, dass wohl nur der Mensch über theoretische Rationalität verfügt. Aber theoretische Rationalität ist selbst keine basale Fähigkeit, sondern wird durch andere Fähigkeiten konstituiert. Da eine Analyse der ihr zugrunde liegenden Fähigkeiten – ein Verständnis von Kausalität und ein Verständnis mentaler Zustände – zum Ergebnis hatte, dass wir auch diese Fähigkeiten bei manchen nicht-menschlichen Tieren finden, ist auch die Bewertung theoretischer Rationalität als anthropologische Grenze fragwürdig.

Kapitel 6 hatte den Prozess der Standardisierung von Innovationen in Gruppen zum Thema. Dazu wurden verschiedene Arten sozialen Lernens hinsichtlich ihres Potenzials, Innovationen Einzelner in Gruppen als Standard zu etablieren, untersucht. Wie sich gezeigt hat, gibt es verschiedene Arten sozialen Lernens, die eine Standardisierung zur Folge haben können. Einige davon finden wir auch bei Tieren, bei denen sie zur Bildung von kulturellen Verhaltenstraditionen führen. Aber nur Imitation ermöglicht überdies die *Akkumulation von Modifikationen* an Innovationen und ist daher geeignet, einen Kreislauf von Innovation, Standardisierung und erneuter Innovation in Gang zu setzen. Die Tatsache, dass Imitation bei Tieren selten ist, kann daher eine wichtige Rolle für eine Erklärung dafür spielen, warum *kumulative* kulturelle Evolution eine menschliche Besonderheit ist. Da jedoch auch manche Tiere in der Lage sind, durch Imitation zu lernen, kann es sich auch bei Imitation nicht um die eine, magische Fähigkeit handeln, die den Menschen vom Tier unterscheidet.

Kapitel 7 und 8 schließlich widmeten sich der Kooperation. In Kapitel 7 wurde argumentiert, dass Kooperation eine Doppelrolle für die kkE des Menschen spielt. Zum einen wirkt Kooperation als Verstärker sowohl der Innovationsfähigkeit als auch des Standardisierungsprozesses in Gruppen. Zum anderen spielt Kooperation eine wichtige Rolle in der Phylogenese und der Ontogenese von spezifischen Motivationen und Fähigkeiten, die einem Lebewesen besonders effektive und häufige Kooperation mit anderen ermöglichen. Schließlich wurde in Kapitel 8 Kooperation aus einer evolutionären Perspektive betrachtet. Dabei wurden verschiedene Arten von Kooperation als unterschiedliche Antworten der Evolution auf das Problem des Altruismus aufgefasst. Die Analyse hat gezeigt, dass besondere kognitive Fähigkeiten des Menschen – allen voran seine Sprachfähigkeit – tatsächlich die Evolution einer einzigartigen Form von Kooperation auf der Grundlage indirekter Reziprozität ermöglicht haben. Da eine Voraussetzung für die Evolution indirekter Reziprozität jedoch in der Fähigkeit zu effektiver Kommunikation besteht, Sprache selbst aber ein Produkt der kkE ist, kann es nicht die Evolution indirekter Reziprozität gewesen sein, die die kkE des Menschen in Gang gesetzt hat. Diejenigen Arten von Kooperation aber, die für die Entstehung der kkE des Menschen entscheidend waren, finden sich auch bei vielen nicht-menschlichen Tieren.

9.2 Worin besteht der Unterschied?

Wie sollen wir die Frage nach einer anthropologischen Differenz demnach bewerten? Fassen wir sie als die Frage nach einer einzelnen, spezies-spezifischen Fähigkeit (oder auch nach einem Bündel solcher Fähigkeiten) auf, durch die der Mensch sich von allen nicht-menschlichen Tieren unterscheidet und die erklärt, warum die kkE des Menschen einmalig ist, dann müssen wir diese Frage negativ beantworten. Damit sollen jedoch vorhandene Unterschiede zwischen dem Menschen und nicht-menschlichen Tieren nicht marginalisiert werden. Es gibt nämlich noch eine dritte Möglichkeit, wie wir den scheinbaren Graben zwischen Mensch und Tier erklären können. Es hat sich zwar gezeigt, dass wir alle diskutierten Fähigkeiten auch bei nicht-menschlichen Tieren finden, es hat sich jedoch auch gezeigt, dass alle diese Fähigkeiten beim Menschen stärker ausgeprägt sind. Der Mensch repräsentiert die Welt *stärker entkoppelt* von Verhalten, er verfügt über ein *tiefergehendes* Verständnis von Kausalität und mentalen Zuständen, er ist *motivierter und geschickter* darin, durch Imitation zu lernen und er verfügt über eine wesentlich *stärker ausgeprägte* Bereitschaft, mit anderen zu kooperieren.

Diese einzelnen graduellen Unterschiede machen sich bemerkbar, umso mehr, als sie sich summieren, und zusammengenommen können auch viele graduelle Unterschiede einen starken Effekt haben, wie es Glock (2012, S. 131) pointiert formuliert:

> One only needs to look around to detect the vast differences between our technology and chimpanzee tools, or our societies and chimpanzee communities, for instance. Yet why should these differences have to be reducible to a single fundamental one? Indeed, why should we need to insist that our underlying differences are categorical […]? Insisting that we think and communicate about a lot more and in a lot more complex fashion may just be enough. For in this case, a difference in quality may arise out of a difference in quantity.

Diese Idee – dass aus quantitativen Unterschieden qualitative Unterschiede werden können – ist die eigentliche Lehre, die wir am Schluss dieses Buches ziehen können. Sie spielte zum ersten mal eine Rolle in Kap. 5, in dem Papineaus Konzeption theoretischer Rationalität diskutiert wurde. Dort wurde argumentiert, dass wir zwar die beiden theoretischer Rationalität zugrunde liegenden Fähigkeiten – ein Verständnis von Kausalität sowie ein Verständnis mentaler Zustände – auch bei einigen nicht-menschlichen Tieren nachweisen können, sie bei diesen jedoch zu schwach ausgeprägt sind, um sich zu theoretischer Rationalität zu entfalten. Was für theoretische Rationalität gilt, trifft auch auf die kkE des Menschen zu. Zwar finden wir die Zutaten dafür auch bei manchen nicht-menschlichen Tieren, aber das Rezept ist falsch. Wie müsste es verändert werden, damit auch bei Tieren ein Kreislauf von Innovation, Standardisierung und erneuter Innovation in Gang kommt? Müssten sie zunächst die Fähigkeit entwickeln, die Welt noch überzeugungsartiger zu repräsentieren? Oder würde es schon genügen, wenn sie bestimmte Dinge, wie etwa Kausalität und mentale Zustände überzeugungsartiger repräsentieren könnten? Müssten sie über effektivere Arten sozialen Lernens, allen voran eine größere Motivation, das Verhalten anderer zu imitieren, verfügen? Ist Kooperation der Knackpunkt? Oder sind alle Faktoren gleich wichtig?

Ich denke diese Frage lässt sich heute (noch) nicht eindeutig beantworten, möchte jedoch trotzdem eine etwas spekulative Antwort wagen. In meinen Augen ist es die Evolution menschlicher Kooperation, die eine besonders hervorzuhebende Rolle spielt. Das hat im Wesentlichen drei Gründe. *Erstens* haben wir gesehen, dass es manche nicht-menschliche Tiere gibt, die über erstaunliche Fähigkeiten zum Lösen von Problemen sowie zum sozialen Lernen verfügen. Bei diesen Tieren finden wir eine Reihe verschiedener kultureller Traditionen, nur kumulativ ist der Prozess nicht. Dabei sind etwa Schimpansen durchaus in der Lage, erfolgreiche Lösungen anderer zu imitieren. Aber sie machen, wie wir auch gesehen haben, nur wenig Gebrauch von dieser Fähigkeit. Eine Zunahme an Kooperation in Schimpansenpopulationen könnte das ändern und dazu führen, dass Imitation sich häufiger lohnt, wodurch eine langsame Akkumulation von Innovationen angestoßen werden könnte.

Zweitens verstärkt Kooperation sowohl die Innovationsfähigkeit von Lebewesen als auch den Standardisierungsmechanismus in sozialen Gruppen auf vielfältiger Weise, wie in Kapitel 7 ausführlich diskutiert wurde. Mit anderen Worten: Mehr Kooperation führt zu mehr und zu komplexerer Innovation, sowie zu mehr und zu effektiverem sozialen Lernen. Das gilt nicht für die anderen Fähigkeiten: Mehr Innovationsfähigkeit etwa muss nicht von mehr Kooperation oder mehr sozialem Lernen begleitet werden. Ein weiterer Grund, warum Kooperation eine besondere Wichtigkeit zukommt, besteht demnach darin, dass sie sich positiv auf alle für den Wagenhebereffekt benötigten Fähigkeiten auswirkt.

Drittens kann Kooperation sich selbst verstärken. Zum einen wurde argumentiert, dass in Gruppen, die ein gewisses Maß an Kooperation erreicht haben, für spezielle Fähigkeiten und Motivationen selektiert wird, die besser koordinierte und noch umfangreichere Kooperation ermöglichen. Zum anderen ist ein gewisses Maß an Kooperation zwar sicherlich keine hinreichende, wohl aber eine notwendige Bedingung für die Evolution von Sprache. Wenn aber soziale Gruppen über effektive Arten der Kommunikation (Sprache) verfügen, ist die Tür geöffnet für die Evolution einer besonderen Form von Kooperation: indirekte Reziprozität. Wie gesehen ist indirekte Reziprozität keine notwendige Voraussetzung, um den Wagenhebereffekt in Gang zu setzen, aber sie verleiht ihm eine neue Dynamik. Eine größere Innovationsfähigkeit sowie effektiveres soziales Lernen können zwar auch einen positiven Effekt haben, aber erst Kooperation auf der Grundlage indirekter Reziprozität ermöglicht die komplexe Art der Arbeitsteilung, die menschliche Gruppen charakterisiert und durch die die Grenzen dessen, *was* gelernt werden kann, sowie die Grenzen dessen, *wie viel* Wissen eine Gruppe akkumulieren kann, massiv erweitert werden. Ich glaube es ist diese Dynamik, die kkE nicht nur zu einem Alleinstellungsmerkmal des Menschen macht, sondern diesem Merkmal in unseren Augen ein so großes Gewicht verleiht.

Zwar habe ich oben dafür argumentiert, dass aus einem quantitativen Unterschied ein qualitativer Unterschied werden kann und es im Fall des Menschen auch geworden ist. Hinsichtlich einer Erklärung der Einmaligkeit der kkE des Menschen scheint es daher durchaus vertretbar, den Menschen als außergewöhnlich zu bezeichnen. Die Tatsache, dass ich von allen Unterschieden der Kooperationsfähigkeit ein besonderes Gewicht beimesse, unterstreicht jedoch den sozialen Charakter dieses Unterschieds: Kooperation entsteht in der Interaktion mehrerer Akteure. Die Rede von *Menschen* bezieht sich daher weniger auf jeden einzelnen von uns, als darauf, wie wir den Menschen typischerweise vorfinden: Als Mitglied einer sozialen Gruppe. Eine Interpretation der Ergebnisse, die mir gerechtfertigt scheint, ist daher die, dass *der Mensch* sich gar nicht so sehr von anderen Tieren unterscheidet, *die Menschen* jedoch schon.

Literaturverzeichnis

Ale, S. B., Brown, J. S. & Sullivan, A. T. (2013). Evolution of Cooperation: Combining Kin Selection and Reciprocal Altruism into Matrix Games with Social Dilemmas. http://www.plosone.org/article/info%3Adoi%2F10.1371%2Fjournal.pone.0063761 (Abgerufen am 13.10.2013)

Akins, C.K. & Zentall, T.R. (1998). Imitation in Japanese quail. The role of reinforcement of demonstrator responding. *Psychonomic Bulletin & Review* 6(4), S. 694–697.

Allen, C. (2005). Tierbegriffe neu betrachtet. Ein empirischer Ansatz: Die Analyse einer Selbststeuerung. In: Perler, D. & Wild, M. (Hrsg.). *Der Geist der Tiere*. Frankfurt a.M.: Suhrkamp, S. 191–200.

Allen, J., Weinrich, M., Hoppitt, W. & Rendell, L.E. (2013). Network-Based Diffusion Analysis Reveals Cultural Transmission of Lobtail Feeding in Humpback Whales. *Science* 340 (6131), S. 485-488.

Akçay, Ç; Reed, V. A.; Campbell, S. E.; Templeton, C. N.; Beecher, M. D. (2010). Indirect reciprocity: Song sparrows distrust aggressive neighbors based on eavesdropping. *Animal Behavior* 80, S. 1041-1047.

Aronson, E., Wilson, T.D. & Akert, R.M. (2008). *Sozialpsychologie*. München: Pearson Studium (6. Aufl.).

Ashton, K. (2013). What Coke Contains. https://medium.com/the-ingredients-2/221d449929ef (letzter Abruf am 2.7.2013).

Axelrod, R. & Hamilton, W.D. (1981). The Evolution of Cooperation, *Science* 211, S. 1390 – 96.

Barkow, J., Cosmides, L. & Tooby, J. (Hrsg.) (1992). *The adapted mind: Evolutionary psychology and the generation of culture*. New York: Oxford University Press.

Baskett, T.S., Sayre, M.W. & Tomlinson, R.E. (1993). *Ecology and Management of the Mourning Dove*. Harrisburg: Stackpole.

Bermúdez, J.L. (2003). *Thinking without Words*. New York: Oxford University Press.

Bermúdez, J.L. (2006). Animal Reasoning and Protologic. In: S. Hurley & M. Nudds (Hrsg.). *Rational Animals?* New York: Oxford University Press, S. 127–138.

Bernasconi, G., and Strassman, J.E. (1999). Cooperation amongunrelated individuals: the ant foundress case. *Trends Ecol. Evol.* 14, 477–482.

Best, T.L. & Henry, T.H. (1990). Lepus othus. *The American Society of Mammalogists* 458, S. 1–5.

Boakes, R. (1984). *From Darwin to Behaviorism*. Cambridge: Cambridge University Press.

Boesch, C. & Boesch, H. (1989). Hunting behavior of wild chimpanzees in the Tä ı-National-Park. *Am. J. Phys. Anthropol.* 78, S. 547–573.

Boesch, C. & Boesch H. (1990). Tool Use and Tool Making in Wild Chimpanzees. *Folia Primatologica* 54, S. 86–99.

Boesch, C. (1994). Cooperative Hunting in Wild Chimpanzees. *Animal Behavior* 48, S. 653 - 667.

Boesch, C. & Tomasello, M. (1998). Chimpanzee and human culture. *Current Anthropology* 39, S. 591–604.

Boesch, C. & Boesch-Achermann, H. (2000). *The chimpanzees of the Tai forest: behavioural ecology and evolution*. Oxford: University Press.

Boring, E.G. (1950). *A history of experimental psychology*. New York: Appleton Century Crofts.

Bshary, R. & Grutter, A. (2006). Image scoring and cooperation in a cleaner fish mutualism. *Nature* 441, S. 975-978.

Buckner, C. (im Erscheinen). Morgan´s Canon, meet Hume´s Dictum: Avoiding anthropofabulation in cross-species comparisons. *Biology & Philosophy*.

Bugnyar, T. & Kotrschal, K. (2004). Leading a conspecific away from food in ravens (*Corvus corax*)? *Animal Cognition* 7, S. 69–76.

Bugnyar, T. & Heinrich, B. (2005). Ravens, *Corvus corax*, differentiate between knowledgeable and ignorant competitors. *Proceedings of the Royal Society B*, 272, S. 1641–1646.

Burghardt, G. (1985). Animal Awareness-Current Perceptions and Historical Perspective. *American Psychologist* 40, S. 905–919.

Buttelmann, D., Carpenter, M. & Tomasello, M. (2009). Eighteen-month-olds show false belief understanding in an active helping paradigm. *Cognition* 112, S. 337–342.

Byrne, R.W. & Whiten, A. (1992). Cognitive Evolution in Primates: Evidence from Tactical Deception. *Man* 27(3), S. 609–627.

Byrne, R.W. & Whiten, A. (1988). *Machiavellian intelligence*. Oxford: Oxford University Press.

Call, J. (2001). Body imitation in an enculturated orangutan. *Cybernetics and Systems* 32, S. 97–119.

Call, J. & Tomasello, M. (1994). The production and comprehension of referential pointing by orangutans. *Journal of Comparative Psychology* 108, S. 307–317.

Call, J. & Tomasello, M. (1999). A nonverbal false belief task: The performance of children and great apes. *Child Development* 70, S. 381–395.

Call, J. & Tomasello, M. (2008). Does the chimpanzee have a theory of mind? 30 years later. *Trends in Cognitive Science* 12, S. 187–192.

Campbell, F.M., Heyes, C.M. & Goldsmith, A.R. (1999). Stimulus learning and response learning by observation in the European starling, in a two-object/two-action test. *Animal Behavior* 58, S. 151–158.

Carpenter, M., Tomasello, M. & Savage-Rumbaugh, S. (1995). Joint attention and imitative learning in children, chimpanzees, and enculturated chimpanzees. *Social Development* 4, S. 18–37.

Carter, A. 2005. Evolution and he problem of altruism. *Philosophical Studies* 123, S. 213–230.

Cheney, D.L. & Seyfarth, R.M. (1990). *How monkeys see the World. Inside the mind of another Species*. Chicago: University of Chicago Press.

Cheney, D.L. & Seyfarth, R.M. (2007). *Baboon Metaphysics The Evolution of the social mind*. Chicago: University of Chicago Press.

Cherniak, C. (1981). Computational Complexity and the universal Acceptance of logic. *Journal of Philosophy* 78, S. 739–758.

Clements, W.A. & Perner, J. (2001). Actions really do speak louder than words – but only implicitly: Young children‘s understanding of false belief in action. *British Journal of Developmental Psychology* 19, S. 413–432.

Cosmides, L. & Tooby, J. (1992). Cognitive adaptations for social exchange. In: Barkow, J., Cosmides, L. & Tooby, J. (Hrsg.). The adapted mind: Evolutionary psychology and the generation of culture. New York: Oxford University Press, S. 163–228.

Cosmides, L. & Tooby, J. (1995). From evolution to adaptations to behavior: Toward an integrated evolutionary psychology. In: Wong, R. (Hrsg.). Biological perspectives on motivated activities. Norwood, NJ: Ablex, S. 11–76.

Creel, S. & Creel, N. M. (1995). Comunal hunting and pack size in african wild dogs, *Lycaon pictus*. *Animal Behavior* 50, S. 1325–1339.

Csibra, G. & Gergely, G. (2009). Natural pedagogy. *Trends in Cognitive Sciences* 13(4), S. 148–153.

Davies, M. & Stone, T. (Hrsg.) (1995). *Folk Psychology: The Theory of Mind Debate*. Oxford: Blackwell.

Dawkins, R. (1996). *Climbing Mount Improbable*. New York: Norton.

Dennett, D. (1998). Animal Consciousness. What Matters and Why. In: Dennett, D. *Brainchildren. Essays on Designing Minds*. Cambridge, MA: MIT Press.

Dewsbury, D.A. (1984). *Comparative psychology in the twentieth century*. Stroudsburg, PA: Hutchinson Ross.

dos Santos, M., D. J. Rankin, and C. Wedekind. (2011). The evolution of punishment through reputation. *Proc. R. Soc.* B 278, S. 71–377.

dos Santos, M., Rankin, D. J. & Wedekind, C. (2013). Human cooperation based on punishment reputation. *Evolution* 67, S. 2446–2450.

Dretske, F. (1988). *Explaining Behaviour. Reasons in a World of Causes*. Cambridge, MA: MIT Press.

Dretske, F. (2005). Minimale Rationalität. In: Perler, D. & Wild, M. (Hrsg.). *Der Geist der Tiere*. Frankfurt a.M.: Suhrkamp, S. 213–222.

Dugatkin, L.A. (1997). *Cooperation among Animals: An Evolutionary Perspective*, Oxford University Press.

Dugatkin, L.A. (1999). *Cheating Monkeys and Citizen Bees. The Nature of Cooperation in Humans and Animals*. Harvard University Press.

Dugatkin, L.A. (2011). *The Prince of Evolution: Peter Kropotkin's Adventures in Science and Politics*. University of Chicago Press.

Dugatkin, L. A. & Alfieri, M. S. (2002). A cognitive approach to the study of animal cooperation. In: Bekoff, M. & Allen, C. (Hrsg.). *The Cognitive Animal*. Cambridge, MA: MIT Press.

Elgar, M.A. (1986). The establishment of foraging flocks in house sparrows: risk of predation and daily temperature, *Behavioral Ecology and Sociobiology* 29 (6), S. 433-438.

Emery, N.J. & Clayton, N.S. (2001). Effects of experience and social context on prospective caching strategies by scrub jays. *Nature* 404, S. 443–446.

Emery, N.J. (2004). The Mentality of Crows: Convergent Evolution of Intelligence in Corvids and Apes. *Science* 306(5703), S. 1903–1907.

Emery, N.J. & Clayton, N.S. (2009). Comparative Social Cognition. *Annual Review of Psychology* 60, S. 87–113.

Emlen, S. T., Wrege, P. H. & Demong, N. J. (1981). Making Decisions in the family: An evolutionary perspektive. *American Scientist* 83, S. 148-157.

Engel, C. Dictator Games. A Meta Study, http://www.coll.mpg.de/pdf_dat/2010_07online.pdf (Abgerufen am 13.10.2013)

Farmakis, L. & Hartmann, S. (2005). Review of Peter Liptons „Inference to the best explanation". http://ndpr.nd.edu/news/24796-inference-to-the-best-explanation-2nd-edition/. Abgerufen am: 03.10.2013.

Fawcett, T.W., Skinner, A.M. & Goldsmith, A.R. (2002). A test of imitative learning in starlings using a two-action method with an enhanced ghost control. *Animal Behaviour* 64, S. 547–556.

Fitzpatrick, S. (2008). Doing Away with Morgan's Canon. *Mind & Language* 23(2), S. 224–246.

Flender, C., Kitto, K. and Bruza, P. D. (2009) Nonseparability of Shared Intentionality. *Proceedings of the Third Quantum Interaction Symposium*, *LNAI* 5494, S. 211-224.

Flombaum, J.L. & Santos, L.R. (2005). Rhesus monkeys attribute perception to others. *Current Biology* 15, S. 447–452.

Fodor, J. (1998). *Concepts. Where Cognitive Science Went Wrong*. Oxford: Clarendon.

Fouts, R.S. (1973). Acquisition and Testin in four young chimpanizees. *Science* 180, S. 978–980.

Galef, B. (1996). Historical origins: the making of a science. In: Houck, L. & Drickamer, L. (Hrsg.). *Foundations of Animal Behavior: Classic Papers with Commentaries*. Chicago: Chicago University Press.

Galef, B.G., Jr. & Clark, M.M. (1971). Parent–offspring interactions determine time and place of first ingestion of solid food by wild rat pups. *Psychonom. Sci.* 25, S. 15–16.

Galef, B.G., Jr. (1986). Social Identification of Toxic diets by Norway Rats (*Rattus norvegicus*). *Journal of Comparative and Physiological Psychology* 100, S. 331–334.

Gazda, S.K., Connor, R.C., Edgar, R.K. & Cox, F. (2005). A division of labour with role specialization in group-hunting bottlenose dolphins (Tursiops truncatus) off Cedar Key, Florida; *Proc Biol Sci.* 272 (1559), S. 135–140.

Gilovich, T., Tversky, A. & Vallone, R. (1985). The Hot Hand in Basketball: On the Misperception of Random Sequences. *Cognitive Psychology* 3(17), S. 295–314.

Gigerenzer, G. (2006). Bounded and Rational. In: Stainton, R.J. (Hrsg.). *Contemporary debates in cognitive science*. Oxford: Blackwell.

Gigerenzer, G. (2008). *Bauchentscheidungen. Die Intelligenz des Unbewussten und die Macht der Intuition*. München: Goldmann.

Gigerenzer, G. & Brighton, H. (2009). Homo heuristicus: Why biased minds make better inferences. *Topics in Cognitive Science* 1, S. 107–143.

Gigerenzer, G., Gaissmaier, W., Kurz-Milcke, E., Schwartz, L.M. & Woloshin, S. (2007). Helping doctors and patients to make sense of health statistics. *Psychological Science in the Public Interest* 8, S. 53–96.

Gigerenzer, G. & Gaissmaier, W. (2011). Heuristic Decision Making. *Annual Review of Psychology* 62, S. 451–482.

Gigerenzer, G. & Selten, R. (Hrsg.) (2001). *Bounded Rationality. The adaptive toolbox*. Cambridge, MA: MIT Press.

Gigerenzer, G., Todd, P.M. & the ABC Group (1999). *Simple heuristics that make us smart*. New York: Oxford University Press.

Glock, H.J. (2006). Begriffliche Probleme und das Problem des Begrifflichen. In Perler, D. & Wild, M. (Hrsg.). (2005). *Der Geist der Tiere*. Frankfurt a.M.: Suhrkamp.

Glock, H.J. (2012). The anthropological difference: what can philosophers do to identify the differences between human and non-human animals. *Royal Institut of Philosophy Supplement* 70, S. 105 – 131.

Godfrey-Smith, P. (im Erscheinen). Cephalopods and the Evolution of the Mind. *Pacific Conservation Biology*.

Goldman, A.I. (2006). *Simulating Minds: The Philosophy, Psychology, and Neuroscience of Mindreading*. Oxford: Oxford University Press.

Goodwin, C.J. (1999). *A history of modern psychology*. New York: John Wiley & Sons.

Gorrell, J.C., McAdam, A.G., Coltman, D.W., Humphries, M.M. & Boutin, S. (2010). Adopting kin enhances inclusive fitness in asocial red squirrels. *Nature Communications* 1(22).

Gould, S.J. & Lewontin, R.C. (1979). The Spandrels of San Marco and the Panglossian Paradigm: A Critique of the Adaptationist Programme. *Proceedings of the Royal Entomological Society of London* B 205, S. 581–598.

Gräfenhain, M., Behne, T., Carpenter, M. & Tomasello, M. (2009). Young children's understanding of joint commitments. *Developmental Psychology 45*, S. 1430–1443.

Hagen R.H, Smith DR, Rissing S.W, (1988). Genetic relatedness among co-foundresses of two desert ants Veromessor pergandei and Acromyrmex versicolor. *Psyche 95*, S.191-201.

Haidt, J. (2006). *The happiness hypothesis*. Arrow Books.

Hauser, M.D. (2001). *Wilde Intelligenz. Was Tiere wirklich denken*. München: Beck.

Hamilton, W. (1856). *Discussions on philosophy and literature, education and university reform*. New York: Harper & Brothers.

Hamilton, W.D. (1964). The genetical evolution of social behaviour I and II. *Journal of Theoretical Biology* 7, S. 1–52.

Hanus, D., Mendes, N., Tennie, C. & Call, J. (2011). Comparing the performances of apes (Gorilla gorilla, Pan troglodytes, Pongo pygmaeus) and human children (Homo sapiens) in the floating peanut task. *PLoS One* 6, e19555.

Hare, B., Call, J., Agnetta, B. & Tomasello, M. (2000). Chimpanzees know what conspecifics do and do not see. *Animal Behaviour* 59, S. 771–785.

Hare, B., Call, J. & Tomasello, M. (2001). Do chimpanzees know what conspecifics know? *Animal Behaviour* 61, S. 139–151.

Hare, B. & Tomasello, M. (2004). Chimpanzees are more skillful in competitive than in cooperative cognitive tasks. *Animal Behaviour* 68, S. 571-81.

Hare, B., Call, J. & Tomasello, M. (2006). Chimpanzees deceive a human competitor by hiding. *Cognition* 101, S. 495–514.

Heider, F. & Simmel, M. (1944). An experimental study of apparent behavior. *The American Journal of Psychology* 57, S. 243–259.

Heyes, C.M. (1998). Theory of mind in nonhuman primates. *Behavioral and Brain Sciences* 21, S. 101–148.

Herrmann, E., Call, J., Lloreda, M., Hare, B. & Tomasello, M. (2007). Humans have evolved specialized skills of social cognition: The cultural intelligence hypothesis. *Science* 317, S. 1360–1366.

Hoffman, E., McCabe, K., Shachat, K., & Smith, V. (1996). Social Distance and Other-Regarding Behavior in Dictator Games, *Amer. Economic Review* 86, S. 653–660.

Horner, V. & Whiten, A. (2005). Causal knowledge and imitation/emulation switching in chimpanzees (Pantroglodytes) and children. *Animal Cognition* 8, S. 164–181.

Hutchinson, J.M.C. & Gigerenzer, G. (2005). Simple heuristics and rules of thumb. Where psychologists and behavioral biologists might meet. *Behavioural Processes* 69, S. 97–124.

Humphrey, N.K. (1976). The social function of intellect. In: Bateson, P.P.G. & Hinde, R.A. (Hrsg.). *Growing points in ethology*. Cambridge, UK: Cambridge University Press, S. 303–317.

Joyce, R. (2007). *The Evolution of Morality*. Cambridge MIT: MIT Press

Jolly, A. (1966). Lemur social behavior and primate intelligence. *Science* 153, S. 501–506.

Jones, S., Martin, R. & Pilbeam, D (Hrsg.) (1992). *The Cambridge Encyclopedia of Human Evolution*. Cambridge: Cambridge University Press.

Kacelnik, A. (2006). Meanings of Rationality. In: Hurley, S. & Nudds, M. (Hrsg.). *Rational Animals?* Oxford: Oxford University Press, S. 87–106.

Kahnemann, D. (2012). *Thinking, fast and slow*. London: Penguin.

Kahnemann, D., & Tversky, A. (1974). Judgement under Uncertainty: Heuristics and Biases. *Science* 185, S.1124-1131.

Kahneman, D., Knetsch, J. L. & Thaler, R. (1986) Fairness and the Assumptions of Economics. *Journal of Business* 59: S. 285 – 300.
Karen-D Arcy, M.R. (2005). The Modern Role of Morgans Canon in Comparative Psychology. *International Journal of Comparative Psychology* 18, S. 179–201.
Kenward, B., Karlsson, M. & Persson, J. (2011). Over-imitation is better explained by norm learning than by distorted causal learning. *Proceedings of the Royal Society of London B* 278, S. 1239–1246.
King, B.J. (1991). Social information transfer in monkeys, apes and hominids. *Yearbook of physical anthropoloy* 34, S. 97–116.
Kornblith, H. (2002). *Knowledge and its Place in Nature*. Oxford: Clarendon.
Krueger, J.I. & Funder, D.C. (2004). Towards a balanced social psychology: Causes, consequences, and cures for the problem-seeking approach to social behavior and cognition. *Behavioral and Brain Sciences* 27, S. 313–376.
Kruuk, H. (1972). *The Spotted Hyena. A Study of Predation and Social Behavior*. Chicago: University of Chicago Press.
Kuhn, S. (2007). Prisoners Dilemma http://plato.stanford.edu/entries/prisoner-dilemma/ (Abgerufen am 13.10.2013)
Leavens, D. & Hopkins, W. (1998). Intentional communication by chimpanzees: a cross-sectional study of the use of referential gestures. *Developmental Psychology* 34, S. 813–822.
Lefebvre, L., Templeton, J., Brown, K. & Koelle, M. (1997). Carib grackles imitate conspecific and Zenaida dove tutors. *Behaviour* 134, S. 1003-1017.
Liebal, K., Carpenter, M. & Tomasello, M. (2013). Young children's understanding of cultural common ground. *British Journal of Developmental Psychology* 31, S. 88–96.
Liebermann, D. Tooby, J. & Cosmides, L. (2003). Does morality have a biological basis? An empirical test of the factors governing moral sentiments relating to incest. *Proc. R. Soc. Lond.* B 270, S. 819–826.
Lipton, P. (2004). *Inference to the best explanation*. London: Routledge.
Liszkowski, U., Carpenter, M., Henning, A., Striano, T. & Tomaselo, M. (2004). 12-month-olds point to share attention and interest. *Developmental Science* 7, S. 297-307.
Lopez-Riquelme, G.O., Malo, E.A., Cruz-Lopez, L. & Fanjul-Moles, M.L. (2006). Antennal olfactory sensitivity in response to task- related odours of three castes of the ant Atta mexicana (Hymenoptera: formicidae). *Physiological Entomology* 31, S. 353–360.
Lyons, D.E., Young, A.G. & Keil, F.C. (2007). The hidden structure of overimitation. *PNAS* 104 (50), S. 19751–19756.
Lyons, D.E., Damrosch, D.H., Lin, J.K., Macris, D.M. & Keil, F.C. (2011). The scope and limits of overimitation in the transmission of artefact culture. *Philosophical Transactions of the Royal Society B* 366, S. 1158–1167.
Malcolm, N. (1991). Thoughtless Brutes. In: Rosenthal, D.M. (Hrsg.). *The Nature of Mind*. New York: Oxford University Press, S. 445–461.
Mallon, E.B. & Franks, N.R. (2000). Ants estimate area using Buffon's needle. *Proceedings of the Royal Society of London* B 267, S. 765–770.
Maynard Smith, J. & Price, G. R. (1973). The logic of animal conflict. *Nature* 246, S. 15–18.
Maynard Smith, John: *Evolution and the Theory of Games*. Cambridge [u.a.]: Cambridge Univ. Press, 1982.
McGrew, W.C. (2004). *The Cultured Chimpanzee: Reflections on Cultural Primatology*. Cambridge: Cambridge University Press.

McGuigan, N., Gladstone, D. & Cook, L. (2012). Is the cultural transmission of irrelevant tool actions in adult humans (homo sapiens) best explained as the result of an evolved conformist bias? *PLoS ONE* 7(12), e50863.
McGuigan, N., Makinson, J. & Whiten, A. (2011). From over-imitation to super-copying: Adults imitate causally irrelevant aspects of tool use with higher fidelity than young children. *British Journal of Psychology* 102(1), S. 1-18.
McGuigan, N. & Whiten, A. Dec 2009 Emulation and "over-emulation" in the social learning of causally opaque versus causally transparent tool use by 23- and 30-month-old children. *Journal of Experimental Child Psychology* 104, S. 367-381.
McKay, R.T. & Dennett, D.C. (2009). The evolution of misbelief. *Behavioral and Brain Sciences* 32(6), S. 493–510.
Melis, A., Hare, B. & Tomasello, M. (2006). Chimpanzees recruit the best collaborators. *Science* 31, S. 1297–1300.
Mercier, H. & Sperber, D. (2011). Why do humans reason? Arguments for an argumentative theory. *Behavioral and Brain Sciences* 34(2), S. 57-74.
Millikan, R. (1996). Pushmi-Pullyou Representations. *Philosophical Perspectives* 9, S. 185–200.
Millikan, R. (1997). Verschiedene Arten von zweckgerichtetem Verhalten. In: Perler, D. & Wild, M. (Hrsg.). *Der Geist der Tiere*. Frankfurt a.M.: Suhrkamp 2005, S. 201–212. (Übersetzt von Dominik Perler.)
Moll, H. & Tomasello, M. (2007). Cooperation and human cognition: The Vygotskian intelligence hypothesis. *Philosophical Transactions of the Royal Society* 362, S. 639–648.
Morgan, C.L. (1890). *Animal life and intelligence*. London: Edward Arnold.
Morgan, C.L. (1894). *Introduction to comparative psychology*. London, UK: Walter Scott.
Morgan, C.L. (1903). *Introduction to comparative psychology*. London, UK: Walter Scott
Mugford, S.T., Mallon, E.B. & Franks, N.R. (2001). The accuracy of Buffon's needle: a rule of thumb used by ants to estimate area. *Behavioral Ecology* 12, S. 655–658.
Mulcahy, N.J. & Call, J. (2006). How great apes perform on a modified trap-tube task. *Animal Cognition* 9(3), S. 193–199.
Newen, A. & Bartels, A. (2007). Animal Minds and the Possession of Concepts. *Philosophical Psychology* 20(3), S. 283–308.
Nielsen, M. (2006). Copying actions and copying outcomes: Social learning through the second year. *Developmental Psychology* 42, S. 555–565.
Nielsen, M. (2009). The imitative behaviour of children and chimpanzees: A window on the transmission of cultural traditions. *Revue de primatologie* [online] 1, document 5. http://primatologie.revues.org/254. Abgerufen am: 14.10.2013.
Nielsen, M. & Susianto, E.W.E. (2010). Failure to find over-imitation in captive orangutans (Pongo pygmaeus): Implications for our understanding of cross-generation information transfer. In: Håkansson, J. (Hrsg.). *Developmental psychology*. New York: Nova Science Publishers, S. 153 – 167.
Nishida, T., M. Hiraiwa-Hasegawa, T. Hasegawa, and Y. Takahata (1985). Group extinction and female transfer in wild chimpanzees in the Mahale National Park, Tanzania. *Zeitschrift für Tierpsychologie* 67, S. 284-301.
Nowak M.A, & Sigmund K. (2005). Evolution of indirect reciprocity. *Nature* 437 (7063), S. 1291-1298.
Nowak, M. A. (2006). Five rules for the evolution of altruism. *Science* 314, S. 1560–1563.
O'Connell, S. & Dunbar, R.I.M. (2004). The perception of causality in chimpanzees (Pan spp.). *Animal Cognition* 8(1), S. 60–66.

Ohtsuki H. & Iwasa Y. How should we define goodness?—Reputation dynamics in indirect reciprocity. *Journal of Theoretical Biology* 231 (2004) S. 107–120
Okasha, S. (2001). Why won´t the Group Selection Debate go away *Brit. J. Phil. Sci.* 52, S. 25 - 50.
Okasha, S. (2005). Altruism, Group Selection and Correlated Interaction. *Brit. J. Phil. Sci.* 56, S. 703–725.
Okasha, S. (2008). *Biological Altruism.* http://plato.stanford.edu/entries/altruism-biological/. Abgerufen am: 15.10.2013.
Over, H. & Carpenter, M. (2009). Eighteen-month-old infants show increased helping following priming with affiliation. *Psychological Science* 20, S. 1189–1193.
Papineau, D. (2005). The Cultural Origins of Cognitive Adaptations. In: O'Hear, A. (Hrsg.). *Philosophy, Biology and Life.* Cambridge: Cambridge University Press, S. 291–324.
Papineau, D. (2007a). The Evolution of knowledge. In: Papineau, D. *The Roots of Reason. Philosophical Essays on Rationality, Evolution and Propability.* Oxford: Clarendon, S. 39–82.
Papineau, D. (2007b). The Evolution of Means-End Reasoning. In: Papineau, D. *The Roots of Reason. Philosophical Essays on Rationality, Evolution and Propability.* Oxford: Clarendon, S. 83–129.
Patterson, F. & Linden, E. (1981). *The education of Koko.* New York: Holt, Rinehart & Winston.
Penn, D.C. & Povinelli, D.J. (2007). On the lack of evidence that chimpanzees possess anything remotely resembling a theory of mind. *Philosophical Transactions of the Royal Society* B 362, S. 731–744.
Pepperberg, I. (1999). *The Alex Studies.* Cambridge, MA: Harvard University Press.
Perler, D. & Wild, M. (Hrsg.). (2005). *Der Geist der Tiere.* Frankfurt a.M.: Suhrkamp
Pietsch, T.W. & Kenaley, C.K. (2007). *Ceratioidei. Seadevils, Devilfishes, Deep-sea Anglerfishes*, http://tolweb.org/Ceratioidei/22000/2007.10.02. Abgerufen am: 08.10.2013.
Pilley, J.W. & Reid, A.K. (2011). Border collie comprehends object names as verbal referents. *Behavioural Processes* 86, S. 184–195.
Povinelli, D.J. & Eddy, T.J. (1996). What young chimpanzees know about seeing. *Monographs of the Society for Research in Child Development* 61, S. 1–152.
Povinelli, D.J. & Vonk, J. (2003). Chimpanzee minds: suspiciously human? *Trends in Cognitive Science* 7, S. 157–160.
Povinelli, D.J. & Vonk, J. (2006). We don't need a microscope to explore the chimpanzees mind. In: Nudds, M. & Hurley, S. (Hrsg.). *Rational Animals?* Oxford: Oxford University Press, S. 385–412.
Premack, D. & Woodruff, G. (1978). Does the chimpanzee have a theory of mind? *Behavioral and Brain Sciences* 1, S. 515–526.
Rakoczy, H., Warneken, F. & Tomasello, M. (2008). The sources of normativity: Young children's awareness of the normative structure of games. *Developmental Psychology* 44, S. 875–881.
Ray, E.D. & Heyes, C.M. (2002). Do rats in a two-action test encode movement egocentrically or allocentrically? *Animal Cognition* 5(4), S. 245-252.
Richerson, Peter J., and Robert Boyd. (1999). Complex societies: The evolutionary origins of a crude superorganism. *Human Nature* 10, S. 253-289.
Riedl, K., Jensen, K., Call, J., Tomasello, M. (2012). No third-party punishment in chimpanzees. *Proceedings of the National Academy of Sciences* 109, S. 14824-14829.

Ristau, C.A. (1991). Aspects of the cognitive ethology of an injury-feigning bird, the piping plover. In: Ristau, C.A. & Griffin, D.R. (Hrsg.). *Cognitive Ethology: The Minds of Other Animals: Essays in Honor of Donald R. Griffin*. Hillsdale: Erlbaum, S. 91–126.
Roth, H. (1996). Skinner Box. In: Arnold, W., Eysenck, H.J. & Meili, R. (Hrsg.): *Lexikon der Psychologie*. Augsburg: Bechtermünz, S. 2095.
Samuels, R. & Stich, S. (2004). Rationality and Psychology. In: Mele, A.R. & Rawling, P. (Hrsg.). *The Oxford Handbook of Rationality*. Oxford: Oxford University Press, S. 279–300.
Santos, L.R., Nissen, A.G. & Ferrugia, J.A. (2006). Rhesus monkeys, *Macaca mulatta*, know what others can and cannot hear. *Animal Behavior* 71, S. 1175–1181.
van Schaik, C.P., Ancrenaz, M., Borgen, G., Galdikas, B., Knott, C.D., Singleton, I., Suzuki, A., Utami, S.S. & Merrill, M. (2003). Orangutan Cultures and the Evolution of Material Culture. *Science* 299(5603), S. 102–105.
Scheel, D. & C. Packer. (1995). Variation in predation by lions: tracking a moveable feast. In: Sinclair, A.R.E. & Arcese, P. (Hrsg.). *Serengeti II: Research, Management and Conservation of an Ecosystem*. Chicago: University of Chicago Press. S. 299-314.
Schmidt, M. & Tomasello, M. (2012). Young children enforce social norms. *Current Directions in Psychological Science* 21, S. 232–236.
Schulz, A. (2011). Gigerenzer's Evolutionary Arguments against Rational Choice Theory: An Assessment. *Philosophy of Science* 78, S. 1272–1282.
Seed, A.M., Tebbich, S., Emery, N.J. & Clayton, N.S. (2006). Investigating physical cognition in rooks, *Corvus frugilegus*. *Current Biology* 16, S. 697–770.
Searle, J.R. (1983). *Intentionality*. Cambridge: Cambridge University Press.
Searle, J.R. (1994). Animal Minds. *Midwest Studies in Philosophy* 19, S. 206–219.
Sen, A.K. (1977). Rational Fools: A Critique of the Behavioral Foundations of Economic Theory. *Philosophy and Public Affairs* 6(4), S. 317–344.
Shea, N. (2013). Two Modes of Transgenerational Information Transmission. In: Sterelny, K. (Hrsg.): *Cooperation and its Evolution*. Cambridge, MA: MIT Press, S. 289–312.
Silva, F.J., Page, D.M. & Silva, K.M. (2005). Methodological- conceptual problems on the study of chimpanzees' folk physics: How studies with adult humans can help. *Learning and Behaviour* 33, S. 47–58.
Skinner, B. (1938). *The behavior of organisms*. New York: Appleton Crofts.
Sober, E. (1998). Morgan's Canon. In: Cummins, D. & Allen, C. (Hrsg.). *The Evolution of Mind*. Oxford: Oxford University Press.
Sober, E. (1984). *The Nature of Selection*. Cambridge MIS: MIT Press.
Sober, E. & Wilober, E. & Wilson, D. S. (1998). *Unto Others: The Evolution and Psychology of Unselfish Behavior*. Cambridge MA.: Harvard University Press.
Sommer, V. (1992). *Lob der Lüge. Täuschung und Selbstbetrug bei Tier und Mensch*. München: Beck.
Sorabji, R. (1993). *Animal Minds and Human Morals. The Origins of the Western Debate*. New York.
Staddon, J.E.R. (1983). *Adaptive Behavior and Learning*. Cambridge: Cambridge University Press.
Stamp-Dawkins, M. (1996). *Die Entdeckung des tierischen Bewusstseins*. Reinbek: Rowohlt.
Stein, E. (1996). *Without Good Reason: The Rationality Debate in Philosophy and Cognitive Science*. Oxford: Clarendon Press.
Sterelny, K. (2003). *Thought in a hostile world*. Oxford: Blackwell.
Sterelny, K. (2007). *Dawkins vs. Gould. Survival of the Fittest*. Icon Books Ltd.

Stich, S. (1979). Do Animals Have Beliefs? *Australasian Journal of Philosophy* 57, S. 15–28.
Tajfel, H. (1970). Experiments in intergroup discrimination. *Scientific American*, 223, S. 96-102.
Tennie, C., Call, J. & Tomasello, M. (2010). Evidence for emulation in chimpanzees in social settingsusing the floating peanut task. PLoS ONE 5(5), e10544.
Tennyson, A.L. (1850). In Memoriam. Alfred Lord Tennyson (1899). Tennyson, H. (Hrsg.). *The life and works of Alfred Lord Tennyson*, Macmillan, S. 261-263.
Thomas, R.K. (1998). Lloyd Morgan's Canon. In: Greenberg, G. & Haraway, M.M. (Hrsg.). *Comparative psychology: A handbook.* New York: Garland Press, S. 156–163.
Thomas, R.K. (2001). *Lloyd Morgan's Canon: A History of Misrepresentation.* http://htpprints.yorku.ca/archive/00000017/00/MCWeb.htm#Author%20Note. Abgerufen am: 15.10.2013.
Tomasello, M., Davis-Dasilva, M., Camak, L., & Bard, K. (1987). Observational learning of tool-use by young chimpanzees. *Human Evolution* 2, S. 175-183.
Tomasello, M., Kruger, A., & Ratner, H. (1993). Cultural learning. *Behavioral and Brain Sciences* 16, S. 495-552.
Tomasello, M. & Call, J. (1997). *Primate Cognition.* Oxford University Press.
Tomasello, M. (1999). *The Cultural Origins of Human Cognition.* Cambridge, MA: Harvard University Press.
Tomasello, M., Carpenter, M., Call, J., Behne, T. & Moll, H. (2005). Understanding and sharing intentions: The origins of cultural cognition. *Behavioral and Brain Sciences* 28, S. 675–691.
Tomasello, M. & Call, J. (2006). Do chimpanzees know what others see – or only what they are looking at? In: Nudds, M. & Hurley, S. (Hrsg.). *Rational Animals?* Oxford: Oxford University Press, S. 371–384.
Tomasello, M. (2008). How are humans unique? *New York Times Magazine*, May 25, 2008.
Tomasello, M. (2009). *Why we cooperate.* Cambridge: MIT Press.
Tomasello, M. & Call, J. (2011). Methodological challenges in the study of primate cognition. *Science* 334, S. 1227–1128.
Trivers, R. L. (1971). The evolution of reciprocal altruism. - *Q. Rev. Biol.* 46, S. 5-57.
Tversky, A. & Kahneman, D. (1974). Judgment under Uncertainty: Heuristics and Biases. *Science* 185, S. 1124–1131.
Tversky, A. & Kahneman, D. (1982). Judgments of and by Representativeness. In: Kahneman, D., Slovic, P. & Tversky, A. (Hrsg.). *Judgment Under Uncertainty: Heuristics and Biases.* Cambridge: Cambridge University Press 1985, S. 84–98.
Vygotsky, L.S. (1978). *Mind in society: the development of higher psychological processes.* Cambridge, MA: Harvard University Press.
von Frisch, K. (1973). *Decoding the language of the bee.* Nobel Lecture, December 12, 1973.
Ylikoski, P. & Kuorikoski, J. (2010). Dissecting explanatory power. *Philosophical Studies* 148 (2), S. 201-219.
de Waal, F. (1982). *Chimpanzee politics.* New York, NY: Harper.
Warneken, F. & Tomasello, M. (2009). Varieties of altruism in children and chimpanzees. *Trends in Cognitive Science* 13, S. 397–402.
Warneken, F. & Tomasello, M. (2006). Altruistic helping in human infants and young chimpanzees. *Science* 31, S. 1301–1303.
Warneken, F., Lohse, K., Melis, A. & Tomasello, M. (2011). Young children share the spoils after collaboration. *Psychological Science* 22, S. 267–273.

Warneken, F., Hare, B., Melis, A., Hanus, D. & Tomasello, M. (2007). Spontaneous altruism by chimpanzees and young children. *PLOS Biology* 5(7), e184.

Wason, P.C. (1966). Reasoning. In: Foss, B.M. (Hrsg.). *New Horizons in Psychology*. Harmondsworth: Penguin.

Wason, P.C. & Shapiro, D. (1971). Natural and contrived experience in a reasoning problem. *Quarterly Journal of Experimental Psychology* 23, S. 63–71.

Whiten, A., Goodall, J., McGrew, W.C., Nishida, T., Reynolds, V., Sugiyama, Y., Tutin, C.E.G.,

Whiten, A., Hinde, R., Laland, K. & Stringer, C.B. (2011). Culture evolves. *Philosophical Transactions of the Royal Society* 366, S. 938–948.

Whiten, A., Horner, V., Litchfield, C.A. & Marshall-Pescini, S. (2004). How do apes ape? *Learning & Behavior* 32, S. 36–52.

Whiten, A. (1996). Mindreading, pretence and imitation: secondary representation in comparative primatology and developmental psychology? In: Russon, A.E., Bard, K.A. & Boysen, S.T. (Hrsg.). *Reaching into thought: the minds of the great apes*. Cambridge: Cambridge University Press, S. 300–324.

Whiten, A. (1998). Imitation of the sequential structure of actions by chimpanzees (Pan troglodytes). *Journal of Comparative Psychology* 112, S. 270–281.

Whiten, A. (2000). Primate culture and social learning. *Cognitive Science* 24, 3, S. 477-508.

Whiten, A. (2005). The second inheritance system of chimpanzees and humans. *Nature* 437, S. 52–55.

Wickler, W. (1971). *Mimikry. Nachahmung und Täuschung in der Natur*. München: Kindler.

Wilkinson, G.S. (1984). Reciprocal Food-Sharing in the Vampire Bat. *Nature* 308, S. 181–184.

Wieland, H.R. (2010): Computergeschichte(n) – nicht nur für Geeks: Von Antikythera zur Cloud, *Galileo Computing*

Wimmer, H. & Perner, J. (1983). Beliefs about beliefs: Representation and constraining function of wrong beliefs in young children‘s understanding of deception. *Cognition* 13, S. 103–128.

Wild, M. (2006). *Die anthropologische Differenz. Der Geist der Tiere in der frühen Neuzeit bei Montaigne, Descartes und Hume*. Berlin.

Wilson, D. S. (1980). *The natural selection of populations and communities*. Menlo Park: Benjamin / Cummings

Wrangham, R.W. & Boesch, C. (1999). Cultures in chimpanzees. *Nature* 399, S. 682-685.

Zahavi, A. (1974). Communal nesting by the Arabian Babbler, a case of individual selection. *Ibis* 116, S. 84-87.

Index

FSC
www.fsc.org
MIX
Papier | Fördert gute Waldnutzung
FSC® C083411

Kolibri 360 GmbH
Ferdinand-Jühlke-Straße 7
99095 Erfurt, Deutschland
produktsicherheit@kolibri360.de